当代中国管理科学优秀研究成果丛书

航天发射试验风险管理理论、方法与工具

魏法杰 郑永煌 刘安英 贾宝林 / 著

科学出版社
北京

内 容 简 介

本书将现代项目风险管理理论、方法与高风险的航天发射系统工程实践相结合，在航天发射试验风险识别、分析、应对、监控、应急处理、预案管理等方面开展深入的理论探索与学术研究，在此基础上建立了航天发射试验风险管理支持与服务系统，构建了航天发射试验风险管理运行规范体系。理论方法体系、数据支持系统、运行规范体系三者相辅相成，在理论、方法和应用实践方面丰富与拓展了航天发射试验风险管理的研究领域。

本书将理论与实践相结合，体系结构完善，针对性强，突出学术性、创新性和实用性，可作为航天发射试验工程技术人员的培训教材和参考用书，也可作为高等院校相关专业的教学用书。

图书在版编目（CIP）数据

航天发射试验风险管理理论、方法与工具 / 魏法杰等著. —北京：科学出版社，2020.8

（当代中国管理科学优秀研究成果丛书）

ISBN 978-7-03-064049-9

Ⅰ. ①航… Ⅱ. ①魏… Ⅲ. ①航天器发射-发射试验-风险管理-研究 Ⅳ. ①V553.2

中国版本图书馆 CIP 数据核字（2020）第 014771 号

责任编辑：陈会迎 / 责任校对：贾娜娜
责任印制：张 伟 / 封面设计：蓝正设计

科 学 出 版 社 出版
北京东黄城根北街 16 号
邮政编码：100717
http://www.sciencep.com

北京建宏印刷有限公司 印刷
科学出版社发行 各地新华书店经销

*

2020 年 8 月第 一 版　开本：720×1000　B5
2020 年 8 月第一次印刷　印张：18 1/4
字数：350 000

定价：186.00 元
（如有印装质量问题，我社负责调换）

当代中国管理科学优秀研究成果丛书编委会

编委会主任：
  吴启迪 教 授 国家自然科学基金委员会管理科学部

编 委：
  蔡 莉 教 授 吉林大学
  陈国青 教 授 清华大学
  陈荣秋 教 授 华中科技大学
  陈晓红 教 授 中南大学
  党延忠 教 授 大连理工大学
  方 新 研究员 中国科学院
  冯芷艳 研究员 国家自然科学基金委员会管理科学部
  高自友 教 授 国家自然科学基金委员会管理科学部
  黄海军 教 授 北京航空航天大学
  黄季焜 研究员 中国科学院地理科学与资源研究所
  贾建民 教 授 西南交通大学
  李善同 研究员 国务院发展研究中心
  李维安 教 授 南开大学
  李一军 教 授 国家自然科学基金委员会管理科学部
  刘作仪 研究员 国家自然科学基金委员会管理科学部
  马费成 教 授 武汉大学
  钟甫宁 教 授 南京农业大学
  汪寿阳 研究员 中国科学院数学系统科学院
  汪同三 研究员 中国社会科学院技术经济与数量经济研究所
  王如松 研究员 中国科学院生态环境研究中心
  王重鸣 教 授 浙江大学

魏一鸣	研究员	北京理工大学
吴冲锋	教　授	上海交通大学
吴世农	教　授	厦门大学
席酉民	教　授	西安交通大学
薛　澜	教　授	清华大学
杨列勋	研究员	国家自然科学基金委员会管理科学部
杨起全	研究员	科技部科技发展战略研究院
姚先国	教　授	浙江大学
于景元	研究员	中国航天科技集团公司710所
张　维	教　授	天津大学
赵曙明	教　授	南京大学

总　　序

管理科学是促进经济发展与社会进步的重要因素之一，作为一门独立的学科，它主要在20世纪发展起来。在20世纪的前半叶，从泰勒式的管理科学发展到以运筹学为代表的着重于数据分析的管理科学；而在20世纪下半叶，管理科学与信息技术和行为科学共同演化，从一棵孤立的管理科学大树发展成为管理科学丛林。

现代管理科学在中国得到迅速发展得益于改革开放后管理实践的强烈需求。从20世纪80年代开始，管理科学与工程学科得到广泛关注并在管理实践中得到普及应用；随着市场经济"看不见的手"的作用逐渐增强，市场的不确定性增加，作为市场经济细胞的企业，想要更好地生存和发展就要掌握市场经济发展的规律，对工商管理学科的需求随之增加，从而推动了企业管理相关领域的研究。进入21世纪，公共管理与公共政策领域成为管理科学的后起之秀，而对它们的社会需求也越来越大。

"管理科学，兴国之道。"在转型期的中国，管理科学的研究成果对于国家富强、社会进步、经济繁荣等具有重要的推动作用。"当代中国管理科学优秀研究成果丛书"选录了国家自然科学基金委员会近几年资助的管理科学领域研究项目的优秀成果，本丛书的出版对于推动管理科学研究成果的宣传和普及、促进管理科学研究的学术交流具有积极的意义；对应用管理科学的最新研究成果服务于国家需求、促进管理科学的发展也有积极的推动作用。

本丛书的作者分别是国家杰出青年科学基金的获得者和国家自然科学基金重点项目的主持人，他们了解学术研究的前沿和学科的发展方向，应该说其研究成果基本代表了该领域国内的最高水平。丛书所关注的金融资产定价、大宗期货与经济安全、公共管理与公共政策、企业家成长机制与环境、电子商务系统的管理技术及其应用等，是国内当前和今后一段时期需要着力解决的管理问题，也关系到国计民生的长远发展。

希望通过本丛书的出版，能够推出一批优秀的学者和优秀的研究成果。相信通过几代中国管理科学研究者的共同努力，未来的管理科学丛林中必有中国学者所培育的参天大树。

国家自然科学基金委员会
管理科学部

前　言

当今世界各发达国家在发展战略上都把综合国力的增强作为首要目标，其核心是发展高科技，而高科技的主要内容之一就是航天工程。航天工程是国家战略高科技之一，是国与国之间竞争的前沿技术领域，也是国家转变经济增长模式、增强军事实力、提高政治影响力的新兴领域。持续提升航天工程能力，改善和拓展人类生存环境，是一项世界性课题。

航天发射作为我国航天工程的标志性项目，是集国家政治、军事、科技实力为一体的高难度系统工程，是航天领域迄今为止规模最庞大、系统最复杂、关键技术最多、可靠性和安全性要求最高，极具风险性的一项国家重大工程。可以说航天发射是航天领域最具挑战性的工程项目，其主要原因是航天系统工程技术复杂，具有典型的探索性、先进性、复杂性、高投入、高风险的特点和高可靠性、高质量、一次成功的特殊要求，航天发射参与单位多、经费投入高、政治影响大，稍有不慎就可能造成航天产品毁坏或人员伤亡，造成无法挽回的经济损失和政治影响。国外航天部门和航天发射场如美国国家航空航天局、欧洲航天局、肯尼迪航天中心、库鲁发射场等都特别注重风险管理的研究和应用，并制定了相应的标准规范和程序文件。可以说，准确地识别航天发射试验生命周期内各阶段的风险，对风险因素进行分析和评估，依据评估结果有效地控制风险和规避风险，对促进航天发射事业的发展具有重要的意义。

我国航天发射场也十分重视测试发射过程的风险管理和风险控制，笔者有幸参加了我国"神舟一号"至"神舟十号"载人航天发射任务和近五十次各类卫星发射任务，在航天发射试验风险管理方面积累了丰富的工程实践经验，在将现代风险管理理论、方法与高风险的航天发射系统工程相结合，以及提高航天发射试验可靠性和安全性方面进行了有益的探索和实践，并将其提炼、升华为理论和方法。本书即航天发射风险管理实践活动及理论、方法和工具的系统总结，是参加航天发射试验一线工程技术人员及风险管理科研学术团队集体智慧的结晶。

本书的研究内容包括理论方法和工具应用两大部分内容：理论方法部分结合项目风险管理的理论与方法，对航天发射试验中存在的风险进行系统研究，建立航天发射试验的风险识别、分析和评估、应对、监控、应急管理的理论方法体系；工具应用部分以理论方法研究成果为基础，为航天发射试验风险管理提供一套操作性和针对性强的风险管理规范体系与软件支持系统。

理论方法部分的研究是按照风险识别、风险评估、风险应对、应急处理及预案研究的思路开展的。在风险识别阶段，介绍航天发射试验风险识别的依据、原则、过程和方法，构建航天发射试验加注系统风险识别框架，并提供航天发射试验加注系统风险识别的应用案例。在风险评估阶段，研究基于灰色粗糙集的风险评价指标优化方法，用于筛选适当的风险评价指标；研究基于两种扩展语言信息的专家权重计算方法，用于在风险评估过程中确定不同评价主体提供的信息的权重；研究基于改进语言评估标度的指标赋权方法，用于在信息不完全及存在专家偏好的情况下风险评价指标权重的确定；研究基于时间变量的动态风险排序及趋势研究，引入时间维度变量，提供项目动态风险评价方法。在风险应对阶段，研究航天发射试验风险应对方法、原则及措施；设计航天发射试验风险监控系统框架，明确航天发射试验风险监控及预警流程。在应急处理及预案研究阶段，提出基于突发事件致因模型的应急场景生成方法和基于 Copula 函数的突发事件评估模型，提出航天发射试验应急预案管理成熟度模型，用于评估一个组织管理应急预案的能力并为组织提升管理水平提供有效指导。

工具应用部分包括风险管理支持与服务系统的软件实现和风险管理规范体系。风险管理支持与服务系统的软件实现主要包括软件总体设计、功能设计、流程设计；风险管理规范体系结合目前航天发射试验任务风险管理实践，根据项目风险管理的理论方法，构建航天发射试验风险管理运行规范，包括航天发射试验风险管理的组织体系、规章制度体系、工作程序和规范流程体系。

感谢国家自然科学基金项目（71332003、71971013）、总装试验技术研究项目（2011SY20A0002），中央高校基本科研业务费专项（YWF-20-BJ-J-943）的支持。

在本书撰写过程中，贾立德、周晟瀚、曾军崴、李琛、熊则见、乐耀东、谢盼盼、张凡、杨林超、鲁萍等同志参加了本书的现场调研与研究工作，并做了很大贡献。

本书的编写和出版得到了中国酒泉卫星发射中心及科学出版社的大力支持与帮助，在此表示衷心的感谢。本书在编写过程中难免存在疏漏和不足之处，敬请广大专家和读者批评指正。

魏法杰

2019 年 6 月

目 录

第 1 章 航天发射试验风险管理概述 …………………………………… 1
  1.1 风险和风险管理的概念 …………………………………………… 1
  1.2 航天发射试验概述 ………………………………………………… 8
  1.3 航天发射试验风险概述 …………………………………………… 28
  1.4 航天发射试验风险管理研究综述 ………………………………… 33
  1.5 航天发射试验风险管理研究目的与意义 ………………………… 40

第 2 章 基于综合集成框架的航天发射试验风险识别 ………………… 43
  2.1 航天发射试验风险识别依据与原则 ……………………………… 43
  2.2 航天发射试验风险识别过程和方法 ……………………………… 45
  2.3 航天发射试验加注系统风险识别框架 …………………………… 50
  2.4 航天发射试验加注供气系统风险识别应用 ……………………… 65

第 3 章 基于灰色粗糙集的风险评价指标优化 ………………………… 73
  3.1 灰色系统理论及粗糙集理论综述 ………………………………… 73
  3.2 常用评价指标优化方法及适用性分析 …………………………… 81
  3.3 基于粗糙集及灰色聚类的指标优化方法 ………………………… 85
  3.4 航天发射试验风险评价指标优化应用 …………………………… 87

第 4 章 基于两种扩展语言信息的专家权重确定 ……………………… 92
  4.1 群组评价的理论基础 ……………………………………………… 92
  4.2 基于改进语言评估标度的风险信息描述 ………………………… 95
  4.3 基于两种扩展语言信息的专家后验权重确定 …………………… 100

第 5 章 基于改进语言评估标度的指标赋权方法 ……………………… 109
  5.1 指标赋权方法综述 ………………………………………………… 109
  5.2 基于离差最大化及不确定性最小化的赋权方法 ………………… 110
  5.3 存在专家偏好的集成赋权方法 …………………………………… 116
  5.4 基于语言信息的指标赋权方法 …………………………………… 120

第 6 章　基于时间变量的动态风险排序及趋势研究 ······ 121
6.1　基于时间变量的风险值描述 ······ 122
6.2　基于时间变量的风险因素现值评估 ······ 123
6.3　基于时间变量的动态风险趋势评估 ······ 125
6.4　航天发射试验动态风险排序应用 ······ 127

第 7 章　航天发射试验风险应对及监控系统框架设计 ······ 130
7.1　航天发射试验风险应对 ······ 130
7.2　航天发射试验风险监控 ······ 143

第 8 章　航天发射试验风险应急处理与评估 ······ 151
8.1　航天发射试验突发事件的分析 ······ 151
8.2　基于突发事件致因模型的应急场景生成方法 ······ 158
8.3　基于 Copula 函数的突发事件评估模型 ······ 168

第 9 章　航天发射试验应急预案管理成熟度模型研究 ······ 184
9.1　航天发射试验应急预案管理的内容分析 ······ 184
9.2　航天发射试验应急预案管理成熟度的内涵 ······ 185
9.3　航天发射试验应急预案管理成熟度模型的层次划分 ······ 187
9.4　航天发射试验应急预案管理成熟度模型的指标体系 ······ 189
9.5　航天发射试验应急预案管理成熟度的评价方法 ······ 196
9.6　航天发射试验应急预案管理成熟度模型的应用 ······ 203

第 10 章　航天发射试验风险管理支持与服务系统 ······ 208
10.1　航天发射试验风险管理支持与服务系统总体设计 ······ 208
10.2　航天发射试验风险管理支持与服务系统功能设计 ······ 210
10.3　航天发射试验风险管理支持与服务系统流程设计 ······ 211

第 11 章　航天发射试验风险管理规范体系 ······ 237
11.1　航天发射试验风险管理组织的职责和要求 ······ 237
11.2　航天发射试验风险管理组织机构与工作流程 ······ 239
11.3　航天发射试验风险管理流程 ······ 243

参考文献 ······ 255
附录 ······ 258
附录一　载人航天发射场设施设备风险识别表 ······ 258
附录二　载人航天发射场设施设备风险分析与评估表 ······ 264

第1章 航天发射试验风险管理概述

1.1 风险和风险管理的概念

1.1.1 风险的定义

对于风险,目前尚无一个统一的定义。任何风险的定义都可能带有一定的主观性,这主要由风险的特点和它所应用的范围所决定。以下是一些常见的风险定义表述。

(1)按照《辞海》上的释义,风险是人们在生产建设和日常生活中遭遇的能导致人身伤亡、财产受损及其他经济损失的自然灾害、意外事故和其他不测事件的可能性。

(2)有些学者把风险定义为损失机会和遭受损失的一种可能性。损失是指非故意的、非计划性的、非预期的价值减少。把风险定义为损失机会,这表明风险是一种面临损失的可能性状况,也表明风险是在一定状况下的概率度。当损失机会(概率)是0或者1时,就没有风险。对这一定义持反对意见的人认为,如果风险和损失机会是同一件事,风险度和概率度总该有些结果是不确定的。

把风险定义为遭受损失的可能性是对上述损失机会定义的一个变种,但损失可能性的定义意味着风险是损失事件的概率介于 0~1,它更接近于风险是损失的不确定性的定义。

(3)决策理论家把风险定义为损失发生的不确定性,这种不确定性又分为客观的不确定性和主观的不确定性。客观的不确定性是实际结果与预期结果的离差,可以使用统计学工具加以度量。主观的不确定性是人们对客观风险的评估,它同个人的知识、经验、精神和心理状态有关,不同的人面临相同的客观风险会有不同的主观不确定性。

（4）统计学家把风险定义为实际结果与预期结果的离差度，保险学者把风险定义为一个事件的实际结果偏离预期结果的客观概率。离差度和偏离预期结果的客观概率可以通过统计数据进行计算。

（5）国际标准化组织将风险定义为衡量危险性的指标，风险是某一有害事故发生的可能性与事故后果的组合。

国家军用标准《系统安全性通用大纲》（GJB 900—90）将风险定义为用危险可能性和危险严重性表示的发生事故的可能程度。

国家标准《质量管理体系要求》（GBT 19001—2016）将风险定义为在规定的费用、进度和技术约束条件下，不能实现任务目标的可能性及所导致后果的一种度量。

美国项目管理协会在《项目管理知识体系指南》中将项目风险定义为一种不确定事件或状况，一旦发生，会对至少一个项目目标如时间、费用、范围或质量目标产生积极或消极的影响。

要全面理解风险的定义，还应注意以下几点。

（1）风险是与人们的行为相联系的，这种行为既包括个人的行为，也包括群体和组织的行为。不与行为联系的风险只是一种危险。而行为受决策左右，因此风险与人们的决策有关。

（2）客观条件的变化是风险的重要成因，尽管人们无力控制客观状态，却可以认识并掌握客观状态变化的规律性，对相关的客观状态做出科学的预测，这也是风险管理的重要前提。

（3）风险是指可能的后果与目标发生负偏离，负偏离是多种多样的，且重要程度不同，而在复杂的现实经济生活中，"好"与"坏"有时很难截然分开，需要根据具体情况加以分析。

（4）尽管风险强调负偏离，但实际中肯定也存在正偏离。由于正偏离是人们的渴求，属于风险收益的范畴，在风险管理中也应予以重视，以激励人们用于承担风险，获得风险收益。

1.1.2　风险要素

风险要素包括风险因素、风险事件和风险损失。

1. 风险因素

风险因素是引发风险事件的机会或条件，是造成风险损失的内在或外在的推动力。对于一个风险事件来说，风险因素可能有一种或多种，而风险一旦发生，会产生一项或多项影响。

2. 风险事件

风险事件又称风险事故，是指导致损失发生的事件，其可能引起风险损失。

3. 风险损失

风险损失也称为风险影响，是指非故意的、非计划性的、非预期的价值减少。

描述一个项目的风险，需要有三种彼此独立的输入。第一种输入是"事件发生概率"，这个变量一般可以根据历史情况利用统计参考数据进行估算；第二种输入是"如果事件发生，其后果的严重性"，这个变量要求管理者明确有哪些后果及其影响程度；第三种输入是"主观判断"，其是前两种输入的综合，如图 1-1 所示。

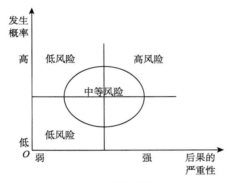

图 1-1　风险的概念

4. 风险三要素之间的关系

风险三要素之间的关系可以组成一条因果关系链条，如图 1-2 所示。

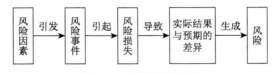

图 1-2　风险作用链条

风险因素的产生或增加，造成了风险事件的发生，风险事件发生则又成为产生风险损失的原因。探讨这种关系的内在规律是研究风险管理的基础，对预防风险、降低风险损失有着十分重要的意义。

1.1.3　风险分类

按照不同的分类标准，风险可以分为以下几类。

1. 按风险的存在性质划分：客观风险和主观风险

（1）客观风险是指实际结果与预测结果之间的相对差异和变动程度。这种变动程度越大，风险就越大，反之，风险越小。

（2）主观风险是指一种由精神和心理状态所引起的不确定性。它是指人们往往对某种偶然的不幸事件造成损害的后果在主观方面有所忧虑。虽然人们可以借助概率论的数学方法将损失的不确定性加以测定，但对于具体的某一风险究竟产生什么后果，仍然不能确定，从而充满忧虑，也就是存在主观风险。

2. 按风险的对象划分：财产风险、人身风险、责任风险和信用风险

（1）财产风险是指财产发生损毁和贬值的风险。例如，房屋、设备、运输工具、家具及某些无形资产因自然灾害或意外事故而遭受损失。

（2）人身风险是指人的生、老、病、死，即疾病、伤残、死亡等所产生的风险。虽然这是人生中不可避免的必然现象，但是何时何地发生并不确定，而一旦发生，则会给家庭和经济实体带来很大的损失。

（3）责任风险是指由于团体或个人违背了法律、合同或道义上的规定，形成侵权行为，造成他人的财产损失或人身伤害，在法律上负有经济赔偿责任的风险。责任风险还可细分为过失责任风险和无过失责任风险。前者指团体或个人因疏忽、过失致使他人财产受到损失或人身受到伤害；后者则指绝对责任风险，如根据法律或合同的规定，雇主对其雇员在从事工作范围内的活动中造成身体伤害所承担的经济责任。

（4）信用风险是指权利人与义务人在经济交往中一方违约或犯罪而给对方造成经济损失的风险。

3. 按风险产生的原因划分：自然风险、社会风险、经济风险和技术风险

（1）自然风险指自然力的非规则运动所引起的自然现象或物理现象导致的风险。例如，风暴、火灾、洪水等所导致的物质损毁、人员伤亡的风险。

（2）社会风险指反常的个人行为或不可预料的团体行为所造成的风险。例如，抢劫、罢工、战争、盗窃、玩忽职守等。

（3）经济风险指在商品的生产和购销过程中，经营管理不力、市场预测失误、

价格变动或消费需求变化等因素导致的经济损失的风险，以及外汇汇率变动及通货膨胀而引起的风险。

（4）技术风险指科学技术发展所带来的某些不利因素而导致的风险。例如，核物质泄漏所致损失的风险。

4. 按风险的性质划分：静态风险和动态风险

（1）静态风险又称纯粹风险，这种风险只有损失的可能而无获利的可能。也就是说，它所导致的后果只有两种：一种是损失；另一种是无损失。静态风险的产生一般与自然力的破坏或人们的行为失误有关。静态风险的变化较有规则，可利用概率论中的大数法则预测风险频率，它是风险管理的主要对象。

（2）动态风险又称投机风险，指既有损失可能又有获利可能的风险。它所导致的结果包括损失、无损失、获利三种。例如，股票买卖、股票行情的变化既能给股票持有者带来盈利，也可能带来损失。动态风险常与经济、政治、科技及社会的运动密切相关，远比静态风险复杂得多，多为不规则的、多变的运动，很难用大数法则进行预测。动态风险在某些国家不作为风险管理的对象。

5. 按对风险的承受能力划分：可接受风险和不可接受风险

（1）可接受风险是指经济单位在对自身承受能力、财务状况进行充分分析研究的基础上，确认能够承受最大损失的程度，凡低于这一限度的风险称为可接受风险。

（2）不可接受风险与可接受风险具有相对性，是指风险已经超过经济单位在自身承受能力、财务状况的基础上所确认的承受最大损失的限度，这种风险不可接受。

6. 按对风险信息量的了解程度划分：可视风险和真正风险

可视风险和真正风险的差别在于用于定义对所期望结果的不确定性的程度的信息量不一样。项目的成功实施需要项目执行者全面、准确、及时地掌握现有信息，通过对已有信息的充分分析，减少可视风险，从而把有限的资源用来处理真正风险。

1.1.4 项目风险

1. 项目风险的定义

本书把项目风险定义为对项目目标产生积极或消极影响的不确定性。本书研究的项目风险重点是对项目目标产生消极影响的不确定性。

风险通常被表述为可能性，然而风险的概念绝不仅限于可能性。我们不妨用一个假定实例来说明这一点：假设根据评估，承载100人的缆车的支承缆绳失效，使得缆车下滑的可能性与承载12人的电梯失效使得电梯下滑的可能性相同。虽然事件发生的可能性相同，但是缆车事故的潜在后果要严重得多。因此，风险包括两个方面。评估与某一特定危险有关的特定风险的可接受性时，总要既考虑危险发生的可能性，又要考虑潜在后果的严重性。

把风险量化，用数学模型来表达，风险一般可以简化表达为两个变量的函数：风险 $R=f(p,c)$。其中，p 为事件发生的概率，c 为事件发生所导致的后果。

2. 项目风险的特征

1）风险具有客观性和普遍性

作为损失发生的不确定性，项目风险是不以人的意志为转移并超越人们主观意识的客观存在，而且在项目全生命周期内，项目风险是无所不在的。这也说明为什么虽然人类一直希望认识和控制风险，但是直到现在也只能在有限的空间和时间内改变风险存在和发生的条件，降低其发生的概率，而不能也不可以完全消除风险。项目风险的这种客观性和普遍性要求我们采取正确的态度并承认风险的存在，正视风险，既不可以对它视而不见，漠然处之，也不可以在风险面前畏首畏尾，而应该积极地去管理风险。

2）某一具体风险发生的偶然性和大量同类风险发生的必然性

任一具体风险的发生都是在项目运行过程中许多风险因素和其他因素共同作用的结果，是一种随机现象。而且每一因素的作用时间、作用点、作用方向、作用强度、作用顺序等都必须满足一定条件，才能导致项目风险事件的发生。项目风险的偶然性意味着在时间上具有突发性，在后果上往往具有灾难性，从而给人们的精神和心理带来巨大的忧虑和恐惧，而忧虑和恐惧的影响甚至大于风险事件所造成的直接财产损失和人员伤亡对人们的影响。个别风险事件的发生是偶然的、无序的、杂乱无章的，但对大量同类风险事件资料进行观察和统计分析，发现其呈现出明显的规律性，这就使人们有可能用概率和损失程度去预测和把握它，同时使得项目风险管理迅猛发展。

3）风险具有可变性

这是指在项目运行的整个过程中，各种项目风险在质上和量上具有可变的特性。随着项目的进行，有些风险会得到控制，有些风险会在发生前得到处理，同时在项目的每一阶段都有可能出现新的风险，尤其是在大型项目中，由于风险因素众多，风险的可变性更加明显。

4）风险具有多样性和层次性

大型项目周期长、规模大、涉及范围广、风险因素数量多且种类繁杂，致使大型项目在全生命周期内的风险多种多样，而且大量风险因素之间的内在关系错综复杂，各风险因素之间与外界因素交叉影响又使风险显示出多层次性，这是大型项目中风险的主要特点之一。

5）风险具有可测性

项目风险是不确定的，但是并不意味着人们对它的变化全然无知。项目风险是客观存在的，人们可以对其发生的概率及其所造成的损失程度做出主观判断，从而对发生的风险进行预测和评估。对此，人们可以充分发挥自己的主观能动性，选择适当的客观尺度予以测量。现代的计量方法和技术提供了可用于测量项目风险的客观尺度。人们可以近似地勾勒出项目风险的动态规律，为拟定和选择项目风险管理的战略和方法提供科学的依据。

1.1.5 项目风险管理

1. 项目风险管理的定义

项目风险管理是指以风险识别、风险估计和风险评价为基础，合理地使用多种管理方法、技术和手段对项目活动所涉及的风险实行有效的控制，采取主动行动，创造条件，尽量扩大风险事件的有利结果，妥善处理风险事件造成的不利后果，以最小的成本保证安全、可靠地实现项目总目标的过程。

2. 项目风险管理阶段的划分

项目风险管理过程通常可以分为五个阶段：风险规划、风险识别、风险分析、风险应对、风险监控。

1）风险规划

风险规划是风险管理的一整套计划。主要包括定义项目组及成员的风险管理行动方案及方式，选择合适的风险管理方法，确定风险判断的依据等。风险规划用来对风险管理活动的计划和实践形式进行决策，它的结果将是整个风险管理的战略性的和全生命周期的指导性纲领。

2）风险识别

风险识别就是将风险因素归类和分层地查找出来。风险识别包括确定风险的来源、风险产生的条件，描述风险特征和确定哪些风险事件有可能影响项目。不是所有风险都是会对项目产生严重后果的高风险，然而，几个小风险的共同作用也许会对项目产生严重影响。在项目生命周期中，从概念阶段到收尾阶段，项目的信息越来越多，如设计方案从开始的不确定，到形成框架，到制订出详细方案，到执行，到收尾，有关设计的信息是从少到多、从不明确到明确的。风险识别在项目开始初期由于信息等条件限制可能只得到初步结果，随着项目的进行，风险识别可以越做越深入，结果越来越有用、可信。所以，风险识别不是一次就可以完成的，应该在项目全过程中定期、不断地进行。通过风险识别，可以将那些可能给项目带来危害的风险因素识别出来，形成风险列表。

3）风险分析

在风险识别的基础上，运用定性的和定量的分析方法估计过程中各个风险发生的可能性和破坏程度的大小，并按潜在危险大小进行优先排序。通过建立风险的系统模型，从而找到关键风险，确定整体风险水平和风险等级，为如何处置这些风险提供科学依据，以保障项目的顺利进行。

4）风险应对

在充分认识风险的基础上制订风险应对计划，对已识别并确定发生概率及影响程度的风险事件提出处置意见和办法，决定采取什么样的措施，以及控制措施应采取到什么程度。尤其是要针对主要风险制定应采取的应对措施，包括风险规避、风险缓解、风险转移、风险承担等。

5）风险监控

制定了风险应对措施后，风险并非不存在了，在项目推进的过程中，风险还可能会增大或者减小。因此，在项目执行过程中，需要时刻跟踪风险的发展与变化情况，保证风险应对措施的实施，并关注随着某些风险的消失而带来的新的风险，收集、汇编和报告风险状态，监控这些风险状态的信息对风险管理的持续改进十分关键。

1.2 航天发射试验概述

1.2.1 航天工程

航天是人类冲出地球大气层，在太空进行航行的活动，航天活动所使用的飞行器包括航天器及其运载工具。太空一般是指地球大气层以外的区域。太空没有上边界，其下边界一般是指航天器轨道近地点所能到达的最低高度，大约距离地面 100 千米；距离地面 20~100 千米的高度为临界空间；距离地面 20 千米以内的高度称为大气层内空间，在大气层内空间的航行活动称为航空。航天器运行的太空环境与地球表面及大气层内空间环境有着极大的区别，又可细分为地球空间、太阳系空间、恒星空间和恒星系空间。地球空间通常以地球磁场作用范围为界，一般指距离地球表面 65 000 千米内的空间，绝大部分航天器都运行在这个范围内。

航天飞行包括环绕地球的航行、飞往月球的航行、行星际空间的航行和飞出太阳系的航行。航天飞行的关键在于航天器要达到足够的速度。第一宇宙速度、第二宇宙速度、第三宇宙速度是航天飞行所需要的三个特征速度，其中第一宇宙速度是指物体紧贴地球表面做圆周运动的速度，也是人造地球卫星的最小发射速度；第二宇宙速度是指物体完全摆脱地球引力束缚，飞离地球所需要的最小初始速度；第三宇宙速度是指物体摆脱太阳引力束缚，飞出太阳系所需要的最小初始速度。

航天任务是运用航天技术实现特定目标的工程项目，其范围十分广泛，已经从近地空间科学探测扩展到深空探测和载人航天，应用领域也延伸到通信、导航、遥感和气象等诸多范畴。航天任务的主要目的可以分为以下四大类。

（1）利用太空高远位置进行观测。航天任务拓展了全球观测的手段。航天器所处的位置越高，可观测到的地球范围就越大。在轨运行的航天器可以提供各种各样的对地观测服务。夜晚遥望星空，星星在不停地闪烁，这是因为星光穿越大气层时，大气层使光线发生折射和散射。而将观测仪器放置在大气层之外，如哈勃太空望远镜或航天器所搭载的各种观测仪等，就可以更加全面和准确地观测宇宙，其观测的范围也远远超过人类的眼睛，从而加深了人类对宇宙的认识。

（2）利用太空失重的环境。航天器在轨运行时，会产生失重环境，物体所受的重力被与其方向相反的惯性力所抵消，物体重量呈现出为零的现象即失重。太空提供的失重环境使得一些在地球上不可能进行的试验成为可能。在失重状态下，密度不同的液体可以均匀地混合，在轨运行的加工厂可以生产新型材料和医药产品等。研究失重对植物、动物和人类生理的影响有助于我们更好地了解人类的疾病和衰老。

（3）利用太空丰富的能量和资源。太阳系空间具有丰富的可开采矿产资源和能源，太阳辐射（太阳能）是人类可以利用的一种极为重要的能源，其能源含量巨大。将来可在太阳系空间建立太阳能发电站，利用光电转换发电，所产生的电能将以微波形式传输到地球，然后，通过无线接收整流转变成电能，送入供电网。月球上也具有丰富的资源，月岩中含有地壳中的全部元素及 60 多种矿物，其中有 6 种矿物是地球上没有的。在月球土壤中，氧占 40%，它可以就地生产推进剂和作为受控生态环境和生命保障系统的氧气来源。月球上还有大量的氦-3，它是核聚变反应堆的理想燃料。

（4）探索太空。不断深入了解我们生活的宇宙，是人类科学探索中永恒的主题。

1.2.2 航天工程系统

航天工程系统包括航天器系统、航天运输系统、航天发射场系统、航天测控系统和地面应用系统。各系统相互配合，组成航天工程系统。在载人航天中航天工程系统还包括航天员系统及返回着陆场系统（崔吉俊，2010）。

1. 航天器系统

航天器是指为执行一个特定任务，在地球大气层之外的太空，按照力学规律运行的各种飞行器，如人造地球卫星、飞船、空间站和空间探测器等。航天器一般由保障平台和有效荷载组成。保障平台一般包括结构与机构分系统、热控分系统、制导导航与控制分系统、推进分系统、测控与通信分系统、星务管理分系统、电源分系统，返回式航天器还包括返回着陆分系统，在载人航天中还包括环境控制与生命保障分系统、应急救生分系统等。有效荷载是直接完成特定航天任务的专用系统，一般包括通信载荷、导航载荷、遥感载荷和各类科学仪器。

航天器一般分为人造地球卫星、空间探测器和载人航天器三种类型。

人造地球卫星是指环绕地球运行（至少一圈）的无人航天器，简称人造卫星或卫星。卫星是发射数量最多、用途最广的航天器。按照卫星功能划分，可以将卫星分为科学卫星、技术试验卫星和应用卫星。科学卫星用于科学探索和研究，主要包括空间物理探测卫星、天文卫星、微重力科学试验卫星等。技术试验卫星用于空间技术和空间应用技术原理性或工程性试验，如我国的试验系列卫星。应用卫星直接为国民经济、人民生产生活、文化教育服务，在各类卫星中，应用卫星发射数量最多，种类也最为广泛。常见的应用卫星包括通信卫星、气象卫星、资源卫星和导航卫星等。

空间探测器是对月球和其他地外天体和空间进行探测的无人航天器，月球是初期探测的重点。人类渴望探索神奇的未知宇宙。在踏上其他行星之前，只能依赖空间探测器帮助人类了解其他星球乃至茫茫宇宙。空间探测器包括月球探测器、行星探测器和行星际探测器等。

载人航天器可以分为载人飞船、载人空间站和航天飞机三种类型。载人飞船是在低地球轨道上运行的一次性使用航天器，能保障航天员在轨道上短期工作、生活，并能够在完成航天任务后安全返回。载人飞船由供航天员生活和工作的轨道舱，供航天员进入轨道和从轨道返回时乘坐的返回舱，装有动力、电源等设备的推进舱，与其他飞船或空间站进行对接的对接装置等组成。载人飞船既可独立执行航天任务，又可与其他航天器对接后构成一个整体，联合执行航天任务。载人空间站是在低地球轨道上运行的，可供多名航天员巡访、长期工作的航天器。其用途可以从小型实验室扩展到具有加工生产和对天对地观测及星际飞行转运等综合功能的大型轨道基地。随着用途的拓展，载人空间站的发展也经历了以下演变过程：从单模块空间站到多模块组合空间站，再到一体化综合轨道基地。载人空间站基本组成部分与载人飞船类似，但是因为航天员要在空间站内长期工作，所以要有保障航天员能长期生活和工作的设施。航天飞机是部分可重复使用的垂直起飞、水平着陆、在低地球轨道上运行的有翼式载人航天器，由助推器、外燃料箱和轨道器三部分组成。航天飞机在入轨前，会抛掉已完成工作的助推器和外燃料箱，只有外形类似飞机的轨道器进入轨道并在轨道上运行。

2. 航天运输系统

航天运输系统是把各类航天器送入预定轨道的运输工具，包括一次性使用的运载火箭、可重复使用的航天飞机、空天飞机、单级入轨火箭、轨道机动飞行器和轨道转移飞行器等。其中，航天飞机兼具航天器系统和航天运输系统的功能。

运载火箭是指从地球把航天器送入太空运行轨道的工具，通常为多级（2～4级）火箭。运载火箭包括箭体结构、动力推进系统、飞行控制系统、遥测系统、外测安全系统和推进剂利用系统等，航天器通常由整流罩保护，飞出大气层后即可将整流罩抛掉。运载火箭的发展起步较早，德国的 V-2 火箭是现代火箭的先驱。1957 年，苏联用运载火箭第一次把卫星送入地球运行轨道。此后，世界各国先后发射了几千颗卫星、宇宙飞船、月球探测器、行星探测器和空间站。发射这些航天器所用的航天运输系统主要是多级运载火箭，或是在第一级增加捆绑助推器的多级运载火箭。1981 年，美国研制成功的航天飞机为航天运输系统增添了新的成员，这种可重复使用的运载器可以把航天器送入低地球轨道然后返回地面，同时可以为航天员提供轨道支援和在轨服务，如可对在轨航天器进行维修等。

空天飞机是一种低成本、高效益的水平起飞、水平着陆、可完全重复使用的新一代天地往返运输系统。它是航空技术和航天技术相结合的产物，不仅可用于向空间站等在轨航天器补充人员、物资、推进剂，提供在轨服务，并把空间站等在轨航天器内制成的产品运回地球，而且可作为全球快速运输机。

单级入轨火箭通常是指直接把有效荷载送入轨道的火箭。根据航天发射理论，要发射卫星，运载火箭必须要将卫星加速到第一宇宙速度（7.91 千米/秒）。而运载火箭最终速度与燃烧时间或推进剂的绝对质量无关，只和推进剂燃烧时的喷气速度及推进剂的质量与火箭的结构质量比有关。目前运载火箭所用的化学推进剂的喷气速度最大只能达到 4 千米/秒左右；而推进剂的质量与火箭的结构质量比又无法超过 10。考虑到地球引力及空气阻力引起的推力损失,最终的速度只能达到 7 千米/秒,达不到第一宇宙速度要求,因此需要采取多级火箭方案。采用新型结构材料及新一代推进剂后,有可能使用单级入轨火箭将航天器直接送入轨道。

轨道机动飞行器是一种具有机动变轨和遥控能力的、可重复使用的空间飞行器。轨道机动飞行器建立在航天飞机、运载火箭和空间站技术基础之上,能在轨道上执行不同的任务。轨道机动飞行器除了具有天地往返运输能力外,还是空间站的基本组成单元,其用途主要是提供空间平台的在轨服务,维护、回收、重新部署航天器和大型观测平台,支持空间站附近各种操作活动等。

轨道转移飞行器分为两类:一类是地基轨道转移飞行器,即在地面上装配一个能独立完成飞行任务的飞行器,由航天飞机或运载火箭送入预定轨道,独立完成任务后返回空间站基地,进行在轨服务、维修、补充推进剂、装备有效荷载等;另一类是天基轨道转移飞行器,它可以提供高性能的运载系统,它选用的材料质量比地基轨道转移飞行器要小,能够有效地利用推进剂,可增加有效荷载的运输能力。

3. 航天发射场系统

航天发射场又称航天发射中心、航天港、卫星发射基地等,它是航天器进入太空的起点,绝大多数航天器都是从航天发射场被送入太空的。世界著名的航天发射场有美国肯尼迪航天中心、范登堡空军基地,俄罗斯拜科努尔发射场、普列谢茨克发射场,欧洲航天局的圭亚那航天中心,日本的种子岛航天中心等,中国目前在用的航天发射场有酒泉卫星发射中心、太原卫星发射中心、西昌卫星发射中心和文昌卫星发射中心。

航天发射场的主要功能是牵头组织航天工程各系统在发射场试验活动的实施,对运载工具和航天器及其有效荷载进行发射前的各项测试与检查,并实施点火发射,把航天器按预定时间、方位和程序送入预定轨道。同时,在运载火箭、航天器飞行的上升阶段对其飞行状况实施跟踪测量与安全控制。此外,航天发射场还可以进行火箭发动机试车等单项试验、各种设备的检验及推进剂的生产、贮存和检验,并可开展运载火箭和航天器的部分研制试验工作。

航天发射场位置的选择涉及地理条件、经济条件、气象条件、地质结构条件、交通运输条件等诸多因素,在选择航天发射场位置时,要综合考虑多方面因素。航天发射场按区域划分,由发射准备区、发射区、试验技术区等组成;按系统划分,包括测试发射系统、指挥控制系统、测量控制系统、通信保障系统、时间统一系统及气象、运输、特种燃料等技术勤务保障系统等。

为完成航天发射试验任务,航天发射场拥有一整套完整的保障运载火箭与航天器的装配、测试、加注、发射、弹道测量与安全控制、测量信息接收与处理等工作任务的设施与设备。

4. 航天测控系统

航天测控系统是航天工程系统的重要组成部分，用于对航天器和运载火箭发射与飞行过程进行跟踪测量和控制。航天测控系统一般是通过通信网络汇集若干具有不同功能的测控台站或测量船、测控飞机及地面测控中心，从而实现对发射阶段和空间飞行阶段中的运载火箭和航天器的位置、姿态及状态的跟踪测量与控制。随着卫星技术的发展，数据中继卫星也成为航天测控系统的重要组成部分。航天测控系统在航天器发射、运行、返回等各阶段起着十分关键的作用，因此必须具有可靠性高、实时性强、轨道覆盖率高、功能强大、数据量大的技术特点。

航天测控系统由跟踪测量系统、遥测系统、遥控系统、实时计算机处理系统、监控显示系统和事后数据处理系统等组成。跟踪测量系统包括光学测量系统和无线电外测系统，用于获取火箭、航天器的轨道参数和物理特性参数，拍摄和记录运载火箭的飞行状态（含姿态）图像；遥测系统由航天器或运载火箭上的数据采集设备、编码器、调制器、发射机，以及地面接收、解调、记录显示等设备组成，用于获取航天器上的工作状态和环境数据，航天器上所载仪器的测控数据也通过遥测链路下传；遥控系统包括安全遥控系统和航天器遥控系统，包括地面控制指令产生器、编码器、调制器、发射机、发射天线和航天器或运载火箭上指令接收机、译码器等设备，用于运载火箭实时的安全控制和航天器的轨道控制、姿态控制及航天器上所载仪器、设备的工作状态控制，或向航天器上的计算机注入数据；实时计算机处理系统包括各种计算机硬件和外部设备及相应的软件，用于实时计算跟踪测量系统和遥测系统所获取的信息，为指控中心提供显示数据，为遥测系统提供引导信息；监控显示系统由监视显示台、大屏幕、电视监视器和各种记录设备组成，用于指挥人员观察航天器的发射过程及飞行实况，以便实时指挥控制；事后数据处理系统由计算机、判读设备、磁带（盘）记录重放设备、打印显示设备、频谱分析设备、数据存储设备及相应的软件组成，其主要任务是精确处理运载火箭和航天器轨道数据和遥测数据，提供处理结果报告。

航天测控系统还需要数据通信系统和时间统一系统来支撑，数据通信系统把各级指挥中心、发射场区、返回场区和测控站联系起来，完成各种数据、话音和图像等信息的传输。时间统一系统由定时接收机、标准频率源和时间码产生器等设备组成，为各种测控设备提供统一的时间基准和频率基准。

5. 地面应用系统

航天系统的最终目的是为科学研究、技术试验、国民经济和社会发展服务。

应用系统由有效荷载、有效荷载公用设备、有效荷载应用中心和有效荷载应用终端系统等组成。其中，前两部分装载在航天器上，是应用系统的空间部分，而后两部分是应用系统的地面部分。

根据航天任务目的不同，需要设置各类地面应用系统。例如，为开展电话、通信、数传业务而设置的卫星通信地球站；为对地球资源卫星进行跟踪、测量，并接收、记录和处理卫星传输信息而设置的地面应用中心；为实现全球导航服务而设置的地面站等。

6. 航天员系统

航天员系统负责选拔培训合格的航天员，对航天员实施医学监督与医学保障，设计合适的人工环境并研制相应的专用设备，以保证在轨航天员的生命安全，分为航天员选拔训练、航天员医学监督与保障、航天服、航天营养与食品、失重生理效应与特种防护、航天器载荷及医学评价、地面模拟设备、飞行训练模拟器和航天医学、工效学等分系统。

航天员系统是一个航天医学和航天工程相结合的系统，涉及人、机器和环境的各个方面，其具体内容包括合格的航天员、装载到航天器上的产品、地面配套设备、医学工效学要求及航天医学研究成果等。

7. 返回着陆场系统

返回着陆场系统用来安全回收由轨道上返回地球的容器。根据返回容器的不同可分为几种返回着陆情况：照相观测卫星的返回物，即一个装有胶卷的容器，不自带动力，降落到离地面一定高度时打开降落伞减速，本身对落点无控制能力，由于受风速等的影响，落点散布范围很大，着陆场一般称为回收区；载人飞船的返回舱可以改变升阻比，从而具有一定横向机动能力，可以采用升力控制方式，而且可以采用由航天员操作的可控翼伞，从而对落点有一定的控制能力，便于快速找到返回地球的航天员；可重复使用的航天器，如航天飞机、空天飞机自身带有动力和机翼，具有较大的横向机动能力，降落时能够选择跑道。

返回着陆场系统的主要任务是提供航天器（主要是载人飞船）返回着陆区、对返回轨道出黑障后的部分进行跟踪测量、对返回着陆后的航天员及返回舱实施搜救与回收。返回着陆场一般分为主着陆场、副着陆场和应急返回着陆区三类。主着陆场是航天器返回的区域；副着陆场一般为主着陆场的气象备用着陆场；应急返回着陆场是在出现危及航天员生命安全的异常情况下，航天器应急返回的着陆区域。

返回着陆场的技术装备一般是可搬运的，或是安装在可运动载体（如飞机、车辆、舰船）上的机动设备。从功能上划分，包括跟踪测量设备、空中搜索救援与回收设备、地面搜索救援与回收设备、气象保障设备和通信保障设备等。搜索设备包括目视搜索设备和无线电搜索设备。目视搜索设备如望远镜、夜视仪等；无线电搜索设备主要是各种短波、中波或超短波无线电定向仪，用于发现目标发出的信标，并确定目标相对搜索设备的方位。

航天飞机的着陆场需要专门建造机场或利用现有的大型航空机场，其跑道长度一般要达到 3~5 千米，并配置着陆导航系统。

1.2.3 航天发射试验工程

1. 航天发射

航天发射是航天器及其运载器通过空运、海运或陆路运输进入航天发射场，依靠发射场的设施、设备，完成装配、检测等技术准备后，运载器在发射装置上点火产生推力的过程；当运载器推力大于地球引力时，它就携带航天器离开发射装置升空，按一定的飞行程序进入空间预定轨道。原始火箭的发射是靠人眼瞄准目标，然后用手拽拉弓箭或点燃药捻让火箭飞出。现代航天器的发射要复杂得多。携带航天器的运载器，不仅要用瞄准设备使其对准发射方向，而且要用发射设备按一定程序给发动机点火。更为重要的是，为了保证发射成功，在运载器点火前还要对运载器、航天器及发射设施进行充分的检查测试，彻底排除故障、消除隐患后，才能点火发射。

由此可见，航天器的发射过程，是指发射人员运用测试技术、故障诊断技术和发射技术，按照一定的程序和规范对航天器、运载器及发射设施，进行技术准备和实施发射的过程。它包括航天器及其运载器进入发射场后，与发射设施一起进行的全部装配、检查、测试、充填气液介质、注入发射参数等技术准备工作，以及转运、起竖对接、加注推进剂、瞄准、射前检查、点火发射等实施发射的全部工作和程序。

因为弹道导弹的发射过程与航天器的发射过程大致相同，所以广义的航天发射活动也包括了弹道导弹的发射。

2. 航天发射试验

航天发射试验是指以航天器及其运载工具为试验对象，运用测试技术、发射技术，按照一定的程序和规范，进行技术准备和实施发射的过程。航天发射任务是一系列试验活动的总称，包括航天器及其运载工具进入发射场后所进行的全部检查、测试、装配、运转、起竖、推进剂加注、发射前检查、发射及事故处理等工作，同时包括航天发射场相应的勤务准备及地面测量控制与飞行试验结果分析。航天发射试验成功的标志是将航天器按预定程序送入预定轨道，并开展工作。

航天发射试验工程作为航天工程的组成部分，是一门研究航天发射各相关系统的组织管理、工程技术、发射场建设及其有关设施设备的设计、制造、试验和使用的系统工程，它与运载火箭、航天器技术有着密切的联系，也随着运载火箭、航天器技术的发展而发展。航天发射试验工程在规划和论证时，要根据航天任务的特点，结合航天发射场的试验能力综合考虑。例如，航天器的类型、轨道倾角和高度、质量、外形尺寸、起飞质量、推进剂类型及其在发射场的工作流程、运输方式等。同时还要考虑到发射首区、航区的安全和地面测控系统的站点布局等。

航天发射试验的开展依计划进行，而航天发射试验计划的制订依托于测试发射工艺流程，它是用以规定航天器及其运载器等航天产品进入发射场后的物流方向、技术状态、主要工作项目及场所，明确参加试验各系统之间的相互关系、工作先后次序、时间安排及质量安全控制关键节点的顶层级试验文书。目前测试发射工艺流程大致有水平分段组装测试、水平整体组装测试、直接在发射台上垂直组装测试和垂直整体组装测试运输四种技术模式。我国的载人航天发射场借鉴世界各国在航天发射上的成功经验，采用垂直整体组装测试模式的测试发射工艺流程，并据此制订航天发射试验计划。垂直整体组装测试运输模式是指运载火箭和卫星（或飞船）在技术区垂直总装厂房内进行垂直组装、垂直测试、射前垂直整体运往发射区，经燃料加注后进行发射，又称为"三垂模式"。

3. 航天发射试验特点

1）国家决策

航天发展战略、技术发展规划及大型航天工程是由国家最高领导集体进行决策的。航天工程及其应用对国家的政治、经济、科技发展和国家安全都有重要意义，经费投入巨大，陆上测控站或航天测量船的布站甚至需要进入其他国家的领土或领海。航天发射试验涉及面广泛，影响巨大，任何社会团体或个人都无法独立完成。

因此，航天发射试验任务的开展一般都需要由国家（或由国家赋予职能的管理部门）实施决策，规定其管理体制、试验目标及试验实施过程中的关键节点。

2）系统性

航天发射试验是一项系统性工程，是航天工程的一个重要组成部分。从系统组成上看，参与航天发射试验的系统包括试验组织指挥系统、测试发控系统、测控通信系统、勤务保障系统；从技术内容上看，航天发射试验的技术要点包括航天发射场建设与信息化建设、测试和发射控制、测量与控制、试验组织与指挥、试验故障诊断与处理、试验质量管理、试验训练与仿真、试验可靠性与安全性、数据处理与试验分析、试验装备管理与延寿、发射试验项目管理等。

航天发射试验工程包含两个并行的基本过程：一个是技术工程过程，另一个是管理工程过程。技术工程过程是运用工程原理、技术、设备、资料等手段，制订实现工程目标的整体方案、实施途径及实施程序的过程。管理工程过程是运用系统分析、系统决策、系统评估及综合运筹等手段，制订型号整体实施计划，组织协调技术、经济、质量、进度、保障措施的运行，对技术工程实施管理和控制的过程。在具体实施过程中，形成了行政总指挥和型号总设计师两条线的管理体制，即"两总系统"。

3) 高风险

航天工程巨大的政治影响、应用价值和高昂的经济成本，要求航天发射试验必须满足较高的安全性和可靠性。因此，航天发射试验工程必须按照万无一失、确保成功的管理理念组织实施。在实施过程中，航天发射试验的管理原则是进度服从质量，对于重要和关键节点要进行质量评审，不带有一点问题地转入下一个阶段或发射。对于航天发射试验过程中出现的质量问题，必须按照"双五条"标准组织归零，即技术问题的五条归零标准和管理问题的五条归零标准。对于特殊情况无法归零的问题，必须要有明确的不影响试验成功的结论。

1.2.4 航天发射试验工程总体要求

航天发射试验工程系统的主要任务是把研制方案变成工程上的具体要求，并综合成一个工程上可行、技术上合理、经济上合算、研制周期短、能够协调运行的实际系统，高标准、高质量、高效益地完成航天发射试验任务，将航天器送入预定轨道。在研究航天发射试验工程系统时，不仅要研究其性能指标及与航天工程各大系统间的接口关系，更需要研究在各个组成部分的相互作用和相互影响下形成整个系统的总体特征和功能。航天发射试验工程总体要求包括以下几点。

1. 发射能力

发射能力是指发射系统具有的发射航天器类型及运载火箭型号的能力。发射能力是发射系统总体设计的最基本要求，具体要素包括以下两个方面：①航天器的类型、轨道倾角和高度、质量、外形结构和尺寸特征等；②运载火箭的型号（如级数、有无助推器等）、发射方位角、运载能力、外形尺寸、起飞质量、推进剂类型及其在发射场的工作流程、运输方式等。同时还要考虑到发射首区、航区的安全和测控系统的站点布局等因素。

发射系统所需要满足的不同航天器和运载火箭发射的程度体现了发射能力的高低。发射系统除了应满足现有总体要求规定的航天器和运载火箭发射要求外，还应预留适用性改造的空间和接口，一旦未来对航天器和运载火箭提出新的发射需求，可以有效地缩短建设周期，降低建设费用，满足发射要求。

2. 年发射次数

年发射次数是发射场在一年内能够实施航天发射的数量总和（包含发射场内各发射工位），又称发射频率。测试发射工艺流程决定了发射系统的物流组织和操作程序，从而对发射频率具有重要影响。发射频率是评价发射能力的一个重要经济技术指标。

3. 发射周期

发射周期是指从航天器和运载火箭运抵发射场至完成发射的时间。缩短发射周期对降低发射运行费用有着直接的影响。同时某些发射任务对发射周期也有明确的要求，如空间应急发射等。缩短发射周期的主要方法是提高航天产品的质量和可靠性，减少试验产品在发射场的测试检查项目，优化试验流程。

4. 恢复发射周期

恢复发射周期是指当运载火箭和航天器在发射台上出现重大事故的情况下，重新组织发射的时间。在商业发射和军事发射任务中，要求恢复发射周期越短越好，一方面为减少经济损失，另一方面为满足任务进度需要。缩短恢复发射周期的具体措施有两种：一是尽可能简化发射区设施，二是建设备用发射工位。

5. 连续两次发射时间间隔

在航天发射中，有的任务有一些特殊需求，如空间交会对接、卫星组网发射，特别是军用航天器发射，会要求在较短的时间内连续进行两次或多次发射。另外，在以远洋测量船为主要测控手段时，连续两次发射时间间隔越短，船队出海的次数越少、时间越短，可以大大降低发射运行费用。缩短连续两次发射时间间隔的方法，一是在发射操作流程上采取并行作业方式，二是尽量缩短火箭在发射台上的占位时间。

6. 发射可靠性与安全性

发射可靠性是指按照确定的发射要求，在规定的时间内成功进行发射的可靠程度。发射可靠性主要取决于地面发射和测控设施设备的可靠性和可维护性、发射试验方案与各种预案的完成程度，以及人员的心理素质和技术熟悉程度。

发射安全性主要是指发射和准备过程中，保证人员不受伤害和设备不受损坏的能力。在航天发射场建设和发射实施过程中，安全性往往具有决定性作用。发射安全性评估主要包括分析研究发射场易燃易爆品的种类、数量、爆炸威力和危险区范围；航区安全控制区范围内的人口、城镇、交通枢纽分布情况；运载火箭一级、助推器、整流罩坠落区及航天器回收区的人口分布情况等内容，最后要形成发射安全性分析评估报告。

可检测性是保证发射系统可靠性和安全性的一种措施，是对关键系统的故障检测和预测。可检测性包括故障的检测和评估，有毒及易燃气体的预警，发射场环境保障设备的检测和调节，供配电、供配气及推进剂加注系统的检测和调节。通过使一些关键系统工作总是处在监控之下，提高发射系统的可靠性和安全性。

可维护性是指在给定的时间内和条件下，或者是一次正常发射后，进行下一次发射前仍能保持和恢复发射系统良好技术状态的概率。可维护性是通过设计确定的（如脐带塔上的设备会受到发射时环境效应的影响，设计中应该考虑防止射流烧蚀和震动冲击）。加注系统应考虑推进剂强腐蚀性，加注管道、阀门等除了具有防腐蚀性外，还应便于更换。对于长期处于室外和恶劣环境下工作的设备必须考虑其可更换性。因此，发射场在建设过程中要考虑设施设备的以通用化、系列化和组合化为主要内容的标准化建设问题。

7. 发射成本

发射成本是指进行一次航天发射所消耗的全部费用。除任务实施中消耗的发射费用外，发射成本还包括发射设备运行日常维护费用。

航天发射试验作为一项大型系统工程，在确保质量和成功的前提下，必须按照工程经济学的要求提高试验效能。

8. 环境保护

环境保护的要求包括明确发射试验过程中产生的废液、废气的种类、成分、数量及对环境影响的范围和程度，研究治理方案；分析研究发射噪声的危害范围及隔离措施；形成对环境影响的综合评价，并采取有效措施等。

9. 气象保障

气象保障的要求包括为发射试验任务提供长、中、短期天气预报，及时发布危险天气警报，为选择发射窗口、产品转运和发射时机提供气象服务；同时完成高空大气参数的探测，为进行大气折射指数的修正、高空风的修正、加注量的计算等提供测量参数等。

1.2.5 航天发射方式及形式

1. 航天发射方式

航天发射方式是指运载火箭的发射基点、发射姿态、发射动力和发射设施等要素的有机集成。

发射基点是指发射对象及其发射装置在发射时所处的位置,包括陆基、海基、空基和天基四种基本形态。

发射姿态是指发射对象离开发射装置时的姿势状态。发射姿态的选择主要取决于发射对象的用途和设计,一般分为垂直发射、水平发射和倾斜发射三种。垂直发射主要用于弹道式航天器的发射,可以使运载火箭尽快穿过大气层,其技术成熟、可靠,初始对准快捷方便。垂直发射一般采用自推力的发射方式。水平发射和倾斜发射的发射装置带有倾斜导轨,发射简单可靠,一般需要借助外力发射。

发射动力是使发射对象离开发射装置的力量。发射动力的选择主要取决于发射对象的用途和设计,可以分为自推力发射、外力发射和复合发射三种,也可以分为自力发射、弹射、投射和复合发射等。自推力发射是指依靠火箭自身的发动机点火启动时所产生的推力来飞离发射装置。这是目前应用最普遍、技术最成熟、可靠性较高的一种发射方式。主要问题是要解决燃气流的排导,以及克服发射时带来的声振、烧蚀及气流对发射装置或发射平台的影响等。外力发射是指由发射对象以外的装置提供动力,其优点是可以取消导流装置,简化地面固定发射设施,同时燃气流对发射区影响较小。外力发射的缺点是发射装置结构复杂,同时需要设置隔离器,将发射时产生外动力的工质与火箭分开。具体来说,外力发射包括弹射和投射两种方式。弹射方式是不点燃自身发动机而靠发射装置所产生的动力将火箭弹射出去,然后点燃自身发动机继续飞行;投射方式是将火箭从飞机或空中发射平台的吊挂装置上无动力释放,而后其点燃自身发动机继续飞行或释放后一直做无动力滑翔飞行。复合发射是将自推力发射和外力发射两种原理结合起来的发射方式。

发射设施是指发射区内的发射台、勤务塔、脐带塔等设施,按发射设施能否机动,可以分为固定发射和机动发射。

2. 航天发射形式

1)陆基发射

陆基发射来源于弹道式导弹的发射,分为固定发射和机动发射。

固定发射方式一般采用地面发射方式,其技术准备厂房和发射设施设备绝大多数建在地面上，发射对象矗立在地面的发射台上点火发射。

机动发射方式的发射点不固定在某一位置，一般将发射台及其地面测试发控设备配置在发射车上，因而发射点经常变换位置。这种方式常应用于固体运载火箭特别是军用航天器的应急发射。

大型航天器因规模大、设备复杂、一般采用陆基固定发射方式。这种发射方式又可细分为水平分级运输、水平整体运输、直接在发射台上组装和垂直整体运输四种发射方案。

2）海基发射

海基发射是指航天器在海上平台发射，又称海上浮动发射。这种发射方式的主要优点是发射成本低廉，能够根据航天器轨道需求选择发射场位置，最大限度地利用火箭的运载能力，对环境污染小，安全性好。

可以根据卫星轨道的要求选择海基发射位置，同时对发射方位也没有限制，其使用更具有灵活性。海上发射系统除了用于发射地球轨道卫星外，还可以用于发射其他轨道卫星。另外，该系统自成体系，具有较高的操作自主性。在海上发射，还可远离人口稠密区，万一发射失败，对地面人员和建筑物的损害也比较小。

3）空基发射

空基发射是指将发射对象安装在飞机上从空中机动发射。空中水平发射运载火箭和航天器是比较新颖的发射方式。空基发射方式不依赖地面固定发射设施，无须发射台，利用普通飞机跑道即可，可以大大减少发射费用，提高发射安全性，同时可以方便地扩大轨道倾角范围。

空基发射系统从技术水平、运载能力、可操作性和经济性等方面都有潜在优势，同时具有较高的自主性和机动性，不必在发射场周围和火箭分离溅落区设置安全区，不需要建造庞大的地面发射设施，也无须花巨资建造道路、电力等基础设施，从而大大降低了费用。

4）天基发射

随着航天技术的发展，人类在一步步迈向宇宙的征程中，逐步认识到在大气层内和大气层外不同环境状态下的发射原理有着本质的区别，于是把大气层内的空间称为"空"，把大气层外的空间称为"天"。把在大气层内空间的发射活动称为空基发射，把在大气层外空间的发射活动称为天基发射。天基发射目前有两种基本形式，即航天飞机发射和空间站发射。

航天飞机发射就是利用航天飞机将航天器拖放到预定的近地轨道，或拖放后再点燃航天器上的发动机而进入高轨道。航天飞机运载能力很大，且大部分可重复使用。用航天飞机发射低轨道卫星时，可由航天员直接操纵航天飞机货舱中的机械手，将卫星拖放到轨道上。在航天飞机上发射高轨道卫星，如地球同步卫星时，航天器上需要另带动力装置，完成从低轨道到高轨道的运送任务。航天飞机在近地轨道上拖放卫星和上面级火箭的组合体，上面级火箭使组合体加速，将卫星送入大椭圆轨道，完成发射任务，然后由星上发动机在远地点完成变轨，实现同步定点。

空间站不仅可作为载人空间基地、空间工程和空间试验中心，还可作为中转载体，用于发射高轨道卫星、月球和行星际探测器，甚至可以作为发射攻击地面目标和轨道航天器的空间基地。

在空间站上组装的行星际航天器，由于已获得了极大的势能和动能，推进系统所需提供的动力大大减小，发射经济性和可靠性将有所提高。

1.2.6　航天测试发射工艺流程

根据世界各国航天发射所采取的技术准备方案，目前测试发射工艺流程大致有四种技术模式。

1. 水平分段组装测试模式

水平分段组装测试模式，是 20 世纪 50 年代美国和苏联在陆基弹道导弹研制初期普遍采用的一种技术准备模式，又称"平行准备法"。

这种模式的特征是运载火箭在技术区分段进行水平装配、水平检查，然后分段连接起来进行综合测试，分段水平运往发射区，在发射台上积木式地逐段起竖对接，并在垂直状态下再次进行综合测试，最后加注发射。

这种模式的优点：①可比性好，其技术准备始终在水平状态下，检查、测试步骤与生产总装厂一致，测试数据有良好的可比性；②经济性好，不必花费很多经费建造高大的垂直总装厂房，不需要制造庞大复杂的整体运转或整体起竖设备；③技术难度较小，可以充分利用已有的导弹试验设施，迅速实现航天器的首次发射。美国、苏联、中国等发射第一颗卫星时，都采用了这种模式。

这种模式的缺点也是显而易见的。由于航天器及其运载火箭被分级分段运输到发射工位起竖对接在一起，不仅容易因状态变化带来故障，降低可靠性，而且对接后需要检查机械电气连接情况，并重新进行综合测试，增加了发射区的工作时间。这种模式发射卫星时占用发射工位一般需要 8~12 天，有时占用发射工位长达一个多月，降低了发射场的发射频率。同时由于发射区的环境条件不如技术区厂房好，一般要简化在发射区的测试项目并放宽要求。

2. 水平整体组装测试模式

20 世纪 60 年代初，苏联率先改变了陆基导弹发射的旧有模式，采用了水平整体组装测试模式,使连续发射两发导弹的时间由原来的10天缩短到2～3天。随后这种模式又被应用到航天器的发射上,称为"水平整体准备法"。

这种模式的特征是运载火箭的分级检查、测试、助推器组装、一二级组装、整箭综合测试、星(船)-箭对接、逃逸塔-船对接等都在水平总装测试厂房内完成。组装后通过铁路运往发射区。到达发射工位后,液压作动筒推动起竖臂架,使火箭起竖成垂直状态,火箭固定在发射台上。两半倾倒式勤务塔和脐带架相继起竖成垂直状态,环抱运载火箭和航天器。操作人员接近运载火箭,完成测试发射操作准备。

采用这种模式时,要求航天器及其运载火箭连接成一个整体后具有足够的强度。苏联的"联盟号"运载火箭和"联盟号"载人飞船就是利用这种工艺流程进行发射的技术准备,"联盟号"箭船组合体在发射区停留时间为3天,有效工作时间为16小时左右。

水平整体组装测试模式的主要特点:全部组装和测试工作都在水平总装厂房内进行,工作环境好,发射可靠性高;运载火箭在发射区占位工作时间较短,发射频率较高;相对于造价昂贵的垂直总装厂房,其建造成本较低;在运输过程中,由于运载火箭是水平状态,星(船)-箭组合体受浅层风作用而引起的低频振动比垂直状态运输时小得多,因此运输时比较安全;星-箭(或塔-船-箭)水平安放在铁路运输起竖车上,且组合体呈水平状态,结构受力比较复杂,星(船)及整流罩结构设计需采取一定的措施;水平整体运输时,发射塔架不能和脐带塔一同运输,因此,发射工位上还必须设置脐带塔和勤务塔,发射区不能充分简化。

3. 直接在发射台上垂直组装测试模式

直接在发射台上垂直组装测试模式是美国在20世纪50年代末和60年代采用的一种航天发射模式,又称为固定式准备法。

这种模式的特征是除了单元仪器和航天器外,运载火箭各子级不经过技术区准备而接运到发射工位,在发射台上进行起竖对接;然后把准备好的单元仪器和航天器运到发射台上进行装配,并进行综合测试和其他技术准备;最后加注和发射。

这种模式下,发射区需要建造庞大、复杂的活动装配大楼或活动勤务塔、脐带塔等设施。这些设施必须设有板壁和通风、空调装置,以及严格的密闭措施,使其温度、湿度、洁净度等环境参数满足运载火箭和航天器的测试和存放要求。

利用这种模式进行测试发射的最大优点是火箭的技术状态不发生变化,地面的测试电缆、供气管路同航天产品连接后可以一直保持到发射前,中间不需要改变状态,可以避免因状态改变而带来的故障或重复测试,提高了发射技术的可靠性和成功率。同时，测试发控设备只需固定放置在发控室即可，节省了一套测试发控设备。

这种模式的缺点，一是须建造密闭性能高且符合航天产品装配测试环境要求的活动装配大楼或活动勤务塔、脐带塔等设施，这些设施结构复杂、造价昂贵，即使如此，环境条件还是难以完全得到保证。二是占用发射工位周期较长，从美国的使用情况看，进行1次航天发射，占用发射工位少则20天，长则50~60天，效率太低，仅适用于低频率的航天发射。三是安全性较差，若在加注、发射过程中发生事故，会给发射工位造成严重损坏，经济损失惨重，恢复困难。如果要求发射频率高，必须建造多个发射工位，如美国双子星座任务中发射工位就多达4个，重复建设造成了沉重的经济负担。

4. 垂直整体组装测试运输模式

垂直整体组装测试运输模式，是美国1962年在肯尼迪航天中心建造用于发射"阿波罗"系列飞船的39号发射场时首先提出并实施的。

垂直整体组装测试运输模式是指运载火箭和卫星（或飞船）在技术区垂直总装厂房内进行垂直组装、垂直测试、射前垂直整体运往发射区加注发射，又称"三垂模式"。采用这种模式的主要目的是提高发射的可靠性，也就是通过建立一个独立于发射区之外的技术准备区，使航天器和运载火箭在一个良好的环境条件下进行各项综合技术准备和等待发射时机，把过去在发射区做的工作尽量前移到技术区完成，这样就不会因为恶劣的气象条件而延误工作计划或影响航天器和火箭上的元器件质量。只有完全满足发射条件后，倒计时开始数小时（或数日）前才运至发射区加注发射。

从技术区到发射区，星（船）-箭组合体的运输依靠运输工具（活动发射平台）来完成。由于运输时的速度很低（≤0.8米/秒），轨道面平坦，运输时作用在组合体上的荷载系数比航天器和运载火箭允许的轴向和横向荷载要小。故垂直整体运输过程中，组合体的状态不会发生变化，很多检查不必重复，因而在发射区停留的时间一般很短（5小时~3天）。

在垂直整体运输过程中，航天器与运载火箭组合体长细比较大，质量主要集中在头部和底部，结构频率低（这种结构有时称为低频倒立摆结构）。运输时在浅层风作用下容易引起低频振动，因此，准确预报天气和加强浅层风监测对运输安全极为重要。

组合体和活动发射平台及支撑轨道组成一个多自由度弹性体系，通常不是在活动发射平台上采用隔振装置，而是选择改变它们之间的频率分配。例如，提高活动发射平台的质量和刚度，以及活动发射平台的固有频率，驱动机构的电动机及其他旋转体转速（频率）设计为可调节，为了减少有规律冲击，将轨道焊接成无缝长轨等。

采用垂直整体组装测试运输模式的除美国肯尼迪航天中心 39 号发射场外,还有法国圭亚那航天中心 3 号发射场、日本种子岛航天中心吉信发射场、中国酒泉卫星发射中心载人航天发射场和重建后的美国卡纳维拉尔角空军基地 41 号发射场等。垂直整体运输目前有两种状态,一种是脐带塔、有效荷载、运载火箭地面数据传输设备、温湿度环境控制设备和星(船)-箭组合体一同运输,在运输过程中,地面设备不间断地对航天器和运载火箭进行监视。由于电、气、液管线在发射区不需要进行二次连接,发射区不需要设置结构复杂的固定脐带塔,且直至发射航天器和运载火箭始终处在监视之下,从而提高了发射的可靠性,简化了发射区的操作流程。另一种是不带脐带塔运输,在发射区必须建有脐带塔,电、气、液管线需重新连接,重新组织检测,火箭在发射区占位时间较长。

美国"土星 5 号"运载火箭采用这种模式发射"阿波罗号"飞船,取得了百分之百的发射成功率。之后,美国将此种发射模式应用到航天飞机的发射流程。除美国外,法国圭亚那航天中心阿里安火箭发射场、日本种子岛航天中心 H-2 火箭发射场也都采用了这种发射模式。我国的载人航天发射场也借鉴世界各国在航天发射上的成功经验,采用了"三垂模式"。目前,航天器发射技术总体发展趋势是朝整体运输、远距离测试发射、航天器与火箭一体化设计的方向发展,以此保证航天器发射的高可靠性、高安全性和低成本的要求。

1.2.7 航天发射场功能及设施

航天发射活动集中在航天发射场进行。航天发射场为航天发射活动提供全套技术先进的大型发射设施设备,以满足航天器及其运载器进行技术准备和实施发射的要求。航天器是在发射场发射升空的,因此发射场又称为航天发射中心或航天港。

1. 航天发射场功能

航天发射场一般由试验指挥区、技术区、发射区、测量控制区和生活区组成。对于载人航天发射,发射场还包括航天员区。

1)试验指挥区

试验指挥区是对航天发射实施调度指挥、信息处理、状态监视、发射和安全控制的场所,载人航天还包括逃逸控制,一般建有测发楼和指挥楼。测发楼是对航天器、运载器和有效载荷的测试发射实施指挥控制的基础设施,调度指挥的范围限于发射场内部。指挥楼是对航天发射全局实施指挥控制的基础设施,并参与航天器运行段和返回段的指挥控制。

2）技术区

技术区是完成航天器、运载器和有效载荷的组装测试、联合检查的场所，建造有运载器和航天器的组装测试厂房、航天器推进剂加注库房、压缩空气站、火工品库房、供电站、测试发射指控中心、通信、气象监测、水暖电、消防等建筑和设施。对于使用固体助推器和发动机的运载器，在技术区还应建造固体助推器对接厂房。运载器和航天器的类型、组装方式和测试流程决定了发射场技术区的构成和基础设施的结构，如采用"三垂模式"就必须建造垂直总装测试厂房和专用运输车辆及道路。

3）发射区

发射区是完成航天器、运载器和有效载荷的射前检查，并对运载器实施燃料加注和发射的场所，其建造有发射台、导流槽、脐带塔、勤务塔、发射控制室（限于近距离发射模式）、推进剂和压缩气体储存室、转场运输设备、测试发射前段设备、地面瞄准设备、应急救生设施（限于载人航天发射）等专用设备，同时配置有通信保障、污水废气处理、水电消防等通用装备。一个发射场可以有多个发射区，每个发射区之间的距离设置应考虑意外情况下的安全、发射噪声的影响等。

4）测量控制区

测量控制区是部署各类测量控制设备的区域，包括各类测量控制台站，主要设备包括光学景象记录和外弹道测量设备、雷达外弹道测量和遥控设备、遥测数据接收和处理设备等。

5）生活区

生活区是人员工作、生活、休息、娱乐的场所，包括住宅、市场、宾馆、医院，以及水电供应、通信保障、公共交通等较为完善的生活保障设施，能为进场工作人员提供必要的食宿、医疗、会议和工作场所。

6）航天员区

航天员区是航天员进入发射场后训练和生活的主要场所，由航天员宿舍、餐厅、专业训练用房、飞前准备用房、医监医保用房、航天员管理站等组成，主要任务是为航天员提供各种模拟训练、医监医保及生活保障。

2. 航天发射场地面设施设备

航天发射场地面设施设备主要包括液体推进剂加注、供气、非标塔勤、指挥监控、通信及电视、气象、供配电、空调水暖、消防、计量及特种燃料贮运等系统和各类通用装备。

1）液体推进剂加注系统

液体推进剂加注系统主要包括工艺设备和控制设备，其中，工艺设备由推进剂贮罐、加（转）注泵、流量计、阀门、工艺管路等组成，控制设备由工控机、可编程控制器、显示屏及压力、流量、温度、液位等监控网络组成，主要完成推进剂由运输槽车向加注库房的转注和由加注库房向运载火箭的加注任务。

2）供气系统

由空气压缩机、液氮气化车、氧气纯化设备、增压设备、配气台、贮存气瓶及供配气管线组成，主要为航天产品及地勤系统提供满足需要的不同类型、不同压力的气体，包括氧气、氮气、高纯氮气、空混气及洁净空气。

3）非标塔勤系统

主要包括吊装设备、转运设备、工作平台、发射台、电缆摆杆、非标大门、电梯等。其中，吊装设备包括标准及非标准桥式吊车、塔式吊车、单臂吊车等，主要用于航天产品的吊装、对接及拆卸工作。转运设备包括航天产品专用公路运输车、轨道转换车、活动发射台、转运轨道等，主要用于不同的航天产品以一定的状态在各工作地点之间的运输。工作平台包括厂房活动工作平台、脐带塔活动工作平台等，主要为航天产品的组装、测试、推进剂加注等工作提供必要的工作场所，为各种测试用管路、电缆敷设提供通道等。发射台按不同任务模式分为活动发射台和固定发射台，主要用于航天产品组合体的支撑及回转、垂直度调整等，活动发射台还具有船箭组合体垂直转运的功能。电缆摆杆的主要功能是为航天产品在发射工位测试时提供电缆、气管等的支撑，在发射时按程序摆开，提供所需要的发射空间。非标大门可分为升降推拉大门、推拉门和卷帘门三大类，主要功能是在航天产品转运时提供必要的通道，在正常工作期间保障厂房的密闭及消防分区功能。

4）指挥监控系统

包括计算机网络、指挥显示设备、控制设备、监视设备等，主要为航天发射技术准备和实施发射提供指挥控制手段。

5）通信及电视系统

包括指挥调度、时间统一、数据传输、话音传输、电视图像摄影传输/显示等设备。为发射过程中各级岗位提供信息采集、传输、显示和沟通的功能。

6）气象系统

包括地面观测、高空控测、浅层风测量、雷电监测、气象雷达、卫星云图接收处理，以及天气预报业务和气象保障自动化设备等，为航天发射提供短期、中期及长期天气预报，以及为大气折射指数的修正、高空风修正、加注量计算等提供各种气象要素的测量数据。

7）供配电系统

包括低压开关设备、配电线路、用户端配电设备、接地系统设备、配电监测系统设备和大中型不间断电源系统等，主要为航天发射试验提供安全、可靠的供配电保障。

8）空调水暖系统

包括各种中央空调、分体空调、锅炉设备、冷冻机组、给（排）水泵、送（排）风设备、推进剂调温设备及各种管路阀门等，主要为测试发射场所提供满足温度、湿度、洁净度要求的工作环境，按要求对推进剂进行升温或降温处理，为某些特定工作场所提供强送排风及换气服务。

9）消防系统

包括联动消防设备、固定消防设备、活动消防设备及各种探测、报警、监控设备，主要功能是对各试验场所进行火灾探测、监控，必要时启动联动设备，进行隔火、排烟和消防，发射工位的固定消防还要提供发射或紧急关机时导流槽、发射台的水消防。

10）计量系统

主要包括电学计量设备、无线电计量设备、时间频率计量设备、力学计量设备、温度计量设备等，主要任务是保存并管理发射场的最高计量标准，执行各类计量鉴定规程和技术法规，完成量值溯源和量值传递，完成各类仪器仪表的鉴定、修理、计量测试及任务中的遂行计量保障。

11）特种燃料贮运系统

特种燃料贮运系统的设备分为贮存设备、运输设备和附属设备三大类，主要用于推进剂的运输和短期贮存。其中，贮存设备包括贮罐、高压球形气瓶等；运输设备主要包括槽车和乘务发电车；附属设备包括离心通风机组、制冷空调机组、配气台及供气管路等。

1.3 航天发射试验风险概述

1.3.1 航天发射试验风险及特征

航天发射试验风险是指在航天器测试发射过程中，发射场系统对航天发射组织指挥、测试发射、测量控制、通信保障、技术勤务保障过程存在的不确定性。航天发射试验是探索性的，具有很多的未知规律；发射系统工具是实验性的，无论是卫星、飞船、空间站等航天器，还是运载火箭、导弹和发射设施，都是新研制的试验产品，即使是已定型的导弹和发射设施，每次参加航天发射活动,都有新的试验内容和目的,带有明显的科学试验特征,具有很大的风险;发射对象活动的主要范围是在地球之外的大气层和宇宙空间,具有很大的危险性;航天发射活动的影响波及全世界,具有很强的社会影响力。航天发射活动所具有的探索性、试验性、危险性和社会性决定了航天发射试验的风险特征表现为以下几个方面。

1. 风险存在的客观性和普遍性

作为损失发生的不确定性,风险是不以人的意志为转移并超越人的主观意识的客观存在,而且在整个任务过程内,风险是无处不在、无时不有的,只能在有限的空间和时间内改变风险存在和发生的条件,降低其发生的概率,减少损失程度,而不能也不可能完全消除风险。

2. 风险的多样性和复杂性

航天发射试验的范围涉及地球的陆地、海洋、地球外的大气层和太空;航天发射场系统有 60 多个专业、3000 多套设备、定岗人员 7000 余人,是一个多学科、多专业、融合多项技术的项目,一次发射参与的人员数以 10 万计,参加的设备数以万台/套计,牵一发而动全身;发射窗口又受天文、气象等自然条件限制,各种风险因素之间的关联影响复杂,各阶段、各层次风险因素之间构成了立体交叉的网络关系。

3. 风险的动态性

航天发射试验不同阶段面临不同的风险,后一阶段的风险与前一阶段的工作和现阶段的状况密切相关。风险都有一个孕育、发生和发展的过程,随着环境和条件的变化,风险呈现出明显的动态特征。随着需求、技术的不断变化,原有风险可能会降低或消失,同时可能会出现新的风险。针对风险的动态性特征,需要从动态调整方面开展风险管理。

4. 风险的多层次性和全局性

航天发射试验的风险往往会对整个任务造成重大影响,特别是安全风险造成的损失往往无法挽回。风险的影响往往不是局部的或某一方面的,而是全局的,不同层次的项目过程面临不同的风险,上层的风险与下层的风险密切相关,整体风险与局部风险紧密联系。针对风险的全局性特征,需要从整体规划方面开展风险管理。

5. 风险前验信息少,但具有一定的规律性

因为航天发射试验是一项探索性和试验性活动,不像飞船、舰船、车辆那样

使用频繁，同类的航天器及其运载器，弹道导弹甚至发射场，年发射次数不超过十几次，每次发射几乎都有新的试验目的和技术状态，产品研制时所进行的检查、测试次数也都有限，所以航天发射试验风险的前验信息很少。但是航天发射试验的实施、环境变化都是有一定规律性的，相应风险的发生和影响也是有一定规律性的，是可以在一定程度上进行预测和有效控制的。

1.3.2 航天发射试验风险因素及风险事件

航天发射试验参与系统多、规模大、技术复杂、时间周期长、项目标准要求高、政治影响力强，因此在航天发射试验中不确定因素较多，这种不确定因素决定了航天发射试验的高风险特性。针对航天发射试验特点，具有以下特征之一的因素视为风险因素：①可能影响任务安全；②可能影响任务进度；③可能影响任务质量；④可能导致重大经济损失或环境性影响。

具有以下特征之一的事件即为风险事件：①任务需求不明确；②存在未确定的技术状态；③存在设计缺陷、设备和产品质量缺陷、关键技术未解决；④人员受到伤害、产品受损或造成重大经济损失；⑤发射任务进度受到影响（推迟）、发射失败、发射后跟踪测量控制及结果未满足任务要求。

1.3.3 航天发射试验风险分类

1. 技术风险

技术风险是指在发射试验过程中，由于发射技术复杂、试验技术准备不充分、检查测试不全面、技术保障不到位、维修保障不及时等原因，不能满足发射试验的要求，给发射试验带来的风险。在航天发射试验中，技术风险比较普遍，是航天发射试验的一个重要的风险源。

2. 管理风险

管理风险是指在航天发射试验中，计划、组织、控制、决策等工作达不到预定要求，造成发射程序混乱、时间延迟或发射失败等风险。例如，在发射试验中，试验计划对资源分配不合理、决策机制不健全、人员岗位与进度安排不合理、组织内部及内部与外部之间信息沟通传递不及时、规章制度不健全、管理不到位等原因均可以对发射试验产生影响，给发射试验带来一定的风险。

3. 人员风险

人员风险是指人员责任心或能力问题直接造成的风险损失。任何活动都需要人进行不同程度的参与，从某种意义上讲，任何风险不同程度上都可最终归结为人员风险。人员责任心不强，专业技术水平达不到要求，人员变动过于频繁，管理人员不胜任，一些关键岗位人才流失，都会极大地影响整个航天发射试验的顺利进行。人员风险是航天发射试验中不可忽视的一个风险源。

4. 合同风险

合同风险主要是指在航天发射试验中，发射单位与用户、承包商签订合同所带来的风险，即在合同履行过程中发生的风险。主要包括信誉风险、进度风险、费用风险。信誉风险主要是指合同各方未能按合同的约定履行相应的义务，导致发射试验延缓或中止而带来的风险。进度风险主要是指在合同履行过程中由各种原因导致发射进度滞后带来的风险。费用风险主要是指合同条款不清、材料成本上涨或其他如进度滞后等原因带来的费用增加。

5. 环境风险

环境风险是指环境变化造成的航天发射试验风险损失。环境风险主要包括自然风险和政策风险。自然风险是自然力的作用，造成与试验相关的财产或人员伤亡的风险。政策风险主要是指国家的法律法规和技术文件变化带来的风险。

在高密度任务条件下，航天发射试验还将面临资源和进度这两个方面的风险。

6. 资源风险

在航天发射试验中，涉及的资源主要包括人力资源、设备资源、财务资源、组织资源、知识资源、信息资源和环境资源等七大类。各种资源对应不同的风险，其中，人力风险和设备风险是最为主要的风险。

人力风险：发射单位的人员编制一般按发射试验所需的专业和操作岗位编配。在目前编制条件下，为完成多项目试验任务，主要采取人员兼岗、串岗、并岗等措施来缓解人员紧张的问题。这些措施虽然在一定时期内能缓解人员紧张的矛盾，但人员同时参与多项任务，状态转换较频繁，很容易导致操作上的失误。特别是高密度发射试验任务，状态的频繁转换、长时间的加班加点，给试验带来的风险更大。

设备风险：目前试验资源是按试验产品类型、试验任务串行要求设置的，如试验厂房、试验发射工位等。在执行不同型号任务时需进行状态转换和修复等工作。在高密度发射试验条件下，测试厂房、仪器设备及人员紧张的矛盾十分突出，主要表现在测试厂房和发射工位少。要在规定时间内完成试验任务,仪器设备连续工作,阵地变换频繁,由此产生新风险源,使试验风险增大。

7. 进度风险

高密度航天发射试验中的进度风险主要是指工作计划安排及资源分配不合理等原因而导致发射任务不能按期完成所产生的风险。在高密度发射试验中,不合理的进度计划会导致资源和时间的巨大浪费。进度风险主要是因环境、人员、资源等因素的影响而产生的。因此,如何分配协调好各任务对资源占用的时间和周期,减少因进度问题带来的风险是航天发射试验风险管理的一个重要方面。

1.3.4 航天发射试验风险管理

航天发射试验风险管理,是通过积极主动而系统地对任务风险进行全过程的识别、评估及跟踪,并采取有效应对措施,消除任务风险或使风险影响最小化。实施风险管理的目的在于应用风险管理的方法开展风险管理活动,使发射前影响进度和质量等任务目标的风险得到规避,残余风险可以接受,对飞行时可能出现的故障风险能有效采取应对措施,确保航天发射"过程顺利、结果圆满"。

航天发射试验风险管理包括风险规划、风险识别、风险分析、风险应对、风险监控等环节。

美国系统工程学家霍尔在 1969 年提出了系统工程应用中具有普遍意义的方法,即"霍尔三维结构",把工程技术项目分为时间维、知识维和逻辑维,并得到了广泛的认同。在航天发射试验风险管理中,也可以参考"霍尔三维结构",将整个管理体系分为项目类别、工作分解结构和风险管理过程三个维度,建立如图 1-3 所示的风险管理三维框架图。

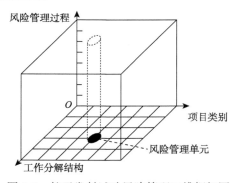

图 1-3 航天发射试验风险管理三维框架图

纵轴是该类项目的整个流程，可以对整个项目过程建立工作分解结构，将项目中要进行的工作按层次分为若干可评价的单元，如按阶段可以分为产品进场、技术准备、实施发射和产品飞行。横轴表示航天发射不同项目类别，包括人造地球卫星、载人航天器、空间探测器、运载器等。横轴和纵轴交叉的点称为风险管理单元，指的是某类项目中的某个工作环节。对每一个风险管理单元进行分析、评估、分类，确定出重要的风险管理单元，然后按照风险管理过程进行管理。

1.4 航天发射试验风险管理研究综述

1.4.1 航天发射试验现状

2017 年是世界上第一颗卫星——"卫星-1 号"发射 60 周年纪念年，也是世界航天 60 周年纪念年。截止到 2017 年底，人类已经发射了超过 8000 个航天器。世界航天 60 年来，航天器发射数量逐步增加，平均每年发射 135 个航天器。从 20 世纪 60 年代到 90 年代，平均每年发射 150 个；2004 年下降到最低值，1 年发射了 77 个航天器；2006 年开始回升，1 年发射了 116 个航天器；2013 年开始，小卫星、微卫星、纳米卫星、立方体卫星和多星发射技术的蓬勃发展，使世界航天器发射数量大幅度增长。据统计，2017 年，各国共计发射 473 个航天器，居世界航天发射数量历史第一；2015 年，各国共计发射 285 个航天器，居世界航天发射数量历史第二；2016 年，各国共计发射 223 个航天器，居世界航天发射数量历史第三。

2018 年世界航天发射 114 次，除中国外，美国 34 次，俄罗斯 20 次，欧洲航天局 8 次，印度 7 次，日本 6 次。

中国航天发射活动在 2018 年创下历史新高，全年共计执行 39 次发射任务，占全球总数的 1/3 以上，发射数量首次超过美国，位列全球第一。

1.4.2 欧洲航天局航天工程的风险管理现状

随着科学技术的发展，航天项目的技术越发的复杂，欧洲航天局意识到将风险管理应用到航天项目中的重要性。特别是美国的"挑战者号"航天飞机的爆炸事故进一步增强了欧洲航天局对风险管理的认识，发现了航天项目对于风险管理的需要，进而欧洲航天局将风险管理技术引入了他们的现代航天项目中。欧洲航天局主要引进了美国国家航空航天局的概率风险分析技术，在实际的应用中，又根据自身实际的情况进行了改进，使其更适合欧洲航天局在航天项目管理中的需要。

引进和改进风险管理技术的目的是：①用专业化的风险管理过程对航天项目进行管理，保证它的安全性和可靠性；②用定量的风险分析方法，得出具体的数据，用数据来保证产品的质量管理；③使用系统的风险管理过程后，做出的决策更具有权威性和可行性；④引进风险管理技术是目前航天项目管理的必然趋势。

欧洲航天局与欧洲的相关部门合作，开发了许多新的管理技术。多目标决策支持系统和风险评估专家系统都是这些年来它们工作的成果，并且这些成果在实践中发挥了作用。

美国国家航空航天局和欧洲航天局还展开了许多部门间的风险管理合作项目。比较著名的是对运作舱和返回逃生系统的风险评估和登月航天飞船风险的分析研究，这些项目正在它们紧密的合作下有序地进行。

1976年后欧洲航天局研制了风险评估标准PSS-01-401，即风险评估要求和方法，来加强对它们的空间设备及其系统的风险研究。从标准来看，危险可以引发风险，风险评价就是在航天项目的全过程中发挥作用，发现威胁，减小风险发生的概率，为管理层做出风险决策提供依据。

从这个标准可以得出欧洲航天局风险评估和风险管理的目标是：①预计风险引发损失的累积概率；②在项目执行过程进行中，权衡各个设计方案；③根据风险评估的结果改进项目中的不足；④划分风险的等级；⑤对风险发生的概率进行分析；⑥确保各项风险应对措施的有效性和适应性；⑦识别项目中的主要风险分布；⑧找出剩余风险，并进行评估。

这个风险评估标准规定：①对于航天项目来说，风险评价是极为重要的，可以帮助人们进行决策，但是使用过程中要循序渐进，确保项目的每个环节都进行了风险分析；②项目系统的整个过程的风险评估管理由项目的总承包商负责进行，总承包商要聘请专业的人员，成立专门的部门来负责风险评估管理，同时这个部门还要及时与各部门联系，及时准确地做出评价；③总承包商要定期经常性地召开项目组会议，结合技术组和风险评估组的意见，进一步对风险评估意见进行分析，优化项目，减少项目风险发生的概率；④风险评估办公室做出的每个风险评估的结果和设计上的修改都要经过欧洲航天局项目经理的许可。

风险评估的结果最终都要以报告的形式展现，报告的主要内容包括：①将整个项目的安全信息以流程图或者框图的形式展现出来；②提供的风险评价必须有两方面的内容，即定性分析和定量分析的数据结果；③对于风险评价出来的结果，需要提出相应的修改措施来降低风险发生的概率，减少风险发生带来的危害。

欧洲航天局的一个完整的航天项目要经过方案的论证、方案的设计、技术的研制、产品的生产和试验、最终使用和操作这五个步骤。这五个步骤各有各的工作重点，因此对于这些部分的风险评估也要有所不同，应根据它们的工作重点来决定。

风险分析一般可以分为定性风险分析和定量风险分析，其中定量风险分析结果的准确性取决于分析数据的准确性，鉴于此，欧洲航天局在风险分析的标准中规定了用于进行定量风险分析的数据来源，以及这些数据的重要程度和优先级。

按照标准用于定量风险分析的数据来源主要有：①专家主观的经验数据；②类似项目中积累下来的数据；③自己以前项目产品中的数据；④针对项目试验得出的相关数据。

在使用这些数据时，要对这些数据的可信度进行分析，具体做法如下：①针对专家的意见，要研究专家的数量和类型；②对这些数据进行模拟分析；③与已使用的数据进行比较。

最后对于分析出的结果，根据已经设定好的置信区间水平来确定哪些数据可以使用，哪些数据应该放弃，以提高航天器的质量，减少风险发生的可能性。

欧洲航天局还有一系列关于降低风险的准则：首先，减少和规避风险的过程不能影响到系统任务的正常完成；其次，系统风险应该小于外部环境所引起的风险；最后，在选择减少风险的措施时，项目经理应根据当时的实际情况（项目内部特性和外部环境）来决定采取相应的措施。

1.4.3 美国大型航天工程的风险管理现状

20世纪40年代，美国管理协会首次提出进行风险管理，而且在此后的一段时间内，风险管理一直是各种学术会议和研究班探讨的中心问题。虽然一些大企业慢慢发现了风险管理这个问题，但是直到1940年后风险管理的问题才被真正地认识，在美国的工商企业中引起重视，并且得到推广。

1950年开始，美国国家航空航天局的工作人员就在飞船项目中成功地使用了风险管理，他们对飞船项目的风险管理主要采用了失效模式及其影响分析和关键项目列表方法。这两种方法在飞船项目上成功应用，被美国国家航空航天局内部定为制度化的方法。1962年托马斯·麦凯格对项目运行中存在的失误进行了分析和总结。美国在1963年出版的某一个手册中有一篇《企业的风险管理》，这篇文章引起了世界的广泛关注。从此，风险管理逐渐成为各行各业在企业管理中的一门学科，并开始对风险管理进行系统、深入的研究。

20世纪70年代，人们对核安全的担心促进了定量风险分析方法在核能源工业领域的应用，研究人员开始用故障树理论对核反应堆进行定量风险分析。

到 20 世纪 80 年代，在核工业、化学工业中，人们又开发出了一种定量风险分析方法——概率风险评价法。但这些定量风险分析法并没有被美国国家航空航天局采用，直到"挑战者号"航天飞机爆炸事故发生后，美国国家航空航天局才充分认识到用失效模式及其影响分析和关键项目列表方法进行航天飞机风险分析的缺陷。与此同时，概率风险评价法在美国国家航空航天局其他业务领域的成功运用，以及概率风险评价法分析结果在航天飞机计划活动中被确定、判断和选择的使用价值，加强了美国国家航空航天局的管理人员对概率风险评价法的认识。美国国家航空航天局开始用概率风险评价法对航天飞机从发射到着陆的所有主要过程进行全面和更深入细致的风险分析。目前，概率风险评价法定量风险分析法已在美国国家航空航天局内部广泛使用，被用来设计各类风洞，进行结构重新设计、评价延迟发射风险、进行空间站设计以保证正确的停留姿态。

1993 年斯科特·萨根进行了进一步的研究，他研究了在一些高技术领域采取的安全措施，得到的结论是细致的准备能防止危险技术领域中事故的发生。为此他建议如下：建立有效的安全管理体制及相应的管理机构；各系统的职能应有所交叉，进行系统冗余设计以避免安全疏漏；重大问题的决定应发扬民主；总结以往经验，建立可靠性系统；提高训练、模拟及平时操作的水平将有利于实际运行的高可靠性。

从过去事故中吸取教训，采取试错方法。通过对灾难的预想和对可能发生事故的模拟，可以提高应对能力。

1994 年，美国喷气推进实验室为"火星全球勘测者"探测器制订了风险管理规划。卡西尼土星探测器项目组在 1996 年分别对项目中的航天器、整个项目计划和地面项目系统制订了全面的风险管理计划。1998 年，持续风险管理的理论与方法开始被美国国家航空航天局引入，并被用于"火星勘测者"风险管理计划，1998 年 4 月发布的美国国家航空航天局规程和指南《计划和项目管理过程与要求》指出，计划或项目主管人员应将风险管理作为决策工具来保证项目在计划和技术上的成功。美国国家航空航天局在 1999 年的火星探测任务的失败，使美国国家航空航天局开始怀疑他们一贯的任务管理理念就是利用有限的资金完成更多的任务，概括起来就是"更快、更好、更便宜"。这次火星探测任务的失败造成美国国家航空航天局巨额的财产损失，同时引起公众对美国国家航空航天局的质疑，更有许多专家开始质疑美国国家航空航天局使用的风险管理。面对这样的局面，包括弗吉尼亚大学的风险管理与系统工程研究中心在内的多家单位接受美国国家航空航天局的委托，组成风险管理的专家团队对美国国家航空航天局的项目风险管理的框架进行研究，将各种风险管理方法引入美国国家航空航天局项目的风险管理中，并且评估它们的可行性。美国国家航空航天局的管理专家 1999 年在应用持续风险管理的理论与方法的基础上，引入了概率风险评估理论与方法，并且在 2002 年 3 月发行了为各项目经理服务的概率风险评估理论与方法手册。从 2001 年开始，风险量化评估研究开始在美国国家航空航天局内进行，风险分析管理研究逐步深入和细化。美国国家航空航天局在2002年的4月颁布了《风险管理规程和指南》相关文件，更为系统地说明了风险管理的基本过程及在制订和实施风险管理计划时的基本要求。

美国国家航空航天局中负责航天项目风险管理机构的主要任务是制定美国国家航空航天局的风险管理的相关政策，对和美国国家航空航天局有关的供应商进行风险管理方面的监督和评价，并最终形成报告，落实美国国家航空航天局各个航天项目的风险管理工作及提供技术支持。

美国国家航空航天局的项目是进行外包的，对于那些项目承包商，美国国家航空航天局也要进行各阶段的风险评估，要求每个承包商及其子承包商对于自己项目的各个阶段进行风险管理和评估。美国国家航空航天局在1988年制定了《载人飞行计划的风险管理政策》(NMI8070.4)标准，旨在对载人航天项目加强风险管理的力度。此政策标准中要求承包商做到以下几点：①承包商的风险管理计划必须系统全面，可以应对项目进行过程中设计、研制和操作各个阶段出现的风险，同时这些策略必须要有能够规避危害和减少风险发生概率的方案以供选择；②针对不同的项目及其发生的不同风险事件，又要有灵活多变的应对措施来处理；③在进行风险管理时，应该先利用定性分析方法，对项目有个整体上的认识，在使用定性方法之后，再使用定量风险分析方法对风险进行准确的描述；④在使用定量分析方法时，要采用多种定量分析方法，并对各种方法的结果进行比较分析，最后做出综合的评价，确保最终结果精确无误；⑤对所有使用的风险分析方法进行记录，同时全程监控分析，淘汰不可行的方案，使用最优化的方法，同时总结经验，以便在以后工作中使用；⑥不同级别的办公室为各承包商提供咨询和指导。

在组织政策上有了各类的风险政策，同时要加强内部工作人员的风险意识，美国国家航空航天局一步步地在各个航天中心建立培训中心，制定培训准则，并且要求每个员工都参加培训，其中项目经理要参加美国国家航空航天局总部的培训，培训的内容有：①明确美国国家航空航天局的风险管理目标；②让工作人员知道风险评价对他们工作的作用；③掌握风险评价的基本方法，并学习相关的案例，加深对于方法的应用；④了解可靠性在项目风险评价和分析过程中的应用。

1.4.4 我国航天项目风险管理的现状

1. 理论方法

在我国，20世纪60年代，著名数学家华罗庚教授倡导加强对网络计划技术——运筹法的研究与推广应用，我国由此开始了对项目管理的深入研究，而对风险问题的研究起步相对比较晚。80年代中期开始，随着对外开放的逐步深入，国外各种风险管理的理论与书籍开始引入国内，风险管理方面的教学、研究和应用也开始起步。从引入"决策论"开始，"风险"一词首次出现。由此开始，许多高校和研究机构对项目风险及其分析理论进行了探索性研究。

在理论研究方面，常用的风险识别方法有头脑风暴法、情景分析法、德尔菲法、检查表法、流程图法、故障树分析法、基于内外部竞争环境和竞争条件下的态势分析法、敏感性分析法等。针对航空航天型号项目，郭鹏（2003）指出在研制过程中比较适合采用德尔菲法、历史记录统计法、现场调查法、流程图法、聚类分析法、模糊识别法等风险识别方法。基于核对表和鱼刺图，符志民和李汉铃（2005）提出了识别航空产品研制项目风险的特征-因子建模技术。徐哲等（2005）基于历史案例分析了航天项目研制过程中存在的风险源，并对各种风险做了统计性评估。

目前国内关于型号项目风险分析的研究主要集中于风险评估法。风险评估法主要采用的理论与方法有层次分析法（analytic hierarchy process，AHP）、灰色系统理论、贝叶斯理论、影响图理论、马尔可夫过程理论、模糊逻辑、蒙特卡罗模拟法、人工神经网络、故障树分析法、概率风险评估法、未确知性理论等。在风险分析评估方法的研究方面，大多数学者采用了模糊数学、灰色系统理论及熵权法，并引入了未知信息的概念。

灰色系统理论视一切随机过程为在一定范围内变化、与时间有关的灰色过程，对灰色量不是从寻找统计规律的角度，而是用数据生成的方法，将杂乱无章的原始数据整理成规律性强的生成数列。它研究小样本、贫信息建模，提供了贫信息情况下解决系统问题的途径。郭鹏（2003）综合了灰色系统理论和层次分析法，提出了多层次灰色评估方法，设计了航空武器装备全生命周期风险评估的多层次灰色评估模型。程军伟等（2003）将灰色综合评估法、模糊综合评估法用于装备项目技术风险等级划分。

熵可以作为系统不确定性的一种度量，熵权法则根据指标传递给决策者信息量的大小来决定指标的权重。应用熵权双基点法，综合评估武器装备研制过程中的技术风险、费用风险、计划风险、进度风险、保障性风险（宋春霁等，2003）。

王光远（1990）提出了未确知信息的概念，用以描述不完全信息，经过不断的发展完善，已经形成比较完整的体系。王建国（2002）提出了武器装备项目风险因子的未确知模糊评判法。在航天研制项目管理实践中，经常会采用费用估算关系模型，通过研究费用与性能参数之间的关系，根据历史数据进行回归分析，对费用进行估算，得出费用通常近似服从正态分布这一基本结论，而且与国内外航天研制项目的实践符合得比较好。

2. 风险管理在航天领域的应用

从 20 世纪 90 年代末开始，风险研究与应用蓬勃发展，也深入到了贸易、投资、工程、金融等各个领域。三峡工程、上海磁悬浮、地铁、奥运场馆项目等都在实施过程中制订了风险管理方案，运用了项目风险决策方法。

风险管理也是 20 世纪 90 年代末开始被引入航空航天领域的。中国航天工业总公司编制出版了《航天安全性大纲》。1997 年，航天部门开始推广和应用概率风险评价法，这是被美国国家航空航天局和欧洲航天局广泛采用的概率风险评价法。例如，在载人航天工程中，针对"神舟五号"飞船制造过程的研制风险，载人飞船系统在总结"神舟一号"到"神舟三号"的风险控制经验的基础上，全面引进了项目风险管理，集中了一批专家研究创建了航天器风险分析矩阵，形成了一套适合航天器研制的风险管理方法。"神舟六号"载人航天飞行任务前，中国航天科技集团有限公司五院运用故障树等风险分析方法进行了详细而严密的安全性概论风险评估，取得了良好的效果。2004 年，国家国防科技工业局探月中心第一步任务的绕月探测工程全面加强了在技术、进度、质量、管理等方面的风险管理研究与控制。

中国人民解放军总装备部军事训练教材《航天发射场可靠性安全性评估与分析技术》介绍了适用于航天发射场的可靠性评估方法、维修性与可用性分析方法、安全性分析方法，并介绍了航天发射场典型系统和设备的评估与分析过程；《航天发射故障诊断技术》总结了我国几十年来航天发射和武器装备试验故障诊断的经验教训，从理论上归纳出了我国航天发射故障诊断技术。

中国航天事业目前的风险管理主要还集中在技术领域，对复杂系统下的风险管理还没有给予足够的重视；风险管理还存在风险识别困难、风险分析与评价的误差大、风险应对手段落后等问题。而且由于与市场经济体制相适应的国防工业运行机制还不健全，长期计划经济模式在保证项目实施有效行政管理的同时，主要围绕项目生产过程的技术管理进行，还没有对整个项目的过程实现全面的质量和风险管理，承制方还普遍缺乏风险管理的主动意识，对风险缺乏足够的敏锐性，对风险因素防范不力，风险管理仍处在事后"救火式"管理状态，缺乏超前意识和预防意识。

与航天器研制相比，航天发射场的建设和管理更有较大差距，风险评价的工具和方法尚不成熟，积累下来可供参考的历史数据比较少，实际工作中主要靠项目相关人员和相关专家的工作经验。常用的项目风险管理方法是对一般项目的风险评价而提出的，对不确定性方面的研究主要集中在工期、费用方面。传统方法无法满足航天发射试验风险管理的需要。从我国航天风险管理的相关研究可以看出，大多数的研究偏重于航天项目研发阶段的风险，对于航天发射试验风险的研究往往也只局限于安全风险和可靠性的研究，而且着重于数学形式的完美和理论上的探讨，并不具体和实用。这主要是由三方面的原因引起的：一是航天发射试验风险管理所需的历史信息资料缺乏，无法进行深入的分析以用于实践；二是实际项目管理人员的分析、计算和决策能力与风险管理所要求的分析、计算和决策能力相差较远；三是当前缺乏相关的数学工具和软件来辅助项目管理人员进行风险管理。

在组织层面上，虽然项目成员的风险管理意识逐渐增强，但是从项目组织和风险管理方式上，在我国航天发射领域，风险管理还是比较薄弱。航天发射还没有建立完善的风险管理体制，仍以经验和定性判断为主，只在质量和安全管理体系中涉及部分风险管理的措施，缺乏定量研究和系统理论的指导。同时，也还没有设定专职的风险管理人员，有关航天发射试验风险的讨论会在项目进行期间只是象征性的举行，相关航天发射中各种风险事件的记载也没有专门分类和归档，这使得利用数学工具进行数理统计和回归分析的研究失去了实践意义。同时，实际中往往只注重于某一方面风险的研究，没有把各种风险的联系建立起来，因而容易使研究片面和孤立。

目前我国航天发射试验中对风险管理的探索与实践都是初步的，与西方发达国家相比，不论在理论方法、技术工具上，还是在思想意识、管理措施上，都存在着相当大的差距。关于航天发射试验的风险管理尚未达到系统化、程序化、规范化、科学化的要求，距离建立一个真正有效的风险管理机制还有很大差距。在航天发射试验过程中，针对存在的风险及管理方法未开展全面系统的研究，缺乏一套航天发射试验风险管理的理论方法体系和规范管理体系。在风险管理方面还有待形成一个具有明确的管理部门、规范的管理流程、科学的管理方法、适用的管理系统的全面管理体系。

1.5 航天发射试验风险管理研究目的与意义

1.5.1 航天发射试验风险管理的必要性

航天发射系统，包括各种类型的应用卫星、载人航天器、空间探测器、运载火箭，以及发射它们的设施装备，这些都是现代科学技术前沿具有代表性的高技术产品，系统组成复杂，自动化程度高，软硬结合，信息技术融会贯通至零部件之中，系统内外互相紧密关联，协同动作，共同完成航天发射试验任务。以地面设备为例，对于载人航天发射系统来说，为满足其高可靠性、高安全性的需要，运载火箭需要增加逃逸救生系统和健康检查系统，采用垂直总装、垂直测试和射前垂直整体运输的"三垂模式"。这一区别于一般运载火箭的技术变化，不仅增加了研制难度和复杂性较高的活动发射平台，而且使地面设备的组成发生了较大的变化。按照服务对象划分，地面设备分为运载火箭地面设备和船+罩+塔地面设备两部分；按照设备的功能分类，地面设备仍然可以分为公路、铁路运输，装配、测试，推进剂加注，供配气，供配电，瞄准和发射七大类设备。其中除了活动发射平台外，为运载火箭和逃逸塔配套的地面设备大部分具有良好的继承性，而为飞船、整流罩及其组合体配套的地面设备占到了全部新研制地面设备的三分之二以上，为满足其装配、运输、测试、试验等较高的技术要求，需要相关地面设备实现较大的技术跨越和创新，而新技术、新设备的使用必然带来新的风险。

从国际环境来看，发展航天发射事业能体现一个国家的综合国力，当今世界各发达国家在发展战略上都把综合国力的增强作为首要目标，其核心是发展高科技，而高科技的主要内容之一就是航天发射。当一个国家把自己的航天员送入太空时，可充分体现其综合国力的强盛，也将增强该国民众的民族自豪感、振奋民族精神、增强全民的凝聚力。而项目一旦失败，轻则推迟进度，增加成本，重则箭毁人亡，对国家的综合国力及国际地位产生负面影响。1960 年 10 月 24 日，在苏联拜科努尔发射场，第一枚 P-16 洲际弹道导弹在 41 号发射台爆炸，夺去了涅杰林元帅和 91 名技术工程师与军人的生命；1961 年 3 月 23 日苏联航天员邦达连科在训练时由于意外引起舱内失火，被严重烧伤不治身亡，成为人类载人航天史上第一个遇难的宇航员；1967 年 1 月 27 日，在"阿波罗"计划的地面试验中，美国三名航天员格斯·格里索姆、爱德华·怀特、罗杰·查菲，因登月舱里意外着火而遇难；1986 年 1 月 28 日美国"挑战者号"航天飞机升空 73 秒后便发生爆炸，机上 7 名航天员全部遇难；2003 年 2 月 1 日美国"哥伦比亚号"航天飞机在返回地球时解体，机上 7 名航天员全部遇难。这些事故在政治上、经济上都造成了巨大的国际影响。

从国内环境来看，我国载人航天工程"神舟"系列飞船的发射成功，不仅是我国航天事业发展的伟大成就，也是我国项目管理事业发展的重要里程碑。我国载人航天工程将现代项目管理理念和方法与项目工作实践相结合，初步探索形成了一套符合载人航天实际的大型复杂系统项目管理体系。航天发射作为我国航天工业的标志性项目，是集国家政治、军事、科技实力为一体的高难度系统工程，是航天领域迄今为止规模最庞大、系统最复杂、关键技术最多、可靠性和安全性要求最高，极具风险性的一项国家重大工程，是航天领域中最具挑战性的工程项目。因此，准确地识别航天发射试验生命周期内各阶段的风险，对风险因素进行分析和评估，依据评估结果有效地控制风险和规避风险，对促进航天发射事业的发展具有重要的意义。

1.5.2 本书研究的目的及意义

为了保障航天发射试验的顺利进行，降低项目的风险水平，必须建立现代的项目风险管理组织模式，对航天发射试验中的风险进行管理，即在事前进行细致的风险分析和估计，对各种可能存在的风险认真对待并制定充分的预防措施来实现有效的风险管理，以确保航天发射实现预期目标。

航天发射试验风险管理理论方法及应用研究的目的主要是结合项目风险管理的理论与方法，对航天发射试验中存在的风险进行系统研究，建立航天发射试验的风险识别、分析、应对、监控的理论方法体系。结合国内外航天发射试验风险管理的实践经验，构建适用的风险分析和评估模型、风险应对及监控措施，为航天发射试验风险管理提供一套操作性和针对性强的风险监控工作程序，设计开发航天发射试验风险监控系统。

对航天发射试验进行风险管理将起到以下作用。

（1）通过风险分析，可加深对航天发射试验及其风险的认识和理解，澄清各种方案的利弊，了解风险对项目成功的影响，以便减少和分散风险，同时有利于改善项目执行组织内部和外部之间的沟通。

（2）可以对项目面临的各种风险实施有效的预防和控制，妥善地处理风险所造成的不利后果，将风险损失降到最小，在项目管理中减少被动，增加主动，从根本上提高项目抵抗风险的能力，以最小的成本获得最大的风险管理效益。

（3）通过对航天发射试验中风险状况的深入了解，可以促进项目决策的科学化和合理化，降低决策的风险性和不确定性，从而提高项目的决策水平，还可推动项目执行组织和管理机构积累有关风险的资料和数据，以便改进将来的管理。

第 2 章　基于综合集成框架的航天发射试验风险识别

风险识别，即识别项目周期中可能遇到的（面临的、潜在的）所有风险事件，对它们的特征进行判断、归类并鉴定风险性质。分析引起风险的主要因素，并对其影响后果做出定性、定量的估计。要求从系统的观念出发，从多方面弄清项目的组成、各变数的性质及其之间的相互关系、项目和环境之间的关系等，在此基础上利用系统的、规范的原则、步骤和方法查明可能成为项目风险的各因素。

目前风险管理研究的重点大都放在风险评价环节，而项目风险识别为风险评价提供信息支持，是项目风险管理的基础。由于项目风险具有可变性、不确定性，任何条件和环境的变化都可能改变原有风险的性质并产生新的风险，因此风险识别是一项持续性、反复作业的过程和工作。

2.1　航天发射试验风险识别依据与原则

2.1.1　航天发射试验风险识别依据

航天发射试验风险识别的主要依据包括任务要求的描述、任务影响因素和历史资料、任务实施和质量问题的处理情况等方面。

1. 任务要求的描述

对于任务要求的描述是航天发射试验风险识别的主要依据，航天发射试验要求一般通过以下几个方面加以描述：①上级机关的命令、指示和要求；②航天任务飞行大纲、测发工艺流程、总体技术文件；③产品研制、生产、使用单位的要求；④任务技术状态和系统间接口变化情况。

通常上级机关的命令、指示和要求，航天任务飞行大纲、测试发射工艺流程、总体技术文书都对航天发射试验的目的、范围和要求进行了规定和说明，但还不能够充分地表达产品研制、生产和使用单位的要求，各系统技术状态和系统间接口关系的变化情况还需要进一步明确，上述任务要求识别得越详尽、任务的不确定性因素越少，风险就越小。

2. 任务影响因素和历史资料

对影响航天发射试验的主要因素（包括人员、设施设备、试验文书及环境等）的分析，以及基于历史资料的相关信息的分析，是进行航天发射试验风险识别的主要依据。任务影响因素和历史资料包括以下几个方面内容：①任务岗位设置及参加任务人员定岗定位情况；②设施设备性能状况；③测试、操作环境状况；④文书状况；⑤以往任务过程中有关风险的信息；⑥应遵守的适用的法律法规和行业标准。

从任务文书、参加任务人员、设施设备、环境等方面检查其是否满足发射任务要求，确定其中的风险因素，通过以往任务管理、进度管理、质量控制、测试发射活动等方面识别风险所在。

3. 任务实施和质量问题的处理情况

任务实施和质量问题的处理情况是航天发射试验实施过程中风险识别的重要依据。在航天发射试验的不同阶段，所面临的风险程度是不同的，随着项目的进行，项目风险发生的可能性就会逐步降低。

2.1.2 航天发射试验风险识别原则

航天发射试验风险识别的目的在于确定可能影响项目目标实现的风险因素，并记录这些风险因素的特征，为风险分析和应对提供基准。

风险识别需要遵循以下基本准则：①选择合适的风险识别人员，这些人员应该包括参与项目全过程的主要人员；②以工作分解结构为基础识别各风险因素，工作分解结构界定了风险识别的范围，任何影响这些工作的风险因素都是影响项目的风险因素；③充分利用历史数据，这些历史数据是航天发射试验风险识别最有价值的信息来源，每次项目完成之后，必须进行有效的总结，建立相应的信息库，为持续改进风险管理提供基础；④需要遵循统一的风险识别流程和规范，统一的风险识别流程和规范可确保风险识别工作能高效率实施，此流程和规范需要结合项目特点、借鉴国际项目管理经验，在已有管理制度和规范框架下建立和实施。

2.2 航天发射试验风险识别过程和方法

2.2.1 航天发射试验风险识别过程

航天发射试验风险识别可依照如下基本步骤实施：①建立风险识别小组，选择恰当的人员组成风险识别小组，这些成员应该包括航天发射试验专家、参与者及相关人员、专业的风险管理人员等；②收集相关信息，包括历史数据、外部数据、研制流程、工作分解结构、风险管理计划等；③选择适合的方法，根据航天发射试验各个阶段的具体特点选择恰当的方法或方法组合，注重方法的可操作性和科学性；④对识别出的风险进行分类，分析风险因素相关关系，确认相应触发条件，找出主要的风险源，并形成风险识别清单；⑤为完善风险识别清单，可将以上实施步骤进行反复迭代。

2.2.2 航天发射试验风险识别方法

1. 风险识别方法综述

项目风险识别方法有很多，各有其优缺点和适用范围，需要对这些方法进行比较分析。

1）检查表法

检查表是管理工作中用来记录和整理数据的常用工具，也是风险管理过程中用于风险识别的较为常用的识别手段。首先，对已有项目的管理经验进行归纳、总结，将历史上类似项目曾发生过的风险或项目可能发生的许多潜在风险列于一个表上；其次，分析当前项目的特征，包括技术水平、管理现状、团队成员的技能或缺陷等；最后，利用检查表进行风险检查核对，用来判别项目是否存在表中所列或类似的风险。

检查表的制定是一个长期且不断更新的过程，优点是可以持续改进以适应情况的变化，缺点是需要借鉴历史风险管理数据。所以，检查表法适用于有经验的发射任务，通过对历史曾经发生的风险数据进行收集整理、分析归类来制定检查表，通过检查核对，快速识别任务全过程风险。

2）专家调查法

专家调查法是以专家为获取信息的主要对象，借助专家的专业理论与实践经验，运用问卷调查及座谈等方式，找出各种潜在的风险并对其后果做出分析与估计。专家调查法可以在缺乏足够统计数据和原始资料的情况下做出定性估计。专家调查法包括德尔菲法、头脑风暴法等。

3）情景分析法

情景分析法用于分析当影响项目的某些因素发生变化时整个项目的变化情况，从而识别引起风险的关键因素及其影响程度。

情景分析法通常用于关注某些关键性因素可能引起的风险及后果，当存在各种相互矛盾的结果时，可在几个情景中进行选择。

4）故障树分析法

故障树分析法是从结果出发，通过演绎推理查找原因的一种方法。在风险识别中，故障树分析可以查明事故的风险因素，求出风险事件发生的概率，还能提出各种控制风险因素的方案。故障树分析法是一种定性、定量相结合的风险识别与分析方法，能够比较全面地分析所有故障原因，包罗了系统内外所有失效机理，但是应用于大系统时，容易产生遗漏和错误。

5）故障模式与影响分析法

故障模式与影响分析法是通过对系统各组成部分所有可能的各种故障模式都进行详细分析，从最小约定层次开始识别风险因素，根据对上一级的影响，逐层向上进行因果推理，最终归纳出主要风险因素，是可靠性工程中较为常用的一种方法。

6）流程图法

流程图法是通过对项目实施流程进行分析，识别潜在风险的方法。首先确认项目实施流程，其次细化流程以识别风险可能产生的环节，识别各个环节之间存在的风险及风险的起因和影响。项目流程图包括项目系统流程图、项目实施流程图、项目作业流程图等多种方式。

7）WBS-RBS 法

WBS-RBS 法是将工作分解成工作分解结构（work breakdown structure，WBS）树，将风险分解成风险分解结构（risk breakdown structure，RBS）树，然后以 WBS 树和 RBS 树交叉构成的 WBS-RBS 矩阵进行风险识别的方法。该方法主要分为三个步骤：①工作分解；②风险分解；③套用 WBS-RBS 矩阵判断风险是否存在。

该方法利用分解原则将复杂的事物分解成较为简单的容易被识别的事物，将大系统分解成若干小系统，从而易于识别风险及潜在损失。

8）人工神经网络法

风险与其众多影响因素的关系是一种时变性、高度非线性的关系，影响因素集到风险状态集之间是复杂的非线性映射，不存在确定的函数关系表达式，并且各指标权重的确定也相当复杂。而人工神经网络可以实现任意形式的映射，这就为风险识别提供了一种新的思路。

该方法对类似项目历史数据的要求很高，历史数据越丰富准确，模型预测结果就越接近于实际情况，而较少的数据量或是不详尽的分类、不准确的数据都会影响模型的预测结果。

9）历史记录统计法

历史记录统计法是从同种类型项目或相关类型项目的历史记录中获取对项目有参考借鉴作用的风险信息的方法。

10）模糊识别法

对于复杂项目风险的识别，要考虑的风险因素很多，而且一个因素往往又是由若干其他因素决定的，导致评判准则没有一个确定的标准，而是已知多个模糊准则，为解决对样本的归类或分级问题，就需要采用模糊识别法。模糊识别法适用于在风险的状态和属性不确定的情况下的风险识别。

11）影响图法

项目风险影响图是用风险节点及风险作用关系弧（箭线）表示项目风险作用关系、组合关系的有向图。风险节点对应着模型中的一个风险变量（联合概率分布）。从数学模型角度看，风险影响图是一个多元联合分布函数的图解表示。风险影响图中的每一个节点都有一个数据框架文件，这个文件包括：该风险与紧前风险节点的复合关系或依存关系和联合概率分布或条件分布。影响图能够有效地表示复杂系统的结构、识别相关关系及表示信息流的特征。

12）现场调查法

现场调查法通过直接观察项目的操作流程，发现客观存在的静态风险因素，进而预测、判断某些动态风险因素。通过现场调查可以获得第一手的资料，而不必依赖别人的报告，同时有助于增进项目经理与基层操作人员的友好关系；缺点是耗费时间多，这种时间成本抵减了现场调查的收益。

2. 航天发射试验风险识别方法适用性分析

针对项目的不同特点，需要对这些方法进行适应性研究、整合改进，通过对比分析找出最适合航天发射试验特点的风险识别的方法或组合。以下从识别方法的自身优缺点、复杂程度、所能识别的层次和项目本身的信息要求等角度进行对比和适用性分析，具体比较分析见表 2-1 和表 2-2。

表2-1 常见风险识别方法比较

方法	优点	缺点	信息要求	实施复杂程度	所能识别风险层次
检查表法	操作简单，容易掌握	对于风险因素的相互关系缺乏分析，受制于项目的可比性	中	低	低
专家调查法	简单易行，风险因素分析全面	结果的科学性受专家水平和人数限制	中	低	低
情景分析法	可以掌握风险因素及未来的发展情况，可在相互矛盾的情景中进行选择	过程复杂，数据需求量大，基于当前情况选择，易产生偏差	中	低	中
故障树分析法	全面分析所有故障原因，用演绎推理的方式查找风险源，有利于解决方案的提出	方法复杂，首次应用费时费力，处理复杂系统易产生遗漏和错误	高	高	高
故障模式与影响分析法	易于理解，简便易行，协助选择系统设计方案	通常不考虑各因素之间的相关性	高	高	高
流程图法	各阶段任务清晰，易于找出各环节的潜在风险	耗费大量时间，对使用者要求较高，只强调风险结果，不关注损失原因	高	高	高
人工神经网络法	通过训练得出神经网络模型，风险识别的正确性较高	操作复杂，信息量需求大，对历史数据要求高	高	高	高
WBS-RBS 法	系统性强，结构化程度高，不容易遗漏风险	对使用者和项目的数据要求较高，对于未接触的风险可能难以列出	高	中	高
历史记录统计法	有效利用历史数据推断现有风险，继承性好	需要收集大量历史数据，风险因素的可信性受数据量影响	中	中	中
模糊识别法	可以在风险状态和属性不确定的情况下进行风险识别	模糊准则或标准确定困难，专业性强	中	中	低
影响图法	可以清晰表示风险因素之间的相关程度	操作复杂，对使用者要求较高	高	高	高
现场调查法	简单易行，针对性强	耗费时间长，成本较高，调查结果受采集样本和主观因素影响	高	低	低

表2-2 风险识别方法适用性分析

风险识别方法	适用性分析
检查表法	适用于策划和准备等前期阶段定性的风险识别
专家调查法	适用于定性的风险识别
历史记录统计法	适用于对实施阶段的风险预测
现场调查法	适用于对动态风险进行识别与预测
流程图法	适用于分阶段进行的项目风险识别
模糊识别法	适用于风险的状态和属性不确定的情况
影响图法	适用于各个项目间风险的相关性分析
情景分析法	适用于分析各风险因素对未来情况的影响
故障树分析法	适用于直接经验较少的风险识别
故障模式与影响分析法	适用于层次清晰、直接经验较少的风险识别
人工神经网络法	适用于大样本风险的分类识别
WBS-RBS法	适用于各阶段的风险识别

结合对风险识别方法的适用性分析及航天发射试验风险识别的特点，分析认为，检查表法、专家调查法、情景分析法、故障树分析法、故障模式与影响分析法、WBS-RBS法等很多风险识别方法都具有一定的适用性，航天发射试验风险识别的主要方法应包括：检查表法、专家调查法、WBS-RBS法、情景分析法、历史记录统计法、现场调查法。

1）检查表法

检查表法需要借鉴历史风险管理数据，对于有经验的项目，可收集历史曾经发生的风险、分析归类，该方法用于早期的风险识别，可及早发现并降低风险因素的存在。

2）专家调查法

专家调查法最主要的优点是可以在缺乏足够统计数据和原始资料的情况下做出定性估计。可用于在检查表法的基础上，从定性方面进一步进行风险识别。该方法适用于在历史资料不多的情况下对风险进行初步衡量，需结合其他方法共同使用。其中，德尔菲法是系统分析方法在意见和判断领域的一种优先延伸，它突破了传统的数据分析限制，为更合理的决策开阔了思路。头脑风暴法适用于探讨的问题比较单纯，目标比较明确、单一的情况，如果问题包含因素过多，就要先进行分解再分步进行讨论。

3）WBS-RBS法

WBS-RBS法是将工作分解成WBS树，风险分解成RBS树，然后以WBS树和RBS树交叉构成的WBS-RBS矩阵进行风险识别的方法。WBS-RBS矩阵的行向量是工作分解到最底层形成的基本工作包,列向量是风险分解到最底层形成的基本子因素。风险识别过程按照矩阵元素判断某一工作是否存在该矩阵元素行所对应的风险。

4) 情景分析法

情景分析法是一种能够分析引起风险的关键因素及其影响程度的方法。它可以采用图表或曲线等形式来描述当影响项目的某种因素发生变化时,整个项目情况的变化及其后果,用于比较研究,从而识别出引起项目风险的关键因素及其影响程度。

情景分析法适用于:提醒决策者注意措施或政策可能引起的风险及后果;建议需要监视的风险范围;研究某些关键性因素对未来过程的影响;当存在各种相互矛盾的结果时,可在几个情景中进行选择。但所有的情景分析都是围绕着分析者目前的考虑、现实的价值观和信息水平进行的,因而容易产生偏差,其应用也受到了一些局限。

5) 历史记录统计法

历史记录统计法主要对现有的历史数据进行采集、归类,进行对比分析,以论证新的试验是否具有原试验的风险。该方法适用于对新试验可能发生的风险进行定性和定量相结合的预测。

6) 现场调查法

现场调查法通过现场调查可以获得第一手的资料,而不必依赖别人的报告,简单易行、针对性强、时效性强,同时有助于增进团队内部的友好关系,但是往往耗费时间长,需要考虑时间成本与现场调查的收益。

2.3 航天发射试验加注系统风险识别框架

航天发射试验中,由发射场承担发射试验任务的组织指挥和技术勤务保障,实施卫星、飞船、火箭等航天产品的卸车、转运、吊装对接和测试、加注及发射,开展火箭一二级飞行段的测量控制,为发射任务提供通信、气象和其他技术勤务保障任务。按功能分,发射场系统分为指挥、测试发射、测量控制、通信、气象、技术勤务等六个分系统。其中,测试发射分系统要完成卫星、火箭的装配、检查测试和加注、发射,由厂房、塔架、供配电、供气、加注、空调、制氧制氮、供水消防、公路运输等若干子系统的设施设备组成,是发射场最为核心和重要的组成部分。加注系统分为常规推进剂加注系统和低温推进剂加注系统两类,我国现役火箭最常用的是常规推进剂,推进剂加注是最具危险性的操作和工作程序。本书以加注系统为例进行风险识别。

2.3.1 航天发射试验加注系统概况

1. 加注系统及基本要求

加注一般是指将推进剂从地面贮罐注入运载火箭或航天器（如卫星、飞船）的推进剂贮箱。从原理上看，加注和推进剂转注没有太大的区别。之所以称为"加注"，而不沿用"转注"，一是推进剂注入运载火箭和太空航天器的推进剂贮箱后，已变成运载火箭和航天器不可分割的组成部分，一般情况下不再泄回；二是一般火箭加注，推进剂从位置相对较低的地面贮罐加到位置相对较高的运载火箭贮箱。加注的基本要求是：安全、可靠、准确、准时。

1）安全要求苛刻

由于推进剂大多是易燃易爆或有毒液体，加注工作中首先要注意安全。加注时，发射场地面系统和运载火箭及航天器连成一体，若出现安全问题，其破坏危害性、对航天任务的影响性更大，所以加注中的安全要求很苛刻。发射场曾出现过数次加注时液体推进剂泄漏滴到卫星和火箭元件上的情况，问题发生后，会进行严格的安全影响分析与评审，方可进入下一步发射流程。

2）设备可靠性要求高

可靠性高是一项通用的技术要求，对于加注系统来说更具有重要意义，因为加注推进剂通常是在火箭临射前进行，一旦决定加注，航天发射程序一般已经进入了倒计时，加上安全性要求，加注系统的运行可靠性至关重要。加注前一般必须进行回流试验，目的就是考核系统软硬件甚至人员操作的可靠性。

3）推进剂加注精度要求高

精准加注就是指按火箭、卫星等加注量的要求定量加注，加注精度应达到规定的指标。因为加注精度直接影响火箭和卫星是否满足安全飞行要求，所以精度要求较高。即使计量设备再准确，因为所有阀门的操作、数据采集达不到零时间，所以一般采用减小加注尾段流速的方式控制加注精度。同时火箭推进剂加注量计算与推进剂发射温度预估密切相关，要达到准确加注，除计量准确外，温度预估也必须准确。

4）加注工作要求准时完成

准时是加注的一项特殊要求。一方面，加注一般在临射前完成，对于加注工作富余可调节时间不多，对于低温推进剂更是如此；另一方面，对于常规推进剂加注，加注量（一般为体积计量）是在温度预估的前提下计算得出，当加注延误或提前较长时间，温度预估的条件已变，加注量多少也需随之而变，所以加注工作既不宜推迟也不宜提前较长时间完成，要求准时完成。加注工作要达到准时的目标，主要建立在设备的可靠性及人员应对意外情况正确处置能力基础上。

2. 加注系统特点

航天发射试验加注系统作为运载火箭推进剂加注系统，是航天发射场的重要组成部分，也是最具发射场特色的系统。加注系统具有推进剂加注、模拟加注、气电联试、贮箱泄回和辅助作业等功能。推进剂加注一般是在临射前 24 小时内进行的，此时运载火箭和飞船（或卫星）及其他所有系统均已处于待命状态，加注工作能否在规定时间内准确完成，将直接影响发射程序，一旦失败，损失不可估量，因此推进剂加注是发射场具有决定意义的关键环节。推进剂的化学特性决定了推进剂加注是一项高危险性的工作，任何一种推进剂的泄漏都可能对人员或设备造成伤害，系统的维护保养和故障处理难度大。

常规推进剂液体运载火箭基本上采用偏二甲肼（燃烧剂）和四氧化二氮（氧化剂）作为工作介质。我国发射载人飞船的 CZ-2F 火箭的偏二甲肼加注量约为 150 吨，四氧化二氮的加注量约为 300 吨，总加注量约为 450 吨。加注系统的特点如下。

1）加注系统工作场所多

加注系统工作场所包括控制室、罐间、泵间、转注间、塔上等。各处都需要密切关注系统运行情况，任何一个场所出现问题，都可能导致发射事故。

2）加注系统工序多，工作时间长

正式加注工序一般需要持续 8 小时以上。加注前还有大量的准备工作，加注后还有废气处理、管路清洗等收尾工作。

3）工作介质毒性大、腐蚀性强，危险性大，管路长

四氧化二氮属于硝基类强氧化剂，在空气中易吸收空气中的水分而形成硝酸，是三级中等毒性物质。四氧化二氮具有腐蚀性，操作使用人员应穿戴防护衣具以防烧伤。偏二甲肼是易挥发、易燃、有毒的无色液体，与四氧化二氮接触会立即燃烧，暴露在大气中易被氧化变质，必须在氮气的保护下贮存。偏二甲肼与水完全互溶，用水稀释到 50%时，即使用电火花也不能点燃它。因此通常用大量清水冲洗泄漏出来的偏二甲肼。偏二甲肼的热稳定性好，对冲击、摩擦和震动均不敏感，贮存和输送比较安全。但偏二甲肼也是三类中等毒性物质，易于挥发，中毒的途径主要是吸入和皮肤接触，肼蒸气与空气的混合物易燃易爆。

4）对人员、设备、技术等要求高

火箭加注设计的自动化程度还不高，关键环节还需要人工操作，因此对人员、设备、技术等要求高。所以，要首先做好设备和管道的密封，防止发生泄漏，做好合理通风及时排出蒸气，并配备充足的清洗、消防及中和用水，特别是操作人

员必须按要求穿戴防护衣具，并消除一切点火源。

加注系统工作场所多、工序复杂、工作介质毒性大、自动化程度低等特点决定了航天发射试验加注流程的高风险特性。

2.3.2 航天发射试验加注系统风险识别思路

1. 综合集成方法

对一个系统而言，如果组成该系统的子系统数量非常大，子系统的种类很多并且有层次结构，子系统之间的关系又很复杂，就称为复杂巨系统。如果该种复杂巨系统又是开放的，即系统与系统中的子系统分别与外界有各种信息交换，各子系统能够通过与周围环境的交互作用提高适应能力，这种系统就称为开放复杂巨系统。

综合集成方法是由钱学森、于景元、戴汝为等知名科学家在对社会系统、人体系统、地理系统等三个开放的复杂巨系统进行研究的基础上提炼、概括、抽象出的一种新方法，并被认为是现在可用的唯一能有效处理开放的复杂巨系统问题的方法。综合集成方法作为一种突破了还原论与整体论的科学方法论，摆脱了单纯还原论与整体论方法的束缚，是一种方法论上的创新。其理论基础是思维科学，其方法基础是系统科学与数学，其技术基础是以计算机为主的现代信息技术，其实践基础是系统工程运用，其哲学基础是马克思主义认识论和实践论。

综合集成方法从其研究路线的角度来说，采取了从上而下和从下而上的路线，从整体到部分再由部分到整体，把宏观和微观研究统一起来，最终从整体上研究和解决问题。从其技术路线来说，综合集成方法采取人-机结合，人-网结合，以人为主的信息、知识和智慧的综合集成，这个技术路线是以思维科学为基础的。综合集成方法实现了信息、知识、智慧的综合集成，它包括以下三方面的内容和过程：定性综合集成、定性与定量相结合综合集成、从定性到定量综合集成。

2. 综合集成方法特点

基于综合集成思路的项目工作分解结构具有以下特点。

1)"百分之百"规则加"百分之百"互动

在对项目进行工作分解及评估时，应遵循"百分之百"规则。"百分之百"规则的具体叙述是：一个工作分解结构的下一层次分解必须"百分之百"地表示上一层分解元所包含的工作。传统项目工作分解结构，为确定"百分之百"的工作创建了一个逻辑流程，而对分析工作之间的关系却没有成熟的办法，这导致其要求呈现软性，只能依靠项目管理者对项目的熟悉程度和梳理技巧。但是，在项目实践中，项目工作分解结构的评估标准并不只是"百分之百"规则，对"百分之百"的工作之间的互动关系进行全面而准确的分析，才是最能够显示项目管理经验和能力的标准。所以，应该重视项目工作之间的互动，并极力地把明确工作互动作为一个重要环节。

有些项目往往在开始时对关系分析得不足，当项目进行到一定程度，项目的"黏滞性"越来越大时，才开始发觉对关系不重视的后果。产生"黏滞性"的原因：一是原来没有分解出的关系发挥了作用；二是随着项目进程的不断深入，新增加的关系没有得到重视。而在综合集成思路指导下建立了公共的、打破分割局面并动态组合的工作分解结构，对相互依赖、相互牵制性强的特大型复杂项目和并行推进的项目效果最佳。

工作分解结构的"百分之百"规则加"百分之百"互动是保证风险识别完备性的重要前提。

2）以项目构成和流程描述为中心

项目分解的实质是要明确两个基本问题，即"有什么"和"应该成为什么"，资源分解结构、组织分解结构关注于解决前一个问题，产品分解结构、成本分解结构等关注于后一个问题，而工作分解结构则是连接这两个问题的纽带。这些分解结构都是从项目控制的不同角度对项目整体进行的层次化分解，彼此之间存在着错综复杂的联系。

基于综合集成思路进行项目分解，是改变传统的项目分解方法体系以满足复杂项目持续计划与控制需求的有效途径。面向项目的功能、性能目标体系，以项目构成和流程描述为中心进行项目分解，为项目组织结构设计、质量控制、进度控制奠定了基础，也为全面风险识别奠定了良好的基础。

3）基于综合集成思想的持续分解

传统的项目工作分解结构的分解是静态的、平面的、无方向的，虽然物的量化因素可能被无比细化，毫发不差，但是项目管理的主体与执行者是人，决定管理成效的更主要方面——人的能动性可能被完全忽视，行为及行为之间的偏差增加了管理与执行的难度，使项目面临无比巨大的不确定性。

因此，基于综合集成的思想，提出复杂项目工作分解结构的三维立体结构。传统项目工作分解结构，是一种从整体到部分的、自上而下及从部分到整体的自下而上的概念的集合；基于综合集成思路的项目工作分解结构在原始的思想里融入"集成"与"动态"的概念，其中，集成体现的是活动与活动之间的相互关系及执行者之间的协调沟通，而动态则体现了时间方位上的演进与进化。因此可以说，基于综合集成思想的工作分解结构的分解是动态的、立体的、有方向的。

项目工作分解结构的建立过程，就是项目参与主体根据项目特性和管理需求，按照科学的分析流程，遵循功能、组成、成本、流程等准则逐层细化，联合建立一个多层次、尽可能真实反映项目实际情况的数据模型的过程，它不仅需要满足项目协同计划与控制的需求，同时也要支持项目管理团队积累历史数据，实现自学习与知识积累。而且，复杂项目的参与主体一般都来自不同组织、不同专业或背景的各种工作小组，他们之间需要一种规范化的共同语言，以促进各种资源信息能更有效地被大家共享，避免误解导致的质量事故。另外，复杂项目分解是一个随着人们对项目特性与需求认识的不断深入而展开的持续动态过程。

基于动态集成思路的工作分解结构体系为各个层级的分解建立了分解层次平台，强调了各个层级上各个活动之间的横向互动关系与网状结构。建立了时间坐标维度，形象地反映了各个活动之间的紧前紧后关系。同时基于动态集成思路的工作分解结构模型的建立同样是动态风险识别的前提，为风险监控系统数据输入框架的建立提供保障。

2.3.3 航天发射试验加注系统分解

发射站加注系统设备可以分为工艺设备和测量控制设备两部分。工艺设备主要包括贮罐、加注用泵、球阀、流量计、电动调节阀、流量计校验装置等。测量控制设备主要包括输入/输出（input/output，I/O）控制站、操作站、工作站、投影屏和二次仪表等。

1. 贮罐

贮罐是加注系统的主要设备之一，为Ⅲ类压力容器。发射站燃烧剂库房和氧化剂库房各安装贮罐 9 个，其中 8 个用于推进剂贮存，1 个作为放空罐使用。8 个推进剂贮罐可满足加注 2 发 CZ-2F 火箭推进剂的贮存需要，可贮存燃烧剂约 470 吨，氧化剂约 920 吨。

2. 加注用泵

加注用泵按用途可分为加注泵、转注泵和调温泵。一般情况下转注泵比加注泵功率小，调温泵一般不单独设置，可与转注泵共用，也可与加注泵共用。发射站燃烧剂加注系统安装加注泵 7 台，转注泵 1 台；氧化剂加注系统安装加注泵 7 台，转注泵 2 台。此外每台加注泵均配套 1 个屏蔽泵保护箱，用于加注泵的启动和停止控制。

3. 球阀

球阀的主要作用是控制推进剂流通路径的连通和隔断，是发射站加注系统使用最多的一种设备。

4. 流量计

用于加注系统的流量计可分为容积式流量计和速度式流量计两类。发射站加注系统常用的是速度式流量计。燃烧剂加注系统选用的是防爆悬浮式涡轮流量计，共有 13 台，其中大流量计 5 台，小流量计 8 台。氧化剂加注系统选用的是涡街流量计，共计 9 台，其中大流量计 5 台，小流量计 4 台。

5. 电动调节阀

电动调节阀主要用于调节各级的加注速度或回流量，它包括电动执行机构和电动操作器两大部分。

6. 流量计校验装置

发射站加注系统安装有一套流量计在线校验装置，实现了流量计仪表系数的在线标定功能。

7. I/O 控制站

发射站加注系统 I/O 控制站主要由西门子 SIMATIC S5-135U 可编程控制器及其辅助设备组成。可编程控制器用于 I/O 控制、工艺流程的顺序控制和反馈控制、数据采集和处理等。辅助设备主要用于控制信号的转接等。燃烧剂加注系统和氧化剂加注系统各有一套功能相近的 I/O 控制站。

8. 操作站

加注系统的操作站由 2 台工业控制计算机、8 个小控制台和现场信号模拟仿真装置三大部分组成。工业控制计算机的功能是实施加注流程就地控制及系统的现场监视，一主一从互为备份，两台机器运行相同的监控软件，且相互独立。

9. 工作站

加注控制系统在中央控制室和地下设备间设置两处工作站，中央控制室工作站设置 2 台监控微机，地下设备间工作站设置 1 台监控微机。其中中央控制室的 2 台微机是一主一备。

10. 投影屏

燃烧剂加注系统和氧化剂加注系统控制室各设置一个大型投影屏，主画面为加注系统工艺流程，泵、阀门等工艺设备由有关的图形表示，设备的工作状态通过指示灯指示。

11. WP-C80 系列二次仪表

加注系统中温度、压力、液位测量都使用 WP-C80 系列二次仪表。

12. WP-L80 流量二次仪表

加注系统选用 WP-L80 流量二次仪表实现火箭推进剂加注量的计算和累计功能。

13. 应用软件

发射场目前使用的加注系统应用软件是按照软件工程化的要求设计和编写的。根据开发和运行环境的不同，应用软件分为三个配置项，即可编程控制器控制软件、工控机监控软件、工作站监控软件，分别运行于加注控制系统中的可编程控制器、库房工控机、中央控制室和地下设备间工作站上。可编程控制器使用 STEP5 语言编写，工控机监控软件用 Turbo C2.0 编写，工作站监控软件用西门子专用软件工具 COROS LS-B/WIN 组态软件开发。

可编程控制器是加注系统应用软件的核心，主要完成加注系统数据采集、工序控制、初步故障诊断和系统自动保护等任务。同时，软件还要完成加注系统数据采集、工序控制、初步故障诊断和系统自动保护等任务。此外，软件还要完成向模拟屏工控机、控制台工控机、工作站微机及供气系统可编程控制器、指挥监控系统接口可编程控制器传送数据信息的任务。

库房工控机通过串行通信口与可编程控制器相连，软件的主要任务是为库房就地控制提供一个良好的监控界面，按工序要求向可编程控制器输入各种装订参数，发出控制指令，接收和显示可编程控制器发送的加注进程信息。

工作站软件用作远距离监控，从 SINEC L2 网上采集可编程控制器发送的加注控制数据，以三维图形或数字、曲线等方式显示在库房以外的大屏幕监视器上。中央控制室工作站可以向可编程控制器发送控制命令，以实现对加注过程的控制指挥。软件还能够实时记录系统数据，显示历史趋势曲线，打印系统状态和加注进程信息报表。中央控制室工作站软件的控制功能与工控机监控软件相似，但设计时只考虑向可编程控制器发送加注和泄回工序的指挥命令，另外它还要完成向指挥监控系统转发进程的指令。

地下设备间工作站软件是中央控制室软件的简化版本，不能向可编程控制器发送控制命令和参数，其他功能与中央控制室软件相同。

2.3.4　加注系统工序分解

发射站加注系统是一个集推进剂转注、存贮、流量计在线校验、推进剂调温及向火箭实施推进剂加注等任务为一体的多功能系统，共有 30 多个相对独立的工序。

加注工序是风险管理中需要重点关注的工序，包括二贮箱并行加注工序和四贮箱并行加注工序。根据加注工序进程，可以分为准备加注、开始加注、初速加注、全速加注、减速加注、小流量加注、补加和停止加注，共八个阶段。

1. 准备加注

通过工控机或工序按钮发出准备加注指令，程序自动打开库房贮罐至火箭贮箱推进剂流动通路上的出泵前阀、泵后阀、库房至外管线出液阀和加注活门、安溢活门之外的其他阀门。

2. 开始加注

通过工控机和工序按钮发出开始加注命令，程序首先打开泵前阀，泵前阀打开后启动泵，当泵后压力大于设定值后开泵后阀、库房至外管线出液阀和加注活门、安溢活门，推进剂开始流动并填充外管线。

3. 初速加注

外管线填充完毕，推进剂经过加泄连接器和加注活门进入贮箱时，安装在加泄连接器上的 0 液位信号传感器发出信号，加注控制系统接收到 0 液位信号后转入初速加注状态，大流量计开始计数累计加注量。

4. 全速加注

初速加注过程中，检查火箭贮箱和塔上管路气密性，气检正常后由工控机或工序按钮发出全速加注指令，进入全速加注状态。

5. 减速加注

当加注至火箭贮箱Ⅰ液位加注量装订值前 2000 升时，加注程序自动转入减速加注状态。

6. 小流量加注

加注至贮箱Ⅰ液位后，Ⅰ液位信号发出，加注控制系统接收到Ⅰ液位信号后转入小流量加注状态。

7. 补加

通常Ⅱ液位到后转入补加状态。

8. 停止加注

正常加注过程中，补加量到达装订值时自动停止该级加注；异常情况下通过工控机或者工序按钮发出停止加注指令，停止某级加注。

2.3.5 加注系统工作阶段分解

航天发射试验加注系统按照不同工作阶段一般划分为加注准备阶段、加注实施阶段和状态恢复阶段，见图 2-1。

图 2-1 加注系统工作阶段分解

1. 加注准备阶段

1）加注器材及信号设备准备

加注系统在飞行产品进场前需完成加泄连接器、溢出连接器、光电传感器等设备的自检工作；完成加泄连接器、溢出连接器、过滤器等设备的打压、清洗和烘干工作，对加注控制气管进行吹除；完成加注信号设备的自检、电缆检查及信号联试等工作。

2）系统气密性检查

加注系统需要对系统泵前管路、泵后管路、热交换器、回气管路、外管线及系统与火箭贮箱连接后的全系统进行气密性检查，同时进行阀门的内漏检查。

3）库房及塔上回流

为全面检验加注系统工艺设备、控制系统、仪器仪表、供配电等配套设施、组织指挥、验证方案预案是否正确与全面，每次任务都需要进行库房回流工作，载人航天任务正式加注前需再次进行塔上回流。通过回流，对加注系统进行较全面的运行检查和考核，发现和解决问题，从而使风险降至最低。

4）其他主要准备工作

除上述工作外，加注系统还需对塔上的接线端子、阀门、气电活门箱、加注活门控制气管、电缆等设备进行检查；根据需要进行推进剂转注，使库房推进剂储量满足任务要求并有足够余量；任务前 7～10 天进行推进剂取样工作；化验结果须合格；加注系统提前组织对故障处置预案进行演练，并组织岗位操作手进行防护装具穿戴演练和连接器插拔训练等操作；视情况完成推进剂调温工作。

2. 加注实施阶段

在前期任务准备的基础上，加注系统人员按照任务安排组织正式加注工作，严格按照加注方案、操作规程和应急处置预案等试验文书执行。具体包括箭上设备、软管和电缆连接，加注量计算，推进剂调温，塔上设备和管路气密性检查，推进剂加注等五个阶段。其中，推进剂加注又分为四个阶段，如图 2-2 所示。

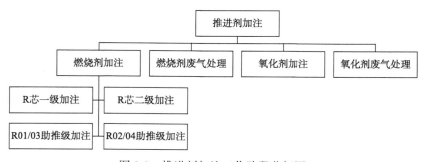

图 2-2　推进剂加注工作阶段分解图

3. 状态恢复阶段

任务结束后立即组织人员对系统设备进行恢复，主要有推进剂倒罐、管路放空、废气处理、设备状态确认及发射后塔上设备损坏情况统计与恢复等工作。

没有航天发射试验任务时，加注系统要进行日常维护；航天发射飞行产品进场前，要进行检修检测。

4. 日常维护

按照航天发射场加注系统日常维护细则要求的内容对系统进行维护保养，定期对设备进行检查、擦拭、润滑和调整，对设备进行加电、测试和性能检查，使设备经常处于良好状态。

5. 检修检测

由于大部分地面设备在非任务期间很少使用或部分投入运行，为确保任务试验过程中地面设备工作安全可靠、运行稳定、性能指标满足技术要求，在定期的维护保养工作的基础上，在飞行产品进场前对发射场所有地面设备进行全面的检修检测。

按照《航天发射场地面设备检修检测细则》，首先，检查加注系统所有接线端子，对松动的端子进行紧固处理，对滑丝的端子进行更换；其次，对系统的所有单台设备进行检查，确保每台设备功能正常、指标符合要求，对应用软件的使用情况进行检查，确保应用软件版本、功能满足要求；最后，对系统功能进行检查，确保系统气密性合格、接地电阻测量合格，泵介质调试运行正常、控制系统对故障的适应性好。

2.3.6　加注系统风险识别框架及风险描述

1. 系统工作分解

航天发射试验加注系统可以从工作阶段分解、系统分解、使用场所分解、职能分解等视角来进行项目描述，如图 2-3 所示。

2. 风险类别分析

航天发射试验风险有组织风险、技术风险、行为风险、协作风险、安全性风险、自然风险、社会风险、进度风险、政治风险、经费风险、随机风险、基础环境风险等，由于航天发射试验通常由国家或部委下达任务，在政策上和经费上给

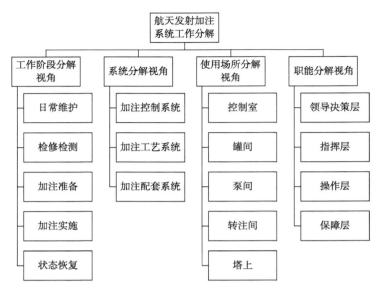

图 2-3　航天发射试验加注系统工作分解

予了大力支持和特别的关注，航天发射场基础场址固定，周边环境相对比较稳定，当地老百姓能够适应航天发射试验的一般要求，因此航天发射试验风险主要有组织风险、技术风险、行为风险、协作风险、安全性风险、自然风险和社会风险等。

1）组织风险

组织风险指组织机构带来的风险。主要是项目相关各方关系不协调及其他不确定性而引起的，还包括项目发起组织的内部协同部门对项目的理解、态度和行动不一致而产生的风险。我国载人航天发射场参加任务的系统包括飞船系统、飞船应用系统、航天员系统、火箭系统、发射场系统、首区测控通信系统、着陆场系统及为上述系统提供保障的技术勤务系统等，参加任务的系统、人员众多，计划沟通、资源调配、电磁兼容、质量控制、安全管理等组织协调难度较大，存在一定程度的组织风险。

为了克服上述风险，我国多年来建立健全了各级组织指挥机构，代替日常的行政机构，成立了发射场区指挥部-基本指挥所-下属单位指挥所的三级组织指挥体系和发射场区指挥部下属的质量控制组-技术协调组的技术指挥体系，针对不同任务在航天产品进场前成立由参加任务的各相关方组成的临时组织指挥机构，并由其负责任务期间的组织指挥工作和技术工作，有效克服航天发射试验的组织风险。

2）技术风险

技术风险是伴随着科学技术的发展而来的风险。技术风险主要与项目的设计、开发、设备安装、调试、任务实施等方面有关。技术风险具体体现在技术途径、工艺方法和技术方案的不成熟引起的损失，设备、检测手段达不到要求等产生的风险，技术进步造成的技术应用上的滞后等。航天发射系统复杂，新技术应用多，涉及机、电、热、光、声、磁、材料等众多学科，且目前我国航天器、运载器的研制生产不是批次生产，每次任务产品的技术状态都有较大变化，所用设备大多为非标准化设备等，导致航天发射试验中存在一定的技术风险。

为了克服技术风险，一是在发射场建设时就考虑应用可靠性技术和维修性技术设计系统，采用设备和工艺的冗余备份，广泛应用先进的自动化技术和在线监测技术，同时在设备选型上采用可靠性高的产品，提高系统固有可靠性和自动化水平。二是在每次任务准备阶段，根据承担任务、任务总体技术要求和测发工艺流程，识别各系统的技术状态变化和系统间的接口关系变更，进行发射场适应性建设和改造，开展设施、设备的检修、检测等来降低技术风险。三是在上述工作的基础上，进行任务的可靠性和安全性分析，找出各系统、设备的质量控制点和风险控制点，制定相应的控制措施，形成相应的风险预案。

3）行为风险

行为风险是指个人或组织的过失、疏忽、侥幸、恶意等不当行为造成财产毁损、人员伤亡的风险。目前我国航天发射场测试操作智能化、自动化水平不高，手工操作占相当大比重，航天产品转运、吊装、单元仪器安装、测试电缆连接、测试数据判读、推进剂加注管路连接及气检等工作都由手工操作完成，容易发生误操作；而且参加任务人员的身体状况和心理状态也会对人员的指挥操作水平产生一定的影响。因此存在一定的个人行为风险。行为风险的控制主要通过严格落实发射场各项规章制度予以保证。

通过"班前会""班后会"等制度降低某项活动的行为风险；通过落实会议协调、质量问题归零"双五条标准"、技术状态更改"五条标准"等制度，有效降低发射场的行为风险。

4）协作风险

协作风险指项目相关方沟通、协作不够带来的风险。航天发射参与协作的单位多、分布广，各协作单位的体制机制存在差异、技术水平存在差距、质量控制水平各有不同，给技术、质量、沟通管理等带来一定风险，从而在发射场的工作内容和进度协调上存在着协作风险。

航天发射场可通过建立完善的协作机制来避免协作风险，如参加任务的各相关方人员共同组成临时组织指挥机构，关键节点的指挥部会议和任务例会制度，任务文书相关方会签制度等，日常协调由参加任务的各相关方调度人员进行沟通等。从制度、组织、人员、文书等方面有效规避项目的协作风险。

5）安全性风险

安全性风险是指与航天发射安全相关的风险。航天发射是多系统协同工作的庞大项目，系统规模大、工作环节多、工艺流程复杂，发射场地面相关设施设备的自动化水平相对较低，在安全性方面存在一定的风险。

为满足航天发射对可靠性和安全性的高要求（通常都在 97%以上），发射场建立联动消防、塔架固定消防和场坪活动消防的消防体系，加强任务现场管理，实施任务期间的阵地卫勤救护、抢险，落实技术安全检查和状态确认制度，对重要场所、重要设备和关键操作设置安全警示标志与安全通道及紧急撤离路线标志，制定相应的应急抢险预案和人员撤离预案等，确保人员和航天产品的安全。

6）自然风险

自然风险是指自然力的不规则变化导致的财产毁损或人员伤亡，如风暴、地震、洪水等。我国的航天发射中，航天产品的转运、吊装和对接工作大都在露天状态下完成，发射塔架等部分设施、设备也在室外，而且航天发射时，发射窗口通常时间很短，因此暴风、暴雨、沙尘暴等通常会影响任务进程，甚至影响到发射窗口。因此发射场建立了气象预报系统，以提高气象预报频度和准确性，尽可能地避免自然风险给航天发射试验带来的损失。

7）社会风险

社会风险是指人类不可预料的反常行为引起的风险，如恐怖活动、动乱、罢工、盗窃，涉及宗教信仰、社会治安、风俗文化、劳动者素质等因素。航天发射试验的社会风险通常涉及内部的防间保密、周边地区的安全稳定和特殊时期的政治活动等。为避免此类风险，发射场采取对参加任务的人员进行政治审查，对发射场区内人员进行安全排查，建立健全安全保卫体系，加强重点区域巡逻警戒，完善安全保卫方案和预案等措施。

3. 风险描述

航天发射试验加注系统风险可以从风险类别、风险影响、风险概率、风险层级等角度进行项目描述。如图 2-4 所示，按风险类别可分为技术风险、管理风险、人力风险、环境风险等。按风险影响可以分为安全风险、质量风险、进度风险、费用风险等，在实际工作中，质量风险和安全风险通常是关注的重点。按风险层级可以分为决策层风险、指挥层风险、操作层风险和保障层风险，对于一个系统，不同层级的人，由于站的高度不一样，视角不一样，关注的重点就不一样，操作层的人觉得是高风险的事件，决策层的人也许并不是这么认为。组织的高层管理者所了解的宏观风险不同于较低管理层所观察到的微观风险，在特殊的情况下，微观风险可能变成使系统出问题的关键因素。一般来说，操作层风险和保障层风险的风险管理是针对动作的，指挥层风险的风险管理是针对系统的，决策层风险的风险管理是针对多系统集成的。

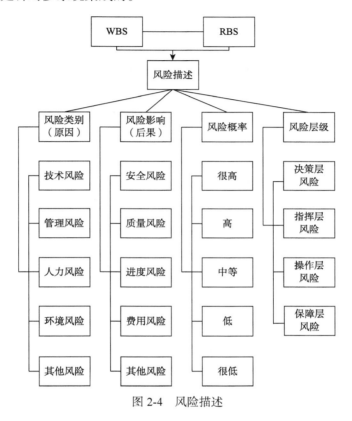

图 2-4　风险描述

航天发射试验的风险识别应在项目的早期进行，即在航天发射试验准备阶段进行。当然，在任务实施阶段根据任务进展情况和出现的质量问题也应适时识别可能出现的风险因素和风险事件。

2.4　航天发射试验加注供气系统风险识别应用

加注供气系统是载人航天发射场的重要组成部分，分为加注、废气处理、污水处理、供气四大分系统。其中，加注、供气分系统由原国防科学技术工业委员会工程设计研究所设计，工艺、自控设备的安装及分系统调试由原武昌造船厂完成，系统自控设备由上海工业自动化仪表研究所成套制造，系统应用软件由解放军第二十试验训练基地发射测试站和解放军第二十试验训练基地工程设计研究所共同研制，系统调试工作由解放军第二十试验训练基地发射测试站完成；废气处理分系统由解放军第二十试验训练基地工程设计研究所和中国科学院山西煤炭化学研究所联合设计，中国科学院山西煤炭化学研究所和解放军第二十试验训练基地发射测试站联合完成应用软件研制和系统调试工作；污水处理分系统由解放军第二十试验训练基地工程设计研究所设计，甘肃第一建设集团有限责任公司完成土建和设备安装，解放军第二十试验训练基地工程设计研究所和解放军第二十试验训练基地发射测试站完成系统调试。

2.4.1 系统特点分析

加注系统分为燃烧剂加注系统和氧化剂加注系统，主要承担火箭常规推进剂加注任务。载人航天发射场加注系统是一个固定闭式常规推进剂自动化加注系统，采用泵式加注，加注定量采用箭上-地面联合定量方式。系统由贮罐、加注泵、流量计、阀门、工艺管路和控制设备等组成，是一个集推进剂转注、存贮、流量计在线校验、推进剂调温和向火箭实施推进剂加注等任务的多功能系统。系统的设计和建设充分贯彻了"先进、可靠、实用"的原则，在总经费允许的情况下，选用了大量先进、可靠的设备，系统功能和可靠性方面有很大的提高。

其主要特点如下：①采用四贮箱并行加注或二贮箱并行加注流程，可在3小时（或4小时）内完成约450吨推进剂的加注任务；②系统具有多种控制方式，可以在测发楼加注远控间完成加注的远距离指挥控制，可以在库房控制间完成加注的就地指挥控制，也可以手动控制完成加注任务；③系统贮量大，可满足2发CZ-2F运载火箭推进剂加注的需要；④系统监控点多，检测参数全，各级指挥员可全面掌握系统的状态；⑤系统的备份手段强，具有一定的带故障运行能力，具有迂回加注能力，一方面部分关键硬件设备配置有备份，另一方面指挥控制可以实施降级切换，提高了整个系统完成任务的能力；⑥L2局域网络的应用，使加注系统实现了集中统一管理；⑦系统具有快速降温能力和流量计在线校验能力，使系统的维护更为方便，系统的准备时间大大缩短；⑧系统的自动化程度高，所有工况均可在计算机控制下自动完成。

废气处理系统和污水处理系统作为加注系统的子系统，承担着加注系统的废气处理和污水处理任务。与燃烧剂加注系统和氧化剂加注系统相配套，废气处理系统包括燃烧剂废气处理系统和氧化剂废气处理系统，均采用煤油燃烧法。两套废气处理系统分别于1999年和2000年建成并投入使用。污水处理系统采用二氧化氯氧化还原法处理偏二甲肼推进剂污水，主要设施设备包括一个 50 立方米的处理污水池和一个 25 立方米的处理污水暂存池，以及污水泵、二氧化氯发生器和分光光度计等设备。

供气系统承担压缩、贮存和供给火箭、飞船及地勤系统所需空气、氮气及高纯氧、高纯氮、氦气等特殊用气，由高压空气压缩机站、高压液氮气化车棚、增压间、1 号气瓶库、2 号气瓶库、技术区和发射区供气外管线、技术区和发射区各用气子项及供气测控系统等组成。

2.4.2 液体推进剂的危害

液体推进剂是液体火箭发动机的能源和工质，在国内外航天发射领域得到普遍应用。目前国内航天发射场常用的液体推进剂有肼类推进剂（偏二甲肼、无水肼、甲基肼、单推-3）、硝基类推进剂（四氧化二氮、绿色四氧化二氮、红烟硝酸）、液氢、液氧等。在推进剂贮存、加注和转注、航天器检漏、航天员呼吸用气保障等各种工作中，常常也用到氮气、氦气、氧气、压缩空气等。

液体推进剂的危险性决定了从事该工作的高危险性。据不完全统计，1983~2013 年国内外由推进剂操作管理不当造成的各种大大小小事故不下几百起，有的还造成重大人员伤亡事故，如 1960 年苏联"SS-7"洲际导弹大爆炸，造成 100 多人死亡，第一任战略火箭部队司令涅德林元帅丧生，事故的直接原因就是在没有彻底消除推进剂泄漏情况下继续进行后续计划工作。我国航天发射场由于推进剂操作管理不当也发生过多起严重事故，如 1992 年某发射场人员进入推进剂贮罐因防护装具使用不当造成 2 人死亡，多人严重中毒；1995 年某发射场在加注完氧化剂后，拔下加泄连接器时发生推进剂泄漏，造成 23 人入院治疗、1 人病危；2004 年某发射场在软管试压时，因软管爆炸造成 1 名操作手死亡；2009 年某发射场因为供气管路发现多余物，造成多余物进入火箭贮箱，导致发射任务推迟，造成重大经济损失。液体推进剂的危害包括以下几点。

1. 着火与爆炸

液体推进剂的作用是为火箭或航天器提供能量，具有易燃性或助燃性。例如，肼类、烃类推进剂和液氢易着火，当空气中推进剂蒸气浓度达到一定范围时，还容易引起爆炸。四氧化二氮、红烟硝酸、液氧等氧化剂虽不能燃烧，但具有强氧化性，助燃能力强。四氧化二氮、红烟硝酸与木材、棉、纸张等可燃物相遇时，易引起火灾。某些燃烧剂与氧化剂相遇，可立即自燃，甚至发生爆炸。因此，所有液体推进剂都有着火和爆炸的危险性，在液体推进剂的生产、运输、转注和分析化验等作业中，必须做到防火、防爆。

2. 毒害作用

液体推进剂的毒害作用包括急性毒性作用、慢性毒性作用、刺激作用、过敏作用。这些毒害作用，有的只引起局部性中毒，有的可引起全身性中毒；有的只引起短时间的暂时性中毒，有的则可引起长时间的中毒。肼、甲基肼和偏二甲肼对动物具有致癌作用，但对人体的致癌作用尚未得到证实。

3. 腐蚀作用

液体推进剂的腐蚀作用包括对金属及非金属材料、贮存容器、输送管道、加注泵等的腐蚀作用，也包括对动物和人体的化学灼伤作用。例如，人体接触四氧化二氮、红烟硝酸等推进剂或大量吸入呼吸道，均可产生严重的化学灼伤。

4. 窒息作用

推进剂的窒息作用分为两类：推进剂本身窒息作用和缺氧窒息。

推进剂本身窒息作用是指推进剂进入人体后，引起呼吸系统和血液循环系统发生病变，出现细胞供氧不足或使气道闭塞，发生窒息作用。

缺氧窒息是推进剂蒸气大量进入空气，使空气中氧含量显著下降，因缺氧引起窒息。例如，推进剂贮罐、槽车清洗并用氮气吹干后，氧浓度降低，当人员立刻进入其中作业时，可能发生缺氧窒息。

5. 低温冻伤

低温液体推进剂如液氢、液氧等沸点低，在常温下剧烈沸腾，吸收大量热量，若与某些材料接触可使材料迅速降温变脆，导致设备故障；与人体皮肤接触时，可引起冻伤。

6. 环境污染

在液体推进剂的生产、运输、转注、加注等作业中，当发生跑、冒、滴、漏，特别是发生大量液体推进剂泄漏、着火、爆炸事故时，推进剂的毒害作用会造成大气、土壤、水体和植物的污染。在清洗槽车、贮罐和加注、转注系统等设施设备时，会产生大量的含有液体推进剂的有害废水；在加注、转注等作业中，系统会排放大量含有推进剂的废气，这些废水、废气若不进行处理即排放会造成严重环境污染。

液体推进剂事故主要表现为着火、爆炸、环境污染和毒害作用。引起事故的主要原因通常为液体推进剂泄漏、压力容器超压等。

液体推进剂事故按其后果可分为人员伤害事故、环境污染事故、设施设备受

2.4.3 推进剂

1. 推进剂对安全性的影响

目前火箭用的常规推进剂（四氧化二氮和偏二甲肼）具有易燃、易爆、毒性大、腐蚀性强的特点，对人员和设备造成安全威胁，因此安全性要求高。偏二甲肼的气态挥发物在常温下极易形成易燃易爆的气态混合物，属Ⅱ类爆炸物。液态偏二甲肼在遇到热源及催化剂时，或在两种推进剂相遇的情况下，均会引起燃烧或爆炸。

氧化剂加注系统使用的四氧化二氮液体，易挥发为二氧化氮气体，对设备具有非常强的腐蚀性，对加注设备构成安全影响。

偏二甲肼和四氧化二氮均为Ⅲ级中等毒物。偏二甲肼中毒可能造成肝功能障碍、轻度脂肪肝、血清谷丙转氨酶活性与磺溴酞钠滞留率升高。四氧化二氮通过呼吸系统到达肺泡表面液中，形成硝酸或亚硝酸，刺激并腐蚀肺上皮细胞、肺毛细血管壁，使毛细血管通透性增加，血液内大量液体外渗到肺泡间隙与肺泡中，造成肺气肿。四氧化二氮易溶于水，随着水分的增加，其混合物浓度降低，对绝大多数金属和有机物均产生腐蚀性破坏。因而，采取适当措施防止泄漏、明火、电火花等各种原因引起的常规推进剂及其气态混合物产生燃烧、爆炸、毒害、腐蚀等危险，是加注系统安全性分析的主要内容。

2. 应对措施

上岗人员按三级防护要求穿戴好防护装具；防护用品、洗消用品、备品备件到位；增加推进剂泄漏监视设备；设计有毒气体浓度探测报警系统和消防系统，能及早发现险情并及时进行处置。

2.4.4 高压气体

1. 高压气体对安全性的影响

发射场使用的高压气体分为高压空气和高压氮气，主要用于气动球阀开关，贮罐的增压，管路的气检和吹除，槽车增压供气等。氮气的化学性质不活泼，氮气的浓度太高会引起严重的窒息，使用过程中应严防由渗漏导致周围环境中氮气浓度升高从而引起人员窒息等危险。

2. 高压气体引发的事故

2004 年使用氧化剂系统在 9112 器材间对加注软管进行气检时，加注软管爆裂导致人员伤亡事故。

3. 应对措施

完善操作规程，规范操作，杜绝人为操作差错；增加监视，高压设备增压时人员与设备分开；严格对高压气体进行操作，消除不合理的操作隐患。

2.4.5 泵的气蚀

1. 泵的气蚀对安全性的影响

加注系统的泵是根据推进剂的不同，选用不同的材质。燃烧剂系统的泵轴承选用石墨材料，轴套为不锈钢材料。氧化剂系统的泵轴承选用增强聚四氟乙烯材料，轴套为不锈钢材料。四氧化二氮沸点低，可能导致泵后压力偏低，产生泵的气蚀，最终造成泵的损坏。

2. 应对措施

泵运行前先灌泵，灌泵后点动排气，确保液体充满泵腔；加注时提高泵前压力；发现泵后压力和泵电流不稳定时，及时采取泵腔排气措施，改善泵的运行情况。

2.4.6 产品质量

1. 产品质量对安全性的影响

加注系统所用设备主要有贮罐、换热器、泵、流量计、阀门、软管、电缆、二次仪表、传感器等。设备质量对加注系统安全产生影响的主要有：贮罐密封不良或结构缺陷引发的渗漏、滴漏造成的推进剂泄漏；二次仪表无法传输液位、温度、压力信号；高压软管、气管在加高压情况下引起的爆炸；传感器存在质量问题导致无法直接读数；电缆质量问题致使线路故障等。此类故障轻则产生局部影响，重则导致加注失败，甚至造成人员损伤和设备损坏。

2. 应对措施

加强加注系统的检测检修，排除设备质量产生的故障，消除一切影响加注系统安全性的故障隐患；严把设备购买、安装质量关，确保设备本身质量；加强设备运行检查，争取问题早发现早处理，杜绝把问题带到试验任务中。

2.4.7 设备故障

1. 设备故障对安全性的影响

加注系统设备运行过程中，会不同程度地产生磨损和老化，这些问题的发生对系统的安全性产生影响。例如，接线端子松动导致线路故障，二次仪表故障导致信号通道断开，继电器接触不良导致泵、阀门无回讯，传感器或线路故障致使箭上液位失灵，可编辑逻辑控制器（programmable logic controller，PLC）硬件或软件故障导致PLC停机等，此类设备故障影响加注进程或造成加注无法完成。

2. 设备故障引发的事故

在执行"神舟五号"任务时9号小流量计在灌泵时发生故障，险些导致氧化剂加注任务推迟，最后通过系统中具备的迂回加注功能完成了加注。

在执行某任务时，设备运行检查发现2号电动调节阀手动操作器输入信号指针异常，经排查确认为PLC输出模板控制2号电动调节阀通道故障，导致2号电动调节阀无法自动控制。

3. 应对措施

加强加注系统的检测检修，排除设备故障，争取消除一切影响加注系统安全性的故障隐患；加强"回想、预想"，总结经验，不断完善故障处置预案。

2.4.8 人员误操作

1. 人员误操作对安全性的影响

加注系统需要进行一些设备检查、拆卸、清洗和安装，操作台手动控制等操作，在实施过程中，如果指挥失误、加注流程不熟悉，不按操作规程操作、设备结构不清楚致使安装出错，都有可能造成设备故障、事故及人身伤害等问题。另外，在操作过程中，如不注意，有可能触及其他按钮，以致改变设备状态，影响加注工作的正常进行。

2. 应对措施

加强规章制度的学习，避免随意误动设备，导致设备损坏或状态变化的问题发生；加强操作规程的学习，操作过程中严格按规程操作，杜绝误操作；加强专业知识的学习和技术训练，提高加注系统各岗位人员理论水平和操作技能。

2.4.9　环境影响

1. 环境对安全性的影响

设备周围的环境温度通常影响该设备的内部温度，并以各种方式影响设备的工作。较高的温度可能会使塑料和其他低熔点材料软化，因而降低设备结构强度。低温则会降低材料的挠性和延展性，并增大受冲击时破碎和施加应力时断裂的可能性。低温也会增加润滑剂的黏性，增大材料的弹性系数，低温还可能导致电缆老化、控制元器件功能失效等。例如，低温导致密封圈失效，造成气缸窜气，加泄连接器的对接处和阀门等密封不良。环境还会造成气动球阀动作缓慢等。温度过低，导致塔上球阀气缸内润滑脂失效，影响球阀开启；温度变化过大，影响密封圈的密封性能；风沙过大，工作时可能影响加注管路的洁净度。

2. 应对措施

对设备检测检修时，及时更换密封圈。"O"形圈安装时，不得扭转，应呈自然状态放入槽中。

第 3 章 基于灰色粗糙集的风险评价指标优化

评价指标是衡量系统总体目标的具体标志。要对风险事件进行评价，就需要建立起能对各组成要素和各种影响因素进行衡量的统一尺度，即风险事件评价指标体系。风险事件评价指标体系是评价的重要基础和依据，对评价结果的可靠性、有效性影响很大，是风险评价的核心。目前常用的风险事件评价方法主要考察风险的两个自然属性——概率和影响（邱菀华，2003）。现有研究存在两方面问题：首先，目前对风险评价指标的全面性、合理性考虑仍不够充分，指标体系的建立缺少逻辑机理和理论验证，这将会影响最后评价结果的准确程度；其次，目前研究多以指标值和计算的精确性为焦点，然而在实际应用中，风险事件的复杂情境使得风险信息难以用传统的量化方法来表述，只能通过语言信息来描述，这使得一些以精确性为焦点的定量模型失去了效用。

本书探讨了常用的评价指标优化方法，针对航天发射试验风险事件特点，提出一种基于粗糙集和灰色聚类理论的风险评价指标体系优化方法，在少量样本数据且仅能提供语言信息的条件下，对指标体系进行精简，建立适用于航天发射试验的风险事件评价指标体系，并对其进行优化（刘安英和魏法杰，2011）。

3.1 灰色系统理论及粗糙集理论综述

3.1.1 灰色系统理论

1982 年，北荷兰出版公司出版的 *Systems & Control Letters* 杂志刊载了我国学者邓聚龙教授的第一篇灰色系统论文 "the control problems of grey systems"，标志

着灰色系统理论这一新兴学科的问世。这一理论刚一诞生,就受到国内外学术界和实际工作者的积极关注,不少著名学者和专家给予其充分肯定和大力支持,许多中青年学者纷纷加入灰色系统理论研究行列,并积极开展理论探索及其在不同领域中的实际应用研究工作,许多科研院所、出版机构也都对此非常关注,这促进了灰色系统理论的快速发展。

灰色系统理论经过几年的发展,已基本建立起一门新兴学科的结构体系。其研究内容主要包括灰色系统建模理论、灰色系统控制理论、灰色关联分析方法、灰色预测方法、灰色规划方法、灰色决策方法等。

灰色关联分析是灰色系统理论的重要分支,自邓聚龙教授提出以来,得到了迅速发展和广泛的应用。灰色关联分析是根据序列曲线几何形状的相似程度来判断其关联程度。目前在关联度理论方面,邓聚龙教授提出了灰色关联公理并构造了邓氏关联度;梅振国(1992)按照因素时间序列曲线变化势态的接近程度提出了灰色绝对关联度及其计算方法;刘思峰和谢乃明(2008)提出灰色绝对关联度、灰色相对关联度和灰色综合关联度,主要是根据序列的相似程度来计算序列间的关联程度;唐五湘(1995)基于因素的时间序列曲线相对变化势态的接近程度提出了"T"形关联度及其计算方法;党耀国等(2004)对灰色斜率关联度进行了研究,并提出用序列折线斜率的接近程度来表示序列之间的关联程度;肖新平(1997)建立区间数灰色关联度,将区间灰数和邓氏关联度结合,利用距离定义关联度的概念;张吉峰(1998)提出了基于能量关联度的时序周期分析方法;熊和金等(2000)对灰色关联度公式做了几种扩展,灰色关联度得以进一步广泛应用。在灰色关联分析应用方面,李万绪(1990)提出了基于灰色关联度的新聚类分析方法;Chang 和 Yeh(2005)对数据的灰色关联聚类进行了研究;Li(1997)利用灰色关联法和灰色聚类法对考试质量进行评价;Wu(2002)对灰色关联分析在多属性决策问题中的应用进行了研究。

概率统计、模糊数学和灰色系统理论是三种最常用的对不确定性系统的研究方法。研究对象都具有某种不确定性,是这三种研究方法的共同点。正是因为研究对象在不确定性上的区别才派生出三种各具特色的不确定性学科。概率统计研究的是"随机不确定"现象,着重于考察"随机不确定"现象的历史统计规律,考察具有多种可能发生结果的"随机不确定"现象中每一种结果发生的可能性。其出发点是大样本,并要求对象服从某种典型分布。模糊数学着重研究"认知不确定"问题,其研究对象具有"内涵明确、外延不明确"的特点。对于这类问题,模糊数学是凭经验并借助隶属函数进行处理的。灰色系统理论着重研究"小样本、贫信息"的不确定问题,其研究对象具有"外延明确、内涵不明确"的特点。灰色系统理论依据信息覆盖,通过序列算子的作用探索事物运动的现实规律,其特点是少数据建模。

我们把这三种研究方法之间的区别归纳如表 3-1 所示。

表3-1 三种方法的比较

项目	灰色系统理论	模糊数学	概率统计
研究对象	信息不完全	认知不确定	随机不确定
基础集合	灰数集	模糊集	康托尔集
方法依据	信息覆盖	映射	映射
途径过程	灰序列算子	截集	频率统计
数据要求	任意分布	隶属度可知	典型分布
目标	现实规律	认知表达	统计规律
量化标度	小样本序列	经验隶属度	大样本统计

灰色代数系统、灰色矩阵、灰色方程等是灰色数学理论的基础，随着灰色系统理论的发展，灰色数学理论也在不断地发展完善。

定义 3-1 我们把只知道大概范围而不知道其确切值的数称为灰数。

在应用中，灰数实际上指在某一个区间或某个一般的数集内取值的不确定数，通常用记号"$\otimes$"表示灰数。

灰数大体有以下几类：①仅有下界的灰数，记为 $\otimes \in [a,\infty)$ 或者 $\otimes(\underline{a})$。②仅有上界的灰数，记为 $\otimes \in (-\infty,\overline{a}]$ 或 $\otimes(\overline{a})$。③区间灰数，既有下界 $\underline{a}$ 又有上界 $\overline{a}$ 的灰数，记为 $\otimes \in [\underline{a},\overline{a}]$；当 $\otimes \in [\underline{a},\overline{a}]$，且 $\underline{a}=\overline{a}$ 时，称 $\otimes$ 为白数；当 $\otimes \in (-\infty,+\infty)$ 时，即当 $\otimes$ 的上、下界皆为无穷时，称 $\otimes$ 为黑数。④连续灰数和离散灰数。⑤本征灰数和非本征灰数。

本征灰数是指不能或暂时不能找到一个白数作为其"代表"的灰数，非本征灰数是指凭先验信息或某种手段，可以找到一个白数作为其"代表"的灰数。若灰数是在某个基本值附近变动的，我们可以取基本值 a 为主要白化值，即若

$$\tilde{\otimes}(a) = a + \partial_a \tag{3-1}$$

其中，∂_a 为扰动灰元，此灰数的白化值取为

$$\tilde{\otimes}(a) = a \tag{3-2}$$

对于一般的区间灰数 $\otimes \in [a,b]$，我们将其白化值 $\tilde{\otimes}$ 取为

$$\tilde{\otimes} = \alpha a + (1-\alpha)b, \alpha \in [0,1] \tag{3-3}$$

其中，α 值的确定依赖于信息的多寡及对区间界限的"偏爱"程度。

由于灰数表示一个不确定的数，我们用灰度来度量这种不确定性程度。

定义 3-2 设灰数 $\otimes$ 产生的背景或论域为 Ω，$\mu(\otimes)$ 为灰数 $\otimes$ 取数域的测度，则称

$$g^0(\otimes) = \frac{\mu(\otimes)}{\mu(\Omega)} \quad (3\text{-}4)$$

其中，$g^0(\otimes)$ 为灰数 $\otimes$ 的灰度。

灰数 $\otimes$ 的灰度 $g^0(\otimes)$ 符合以下公理：① $0 \leqslant g^0(\otimes) \leqslant 1$；② $\otimes \in [a_1, a_2], a_1 \leqslant a_2$，当 $a_1 = a_2$ 时，$g^0(\otimes) = 0$；③ $g^0(\otimes) = 1$，Ω 为灰色背景论域；④ $g^0(\otimes)$ 与 $\mu(\otimes)$ 成正比，与 $\mu(\Omega)$ 成反比。

定义 3-3 灰色关联分析是定量地比较或描述系统之间或系统中各因素之间在发展过程中随时间而相对变化的情况，即分析时间序列曲线的几何形状，用它们变化的大小、方向与速度等的接近程度来衡量它们之间的关联性大小。

灰色关联分析的求解步骤如下。

步骤一：确定参考数列和比较数列。

设 $X_0 = \{x_0(k) | k = 1, 2, \cdots, n\}$ 为参考数列（母数列）；$X_i = \{x_i(k) | k = 1, 2, \cdots, n\}$，$i = 1, 2, \cdots, m$ 为比较数列（子数列）。分析数据，若差异较大应首先进行归一化处理。其方法设某一组合后的数列中的最大值取 1，余者均除以该最大值。

步骤二：求关联系数数列。

比较数列的所有指标对应于参考数列的所有指标的关联系数为

$$r_{0i}(k) = \frac{\min_i \min_k |x_0(k) - x_i(k)| + \varsigma \max_i \max_k |x_0(k) - x_i(k)|}{|x_0(k) - x_i(k)| + \varsigma \max_i \max_k |x_0(k) - x_i(k)|} \quad (3\text{-}5)$$

其中，ς 为分辨系数，取 $0 \sim 1$，一般取 0.5。

步骤三：计算各断面关联系数 $r_{0i}(k)$ 及比较数列所对应的参考列各关联度 r_{0i}。一般用算术平均值，即

$$r_{0i} = \frac{1}{n} \sum_{k=1}^{n} r_{0i}(k), \quad i = 1, 2, \cdots, m \quad (3\text{-}6)$$

3.1.2 粗糙集理论

20 世纪 80 年代初，以波兰数学家 Z. Pawlak 为代表的研究者在研究不精确、不确定性及不完全知识表示和分类的基础上，针对 G. Frege 的边界线区域思想首次提出了粗糙集理论，他把那些无法确认的个体都归属于边界线区域，而这种边界线区域被定义为上近似集和下近似集的差集。因为它有确定的数学公式描述，完全由数据决定，所以更有客观性。粗糙集理论的主要优势之一是它不需要任何预备的或额外的有关数据信息。粗糙集自提出以来就一直得到 Zadeh 的重视，并给予其很高评价，他将粗糙集与模糊逻辑、概率推理、信度网络、神

经网络、混沌理论、遗传算法及其他进化优化算法等一起列为他新提倡的软计算的各种基础理论。

1991 年 Pawlak 教授的第一本关于粗糙集的专著 *Rough Sets:Theoretical Aspects of Reasoning about Data* 系统地阐述了粗糙集理论，1992 年 R. Slowinski 主编的关于粗糙集的应用及其与相关方法比较研究的论文集的出版，推动了国际对粗糙集理论与应用的深入研究。目前，粗糙集理论成为一种研究不确定、不完备信息系统的新的有效工具。

粗糙集理论自问世以来，无论是在理论还是在应用上都是一种新的、重要的、迅速发展的和解决实际问题的方法。近年来，粗糙集理论发展迅速。在国外，对粗糙集理论的研究主要集中在代数结构和逻辑研究方面，对代数结构的研究主要集中在粗糙集拓扑及其性质上面；对逻辑的研究主要集中在 Rough 逻辑及处理近似推理的逻辑工具上，并建立了粗糙集与概率逻辑、粗糙集与模态逻辑等的统一框架。各国学者在上述研究中产生了一系列的成果，Orlowska（1984）提出以等价关系 R 作为新的谓词；Slowinski（1992）提出了扩展粗糙集模型的概念，Lin 和 Liu（1996）基于拓扑学观点定义类似上近似和下近似的算子 L 和 H，并建立带这两个算子的近似推理的逻辑演绎系统；Liu（1999）还提出了带算子 L 和 H 的 Rough 逻辑的近似推理模式和归结原理，并证明了它的归结完备性定理。在国内，张文修等（2001）对粗糙集理论和概念都进行了深入探讨。王国胤、刘清先后出版专著来介绍粗糙集，使得对粗糙集的研究成为学者普遍重视和高度关注的热点。史开泉和崔玉泉（2004）提出的 S-粗集和函数 S-粗集的概念，以及近年来的有关奇异粗糙集的研究成果，对经典的 Pawlak 粗糙集的概念进行了扩展，将对粗糙集的研究从静态过程延拓到动态过程，在国内外引起高度关注。

粗糙集理论具有以下特点（张文修等，2001）。

（1）粗糙集不需要先验知识，模糊集和概率统计方法是处理不确定信息的常用方法，但这些方法需要一些数据的附加信息或先验知识，如模糊隶属函数和概率分布等，这些信息有时并不容易得到，粗糙集分析方法仅利用数据本身提供的信息，无须任何先验知识。

（2）粗糙集是一个强大的数据分析工具。它能表达和处理不完备信息；能在保留关键信息的前提下对数据进行化简并求得知识的最小表达；能识别并评估数据之间的依赖关系，揭示出概念简单的模式；能从经验数据中获取易于证实的规则知识，特别适用于智能控制。

（3）粗糙集与模糊集分别刻画了不完备信息的两个方面：粗糙集以不可分辨关系为基础，侧重分类；模糊集基于元素对集合隶属程度的不同，强调集合本身的含混性。从粗糙集的观点来看，粗糙集合不能清晰定义的原因是缺乏足够的论域知识，但可以用一对清晰集合逼近。

当然，粗糙集理论也存在自身的缺陷。首先，粗糙集理论未包含处理不精确或不确定原始数据的机制，因此，单纯使用这个理论不一定能有效地描述数据不精确或不确定的实际问题；其次，粗糙集理论只适用于处理离散数据，在对具有连续属性值的数据进行处理时，一般先要使用离散化方法将其转化为离散数据。

定义 3-4 四元组 $S=(U,A,V,f)$ 是一个信息表达系统，其中，U 为对象的全体，即论域；A 为属性的非空有限集合；$V=\bigcup_{a\in A}V_a$，V_a 是属性 a 的值域；f 为 $U\times A\to V$ 是一个信息函数，对一个对象的每一属性赋予一个信息 $\forall a\in A, x\in U$，$f(x,a)\in V_a$。

通常也用 $S=(U,A)$ 来代替 $S=(U,A,V,f)$。

设 $S=(U,A,V,f)$ 为一信息表达系统，$A=C\cup D$，$C\cap D=\varphi$，C 称为条件属性集，D 称为决策属性集。具有条件属性和决策属性的信息表达系统称为决策表。

对 $\forall P\subseteq A$，它决定了一个二元不可区分关系。

$$\mathrm{ind}(P)=\{(x,y)\in U^2|\forall a\in P, x\neq y, f(x,a)=f(y,a)\} \quad (3-7)$$

关系 $\mathrm{ind}(P)$ 构成 U 的一个划分，用 $U/\mathrm{ind}(P)$ 表示，记为 U/P。

定义 3-5 在信息系统 $S=(U,A)$ 中，对于每个子集 $X\subseteq U$ 和一个等价关系 R，定义两个子集：

$$R_{\_}(X)=\bigcup\{Y\in U/R|Y\subseteq X\} \quad (3-8)$$

$$R^{-}(X)=\bigcup\{Y\in U/R|Y\cap X\neq \varphi\} \quad (3-9)$$

分别称它们为 X 的 R 下近似集和 R 上近似集。下近似集、上近似集也可用下面的等式表达：

$$R_{\_}(X)=\{x\in U|[x]_R\subseteq X\} \quad (3-10)$$

$$R^{-}(X)=\{x\in U|[x]_R\cap X\neq \varphi\} \quad (3-11)$$

集合 $\mathrm{bn}_R(X)=R^{-}X-R_{\_}X$ 称为 X 的 R 边界域；$\mathrm{pos}_R(X)=R_{\_}(X)$ 称为 X 的 R 正域；$\mathrm{neg}_R(X)=U-R^{-}X$ 称为 X 的 R 负域。显然：$R^{-}X=\mathrm{pos}_R(X)\cup \mathrm{bn}_R(X)$。

定义 3-6 给定信息系统 $S=(U,A,V,f)$，$F=(X_1,X_2,\cdots,X_n)(U=\bigcup_{i=1}^{n}X_i)$ 是论域 U 上定义的知识，$R\subseteq A$，则 R 对 F 的近似质量定义为

$$\gamma_R(F)=\sum_{i=1}^{n}|R_{\_}X_i|/|U| \quad (3-12)$$

其中，$|U|$ 为集合 X 的基数。近似质量反映了知识 X 中肯定在知识库中的部分在现有知识中的百分比。

定义 3-7 给定信息系统 $S=(U,A,V,f)$，$R \subseteq A$，$X \subseteq U$ 关于 R 的粗糙度定义为

$$\rho_R(X) = 1 - \frac{R\_X}{R^-X} \quad (3-13)$$

显然，$0 \leqslant \rho_R(X) \leqslant 1$，当且仅当 $\rho_R(X)=0$ 时，X 是可定义的；当且仅当 $\rho_R(X) > 0$ 时，X 是粗糙的。粗糙度反映了知识的不完全程度。

$$a_R(X) = \left| \frac{R\_X}{R^-X} \right| \quad (3-14)$$

为 X 关于 R 的近似精度，近似精度反映了根据现有知识对 X 的了解程度。

定义 3-8 给定决策表 $S=(U,A,V,f)$，设 $U/D = \{D_1, D_2, \cdots, D_n\}$ 表示决策属性集 D 对 U 的划分。$U/P = \{P_1, P_2, \cdots, P_m\}$ 表示条件属性集 $P(P \subseteq C)$ 对 U 的划分，称

$$\text{pos}_P(D) = \bigcup_{x \in U/D} P\_X \quad (3-15)$$

为 P 关于 U 的正区域。记 $U_1 = \text{pos}_c(D)$，$U_2 = U - U_1$，称 U_1 为相容对象集，U_2 为矛盾对象集。若 $U_1 = U$，称 S 为一致决策表；如果 $U_1 = \varphi$，称其为完全不一致决策表；其余情形称为部分不一致决策表。

知识约简是粗糙集理论的核心内容之一。众所周知，知识库中知识（属性）并不是同等重要的，甚至其中某些知识是冗余的。知识约简，就是在保持知识库分类能力不变的条件下，删除其中不相关或不重要的知识。

定义 3-9 设 R 是一个等价关系族，$r \in R$，如果 $\text{ind}(R-\{r\}) = \text{ind}(R)$，则称 r 为 R 中不必要的；否则称 r 为 R 中必要的。如果每一个 $r \in R$ 都为 R 中必要的，则称 R 为独立的；否则称 R 为依赖的。

定理 3-1 如果 R 是独立的，$P \subseteq R$，则 P 也是独立的。

定义 3-10 设 $Q \subseteq P$，如果 Q 是独立的，且 $\text{ind}(Q) = \text{ind}(P)$，则称 Q 为 P 的一个约简。显然，P 可以有多种约简。P 中所有必要关系组成的集合称为 P 的核，记作 $\text{core}(P)$。

定理 3-2 $\text{core}(P) = \bigcap \text{red}(P)$，其中 $\text{red}(P)$ 表示 P 的所有约简。

定义 3-11 设 P 和 Q 为等价关系族，$R \in P$，如果

$$\text{pos}_{\text{ind}(P)}(\text{ind}(Q)) = \text{pos}_{\text{ind}(P-\{R\})}(\text{ind}(Q)) \quad (3-16)$$

则称 R 为 P 中 Q 不必要的；否则 R 为 P 中 Q 必要的。为简单起见，用 pos_P 代替 $\text{pos}_{\text{ind}(P)}(\text{ind}(Q))$。

如果 P 中的每个 R 都为 Q 必要的，则称 P 为 Q 独立的（或 P 相对于 Q 独立）。

定义 3-12 设 $S \subseteq P$，当且仅当 S 是 P 的独立子族且 $\text{pos}_S(Q) = \text{pos}_P(Q)$ 时，S 为 P 的 Q 约简。P 的约简简称为相对约简。

P 中所有 Q 必要的原始关系构成的集合称为 P 的 Q 核，简称为相对核，记为 $\text{core}_Q(P)$。

定理 3-3 $\text{core}_Q(P) = \cap \text{red}_Q(P)$,其中 $\text{red}_Q(P)$ 是所有 P 的 Q 约简构成的集合。

3.1.3 风险评价指标体系

在风险信息有效性描述中,探讨了将"概率"和"影响"作为评价风险指标的片面性。不少学者讨论建立风险事件评价指标体系,但是指标体系的建立多采用主观判断法,其全面性、合理性有待商榷,风险排序指标体系的逻辑机理及理论基础有待深入系统的分析。

指标体系建立的指导原则除了需要遵循一般原则和目标外,应综合考虑下列原则。

(1) 科学性原则。风险事件评价指标体系应建立在充分认识、系统研究的科学基础上,具体指标的概念必须明确,且具有一定的科学内涵,从而能够客观地反映和较好地度量风险事件的危害程度。

(2) 整体性原则。指标体系应是一个有机整体,指标选取不但应该分为不同子系统,从各个角度反映出被评价风险事件的主要特征和状况,而且要有相同子系统不同主体间相互联系、相互协调的指标,从而有利于对风险事件的危害程度进行整体性的度量。

(3) 完备性原则。要求指标体系覆盖面较广,能综合反映影响风险事件的各方面要素。

(4) 可操作性原则。指标体系中的指标取舍应考虑到指标量化及数值取得的难易程度和可靠性,指标内容应简单明了、容易理解、可比性强、容易获取等。尽可能利用现有统计资料,尽量选择那些公认的有代表性的综合指标和重点指标。

(5) 层次性原则。指标体系是一个复杂的系统,应根据系统的结构分解出支持子系统,这些支持子系统既相互联系,又相互独立。这些支持子系统应再分解为若干子系统,使指标体系结构清晰、层次分明、便于操作。

(6) 动态性原则。指标的选择要求充分考虑动态变化特点,要能较好地描述、刻画与量度风险事件未来的发展或发展趋势,以便于预测和决策。

在筛选指标时,对于上述原则应做到既进行综合考虑,又要具体问题具体分析,对不同原则加以区别对待。一方面要综合考虑评价指标的科学性、整体性、层次性等原则,不能仅由某一原则决定指标的取舍;另一方面由于各项原则各具特殊性,对各项原则的衡量方法和精度不能强求一致。

3.2 常用评价指标优化方法及适用性分析

在评价中,并非评价指标越多越好,关键在于指标在评价中能否反映评价问题的本质。一般原则应是以尽量少的"主要"评价指标运用于风险事件的评价。但是评价指标集中也存在着一些"次要"的评价指标,这时就需要按合理性判断的原则进行筛选。

3.2.1 常用评价指标优化方法

1. 德尔菲法

德尔菲法是一种向专家发函,征求意见的调研方法。评价者可根据评价目标及评价对象的特征,在调查表中列出一系列的评价指标,分别征询专家对设计评价指标的意见,然后进行统计处理,并反馈咨询结果,经过几轮咨询后,如果专家意见趋于集中,则从最后一次咨询确定出具体的评价指标体系。

德尔菲法主要包括以下四个步骤。

步骤一:组成调查工作组。

德尔菲法的实施需要一定的组织工作,首先应建立一调查工作组,人数一般在 5~15 人。调查工作组成员应对德尔菲法的实质和方法有正确的理解,具备必要的专业知识、统计和数据处理等方面的基础,主要工作内容是:选择专家、设计调查表、组织调查、对调查结果进行汇总处理。

步骤二:选择专家。

在选择专家过程中,既要选择那些精通本学科领域,在本学科有代表性的专家,也要注意选择边缘学科、社会学等方面的专家,还要考虑到专家所属部门和单位的广泛性。专家人数的多少,可根据预测课题的大小和涉及面的宽窄而定,一般不超过 20 人。

步骤三:以函询方式向专家索取信息。

函询方式是指调查工作组向专家索取预测信息时采取函寄调查表的方式。德尔菲法的调查表并没有统一格式,应根据所要调查的内容和预测目标的要求因事制宜地设计。总的原则是所提问题要明确,回答方式应简练,这样便于对调查结果进行汇总处理。调查表中应有供有关专家阐明相关意见的栏目。函寄调查表时应对目的、填表要求做充分的说明,还应向专家提供评价指标体系及对指标的说明等有关资料和背景材料,请专家根据自己对各指标相对重要程度进行判断,按规定的量值范围(一般取[0,1]的任意值)为各指标评定权值。

步骤四:调查结果的汇总处理。

专家意见返回后,要检查各专家意见的集中分散程度,以便决定是否再进行下一轮调查。调查结果汇总以后,需要进行统计处理,国外预测学者的研究结果表明,专家意见的概率分布一般符合和接近正态分布,这是对专家意见进行统计处理的重要理论依据。若已通过,则各指标的权值应取各位专家最后一轮填报结果的加权平均值,并进行归一化处理,使各指标权重之和等于1。

2. 条件广义方差极小法

条件广义方差极小法利用指标之间的条件广义方差极小来选择指标。

设有 p 个定量评价指标 $x_1, x_2, \cdots, x_p$,且有 n 个评价对象,即构成的评价指标矩阵为

$$X = \begin{bmatrix} x_{11} & x_{12} & \cdots & x_{1p} \\ x_{21} & x_{22} & \cdots & x_{2p} \\ \vdots & \vdots & & \vdots \\ x_{n1} & x_{n2} & \cdots & x_{np} \end{bmatrix} \quad (3\text{-}17)$$

利用 X 的数据,可以算出指标 x_i 的均值、方差,x_i、x_j 之间的协方差,相应的表达式为

均值:
$$\bar{x}_i = \frac{1}{n} \sum_{a=1}^{n} x_{ai}, \quad i = 1, 2, \cdots, p \quad (3\text{-}18)$$

方差:
$$s_{ii} = \frac{1}{n} \sum_{a=1}^{n} (x_{ai} - \bar{x}_i)^2, \quad i = 1, 2, \cdots, p \quad (3\text{-}19)$$

协方差:
$$s_{ij} = \frac{1}{n} \sum_{a=1}^{n} (x_{ai} - \bar{x}_i)(x_{aj} - \bar{x}_j), \quad i \neq j; \ i, j = 1, 2, \cdots, p \quad (3\text{-}20)$$

由 s_{ii},s_{ij} 形成的矩阵:

$$S_{p \times p} = (s_{ij}) \quad (3\text{-}21)$$

$S_{p \times p}$ 称为 $x_1, x_2, \cdots, x_p$ 这些指标的方差、协方差矩阵,简称协差阵。用 S 的行列式值 $|S|$ 反映 p 个指标变化的状况,称为广义方差,当 $p=1$ 时,$|S|=|S_{11}|=$ 指标 x_1 的方差,所以可以看成是方差的推广。当 $x_1, x_2, \cdots, x_p$ 相互独立时,$|S|$ 得到最大值;当

$x_1, x_2, \cdots, x_p$ 线性相关时，$|S|=0$。因此，当 $x_1, x_2, \cdots, x_p$ 既不独立又不线性相关时，广义方差的大小反映了它们内部的相关性。

考虑条件广义方差，分块表示，也就是将 $x_1, x_2, \cdots, x_p$ 这 p 个评价指标分为两部分：$(x_1, x_2, \cdots, x_{p_1})$ 和 $(x_{p_1+1}, x_{p_1+2}, \cdots, x_p)$，分别记为 $x_{(1)}$ 与 $x_{(2)}$，即

$$x = \begin{bmatrix} x_1 \\ x_2 \\ \vdots \\ x_p \end{bmatrix} = \begin{bmatrix} x_{(1)} \\ x_{(2)} \end{bmatrix} \tag{3-22}$$

$$S = \begin{bmatrix} s_{11} & s_{12} \\ s_{21} & s_{22} \end{bmatrix} \tag{3-23}$$

这样表示后，s_{11} 与 s_{12} 分别表示 $x_{(1)}$ 与 $x_{(2)}$ 的协差阵。给定 $x_{(1)}$ 后，$x_{(2)}$ 对 $x_{(1)}$ 的条件协差阵为

$$S(x_{(1)}|x_{(2)}) = s_{22} - s_{21}s_{11}^{-1}s_{12} \tag{3-24}$$

式（3-24）表示当 $x_{(1)}$ 已知时，$x_{(2)}$ 的变化状况。若 $x_{(2)}$ 的变化很小，那么 $x_{(2)}$ 指标就可以删去。此时算得的条件协差阵 $S(x_{(1)}|x_{(2)})$ 是一数值，它是识别 $x_{(2)}$ 是否应删除的量，记为 t_p。

类似地，对 x_i，可以将 x_i 看成 $x_{(2)}$，余下的 $m-1$ 个指标看作 $x_{(1)}$，算出一个数，记为 t_i。比较 $t_1, t_2, \cdots, t_m$ 的大小，最小的一个可以考虑删去，这与所选的临界值有关，这个临界值由决策者综合考虑选取。给定临界值 C 之后，删去小于这个临界值的指标。对留下的指标，重复上面的过程直到没有可删除的为止。

3. 极大不相关法

如果 x_1 与其他的 $x_2, \cdots, x_p$ 是独立的，那就表明 x_1 是无法由其他指标来代替的，因此保留的指标应该是相关性越小越好，以此为原则，就导出极大不相关方法。首先求出（样本的）相关矩阵 R。

$$R = (r_{ij}) \tag{3-25}$$

$$r_{ij} = \frac{s_{ij}}{\sqrt{s_{ii}s_{jj}}}, \quad i, j = 1, 2, \cdots, p \tag{3-26}$$

r_{ij} 称为 x_i 与 x_j 的相关系数，它反映了 x_i 与 x_j 的线性相关程度。将一个指标 x_i 与余下的 $p-1$ 个指标之间的线性相关程度称为复相关系数 ρ_i。ρ_i 的计算方法如下：先将 R 分块，如要计算 ρ_p，可以把 R 写成 $R = \begin{bmatrix} R_{-p} & r_p \\ r_p^T & 1 \end{bmatrix}^{p-1}$，$R_{-p}$ 表示除去 x_p 的相关矩阵（注意 R 中的主对角元素 $r_{ii}=1$，$i=1,2,\cdots,p$），于是

$$\rho_p^2 = r_p^T R_{-p}^{-1} r_p \qquad (3\text{-}27)$$

类似地要计算 ρ_i^2 时,将 R 中的第 i 行、第 i 列经过置换,分别放在矩阵的最后一行、最后一列,此时

$$R \xrightarrow{\text{置换后}} \begin{bmatrix} R_{-i} & r_i \\ r_i^T & 1 \end{bmatrix}$$

于是,ρ_i^2 的计算公式为

$$\rho_i^2 = r_i^T R_{-i}^{-1} r_i, \quad i = 1, 2, \cdots, p \qquad (3\text{-}28)$$

算得 $\rho_1^2, \rho_2^2, \cdots, \rho_p^2$ 后,其中值最大的一个,表示它与其余指标相关性最大,指定临界值 D 之后,当 $\rho_i^2 > D$ 时,就可以删去 x_i。

4. 最小均方差法

最小均方差法是在条件广义方差极小的基础上发展出来的。取 n 个被评价对象(或系统)$s_1, s_2, \cdots, s_n$,每个被评价对象都可用 m 个指标的观测值 $x_{ij}(i=1,2,\cdots,n; j=1,2,\cdots,m)$ 来表示。容易看出,如果 n 个被评价对象关于指标的取值都差不多,那么尽管这个评价指标是非常重要的,但对于这 n 个被评价对象的评价结果来说,它并不起什么作用。因此,为了减少计算量就可以删除掉这个评价指标。以此为原则,建立最小均方差的筛选方法。

记

$$s_j = \left(\frac{1}{n}\sum_{i=1}^{n}(x_{ij} - \bar{x}_j)^2\right)^{\frac{1}{2}}, \quad j = 1, 2, \cdots, m \qquad (3\text{-}29)$$

为评价指标 x_j 的按 n 个评价对象取值构成的样本均方差。其中,

$$\bar{x}_j = \frac{1}{n}\sum_{i=1}^{n} x_{ij}, \quad j = 1, 2, \cdots, m \qquad (3\text{-}30)$$

$\bar{x}_j$ 为评价指标 x_j 的按 n 个评价对象取值构成的样本均值。

若存在 $k_0 (1 \leqslant k_0 \leqslant m)$,使得

$$s_{k_0} = \min_{1 \leqslant j \leqslant m}\{s_j\} \qquad (3\text{-}31)$$

且 $s_{k_0} \approx 0$,则可删除掉与 s_{k_0} 相应的评价指标 x_{k_0}。

5. 灰色关联度分析法

灰色关联度分析法是对各序列两两之间进行关联判定,即依据灰数列几何相似的序化分析与关联测度来量化不同层次中多个序列相对某一级别标准序列的关联性。其中关联度反映的是离散数据之间的几何相似程度,关联度越高,表明参数样本序列与标准样本序列之间的隶属关系越贴近。

利用灰色关联度分析法筛选指标，首先对评价指标数据进行标准化处理，消除数量级及量纲的差异；然后求出各评价内容或指标的关联度，按其大小进行排序，根据需要取排在前面的作为主要评价指标。

灰色关联度分析法具体步骤如下：①指定参考的数据序列；②当关联度计算的数据序列量纲不同时，要化为无量纲；③通过关联系数公式确定关联系数；④不同的比较序列关联系数不同，为便于比较，有必要将各关联系数集中为一个值，并将其转化为关联度；⑤对关联度按大小进行排序，并根据需要挑出主要评价指标。

3.2.2 风险评价指标优化方法的适用性分析

3.2.1 小节介绍了指标筛选的常用方法——德尔菲法、条件广义方差极小法、极大不相关法、最小均方差法和灰色关联度分析法。各方法都有其优缺点及适用性。德尔菲法的有效应用在很大程度上取决于专家的素质，而我们选定的专家在自己熟悉的领域虽然有所专长，但要对风险事件的每个指标进行评分，确实有点强人所难。条件广义方差极小法、最小均方差法需要大量的数据，对航天发射试验风险事件评价而言，在缺乏大量数据进行计算和分析的情况下使用条件广义方差极小法和最小均方差法是存在局限性的。灰色关联度分析法不受研究样本的限制，它不要求原始数据足够多，也不要求数据符合一定分布规律。但是，灰色关联度分析的临界值的确定一直存在争议。

粗糙集属性约简是处理不确定信息的重要方法之一，数据经过约简后更有价值，更能准确地获取知识。但是粗糙集的约简只符合离散属性。对于连续数据，往往先进行离散化处理，为了避免数据离散化处理造成的信息流失问题，有学者提出采用粗糙集和灰色关联度分析法相结合的方法，用灰色关联代替经典粗糙集中的等价关系进行分类，进行指标的筛选。目前还没有基于语言信息指标约简问题的相关研究。

3.3 基于粗糙集及灰色聚类的指标优化方法

本书针对仅能提供语言信息指标描述的评价问题，提出基于粗糙集及灰色聚类的指标优化方法。

步骤一：初始指标体系的建立。

建立描述论域的知识体系，即初始指标体系。

步骤二：数据的获取。

按照评估要求所需划分的灰类数 s，选取 $\lambda_1, \lambda_2, \cdots, \lambda_s$ 为最属于灰类 $1, 2, \cdots, s$ 的点，将各个指标的取值范围也相应地划分为 s 个灰类，如将 j 指标的取值范围 $[\lambda_1, \lambda_{s+1}]$ 划分为 s 个小区间：$[\lambda_1, \lambda_2], \cdots, [\lambda_{k-1}, \lambda_k], \cdots, [\lambda_{s-1}, \lambda_s], [\lambda_s, \lambda_{s+1}]$。

同时连接点 $(\lambda_k, 1)$ 与第 $k-1$ 个小区间的中心点 $(\lambda_{k-1}, 0)$ 及 $(\lambda_k, 1)$ 与第 $k+1$ 个小区间的中心点 $(\lambda_{k+1}, 0)$，得到 j 指标关于 k 灰类的三角白化权函数 $f_j^k(\cdot)$，其中，$j = 1, 2, \cdots, m$，$k = 1, 2, \cdots, s$。计算出其属于灰类 $k(k = 1, 2, \cdots, s)$ 的隶属度 $f_j^k(x)$。

步骤三：计算综合聚类系数。

计算对象 $i(i = 1, 2, \cdots, n)$ 关于灰类 $k(k = 1, 2, \cdots, s)$ 的综合聚类系数 σ_i^k：

$$\sigma_i^k = \sum_{j=1}^{m} f_j^k(x_{ij})\eta_j \qquad (3\text{-}32)$$

其中，$f_j^k(x_{ij})$ 为 j 指标 k 类白化权函数；η_j 为指标 j 在综合聚类中的权重，当 η_j 数值无法确定时，可取 $\eta_j = 1/m$。由 $\max_{1 \leq k \leq s}\{\sigma_i^k\} = \sigma_i^{k^*}$，判断对象 i 属于灰类 k^*。

步骤四：初始指标体系缩减。

对于论域 U，若指标 $j, l \in R$ 对应的评价对象的指标值相同，则认为属性 j, l 具有相同的分辨能力，只保留其中一个，缩减对应的初始指标体系。

步骤五：指标约简。

设 U 为所讨论对象的非空有限集合，称为论域。设 $S = (U, A, V, f)$ 为一个信息系统，其中 U 是论域，A 是属性集合，$V = \bigcup_{a \in A} V_a$ 是属性值的集合，其中 V_a 表示 $a \in A$ 的属性值，$f : U \times A \to V$ 是信息函数。

对 $\forall P \subseteq A$，它决定了一个二元不可区分关系：

$$\text{ind}(P) = \left\{ (x, y) \in U^2 \mid \forall a \in P, x \neq y, f(x, a) = f(y, a) \right\}$$

关系 $\text{ind}(P)$ 构成 U 的一个划分，用 $U/\text{ind}(P)$ 表示，简记为 U/P。

设 R 是一个等价关系族，$r \in R$，如果 $\text{ind}(R - \{r\}) = \text{ind}(R)$，则称 r 为 R 中不必要的；否则称 r 为 R 中必要的。如果每一个 $r \in R$ 都为 R 中必要的，则称 R 为独立的；否则称 R 为依赖的。R 中所有必要的属性组成的集合称为属性集 R 的核，记作 $\text{red}(R)$。

根据简化和核的概念，通过计算对象的灰类，确定不可分辨关系，求解决策表的各种简化和核，并利用其进一步约简决策表及其对应的指标体系。

步骤六：指标的再约简及其权重的计算。

根据粗糙集理论属性重要性的概念，求得各指标的重要性 μ。

对于知识库 $S=(U,A,V,f)$，U 是非空有限论域，R 为 U 上的一个等价关系。当 $X \subseteq U$ 时，称 $R_{-}(X)=\bigcup\{Y \in U/R | Y \subseteq X\}$，$R^{-}(X)=\bigcup\{Y \in U/R | Y \cap X \neq \Phi\}$ 分别为 X 的 R 下逼近和 X 的 R 上逼近集。相应地，集合 $\text{pos}_R = R_{-}(X)$ 为 X 关于 R 的正域。

$P,Q \subseteq R$，则属性 r 的重要性为

$$u_r = \frac{\left\|\text{pos}_p(Q)\right| - \left|\text{pos}_{p-|r|}(Q)\right\|}{|U|} \quad (3-33)$$

并对 $\mu > 0$ 的指标 μ 值进行"归一化"处理，得到各指标权重值

$$\omega_j = \mu_j \Big/ \sum_{j=1}^{n} \mu_j \quad (3-34)$$

3.4 航天发射试验风险评价指标优化应用

本书以某航天发射试验实施阶段识别的八条风险事件信息为例，验证上述方法的有效性。

3.4.1 初步建立风险评价指标体系

指标体系的建立应遵循系统性、完备性、层次性、动态性等原则，依据相关研究成果，收集专家建议，初步建立如图 3-1 所示的某试验项目风险评价指标体系。

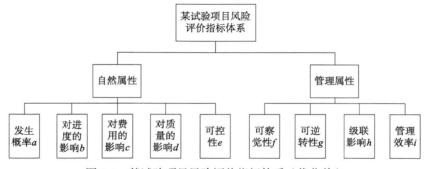

图 3-1 某试验项目风险评价指标体系（优化前）

发生概率 a 指试验项目风险事件发生的可能性。对进度的影响 b 指风险事件一旦发生，对实现项目进度目标的影响程度。对费用的影响 c 指风险事件一旦发生，对实现项目成本目标的影响程度。对质量的影响 d 指风险事件一旦发生，对实现项目质量目标的影响程度。可控性 e 指倘若风险事件发生，风险管理人员可以采取措施进行应对和控制的难易程度。可察觉性 f 指在风险发生前是否可以发现一个情景的初始事件的模式。可逆转性 g 指不利条件是否可以转回原始的、可使用的、事前的条件。级联影响 h 指风险事件的影响是否会传播到其他系统或子系统。管理效率 i 指单位资源投入风险管理中所发挥的管理效益。

3.4.2 评价信息获取

对于存在历史数据的风险事件信息，可用数理统计的方法求得相应的指标数据，并利用公式计算其灰类的隶属度。对于缺少大样本统计数据的风险信息，往往只能通过德尔菲法收集风险信息数据，请专家通过表 3-2 选择给定的语言信息并分别对风险事件的指标进行判断。

表3-2 评价分类表

指标	评价类 1	评价类 2	评价类 3
a	高	中	低
b	大	中	小
c	大	中	小
d	大	中	小
e	不可控	中	可控
f	不易察觉	中	可察觉
g	不易逆转	中	可逆转
h	强	中	弱
i	高	中	低

风险事件指标 x_{ij} 对各个评价类的隶属度 $f_j^k(x_i)$ 如表 3-3 所示。

表3-3 风险事件的各指标的灰类隶属度

风险事件	评价类	a	b	c	d	e	f	g	h	i
x_1	1	0.1	0.0	0.0	0.0	0.7	0.2	0.7	0.0	0.0
	2	0.9	0.1	0.1	0.1	0.3	0.8	0.3	0.1	0.1

续表

风险事件	评价类	a	b	c	d	e	f	g	h	i
x_1	3	0.0	0.9	0.9	0.9	0.0	0.0	0.0	0.9	0.9
x_2	1	0.5	0.0	0.2	0.0	0.1	0.0	1.0	0.0	0.1
	2	0.5	0.7	0.8	0.9	0.9	1.0	0.0	0.0	0.9
	3	0.0	0.3	0.0	0.1	0.0	0.0	0.0	1.0	0.0
x_3	1	0.9	0.0	0.0	0.0	0.9	0.0	0.2	0.0	0.0
	2	0.1	0.1	0.0	0.0	0.1	0.2	0.8	0.0	0.1
	3	0.0	0.9	1.0	1.0	0.0	0.8	0.0	1.0	0.9
x_4	1	0.0	0.9	0.2	1.0	0.2	0.2	0.3	1.0	0.9
	2	0.3	0.1	0.7	0.0	0.8	0.8	0.7	0.0	0.1
	3	0.7	0.0	0.1	0.0	0.0	0.0	0.0	0.0	0.0
x_5	1	1.0	0.2	0.3	0.9	0.0	0.0	1.0	0.3	0.0
	2	0.0	0.8	0.7	0.1	0.1	0.4	0.0	0.7	0.9
	3	0.0	0.0	0.0	0.0	0.9	0.6	0.0	0.0	0.1
x_6	1	0.8	0.0	0.0	0.0	0.0	0.0	0.0	0.0	0.0
	2	0.2	0.1	1.0	0.0	0.9	0.2	0.2	0.0	0.1
	3	0.0	0.9	0.0	1.0	0.1	0.8	0.8	1.0	0.9
x_7	1	0.0	0.3	0.3	0.6	0.8	0.7	0.8	0.6	0.8
	2	0.1	0.7	0.7	0.4	0.2	0.3	0.2	0.4	0.2
	3	0.9	0.0	0.0	0.0	0.0	0.0	0.0	0.0	0.0
x_8	1	0.4	0.0	0.0	0.8	0.0	0.9	1.0	1.0	0.0
	2	0.6	0.9	0.4	0.2	0.0	0.1	0.0	0.0	0.9
	3	0.0	0.1	0.6	0.0	1.0	0.0	0.0	0.0	0.1

3.4.3 评价指标体系约简

利用公式，可计算出风险事件灰色聚类系数及其属于的灰类，
$U/\text{ind}(A) = \{\{x_4, x_5\}, \{x_2, x_7, x_8\}, \{x_1, x_3, x_6\}\}$
$U/\text{ind}(A-\{a\}) = \{\{x_4\}, \{x_2, x_5, x_7, x_8\}, \{x_1, x_3, x_6\}\}$
$U/\text{ind}(A-\{b\}) = \{\{x_4, x_5\}, \{x_2, x_6, x_8\}, \{x_1, x_3, x_7\}\}$

$U/\text{ind}(A-\{c\}) = \{\{x_4,x_5\},\{x_2,x_7,x_8\},\{x_1,x_3,x_6\}\}$

$U/\text{ind}(A-\{d\}) = \{\{x_4,x_5\},\{x_2,x_6,x_7,x_8\},\{x_1,x_3\}\}$

$U/\text{ind}(A) = U/\text{ind}(A-\{c\}) \neq U/\text{ind}(A-\{a\}) \neq U/\text{ind}(A-\{b\}) \neq U/\text{ind}(A-\{d\})$

则可以删减指标 c。

同理可删减指标 e，g。新指标体系如图 3-2 所示。

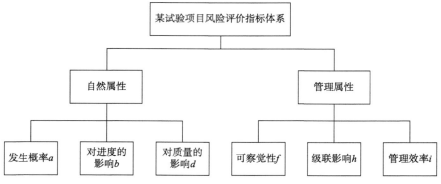

图 3-2　某试验项目风险评价指标体系（优化后）

对于风险评价指标 a,b,d 来说，$s=\langle U,A\rangle$，其中 $U=\{x_1,x_2,x_3,x_4,x_5,x_6,x_7,x_8\}$，$A=\{a,b,d\}$。根据计算得到

$U/\text{ind}(A) = \{\{x_4,x_5\},\{x_2,x_7,x_8\},\{x_1,x_3,x_6\}\}$

$U/\text{ind}(A-\{a\}) = \{\{x_4\},\{x_2,x_5,x_7,x_8\},\{x_1,x_3,x_6\}\}$

$U/\text{ind}(A-\{b\}) = \{\{x_3,x_5,x_6,x_8\},\{x_1,x_2\},\{x_4,x_7\}\}$

$U/\text{ind}(A-\{d\}) = \{\{x_4,x_5\},\{x_1,x_2,x_8\},\{x_3,x_6,x_7\}\}$

利用公式计算，可得 $u_a = 1-1/8 = 7/8$，$u_b = 1-0 = 1$，$u_d = 1-2/8 = 3/4$，根据公式得到 $\omega_a = 1/3$，$\omega_b = 8/21$，$\omega_d = 2/7$。

对于风险评价指标 f,h,i 来说，$s=\langle U,A\rangle$，其中 $U=\{x_1,x_2,x_3,x_4,x_5,x_6,x_7,x_8\}$，$A=\{f,h,i\}$。根据计算得到

$U/\text{ind}(A) = \{\{x_4,x_7,x_8\},\{x_2,x_5\},\{x_1,x_3,x_6\}\}$

$U/\text{ind}(A-\{f\}) = \{\{x_4,x_7,x_8\},\{x_5\},\{x_1,x_2,x_3,x_6\}\}$

$U/\text{ind}(A-\{h\}) = \{\{x_4,x_7,x_8\},\{x_1,x_2,x_5\},\{x_3,x_6\}\}$

$U/\text{ind}(A-\{i\}) = \{\{x_4,x_7,x_8\},\{x_1,x_5\},\{x_2,x_3,x_6\}\}$

可得 $u_f = 4/8$，$u_h = 3/8$，$u_i = 5/8$，则 $\omega_f = 1/3$，$\omega_h = 1/4$，$\omega_i = 5/12$。

通过分析，认为对费用的影响 c、可控性 e、可逆转性 g 三个指标在该项目风险事件评价过程中是冗余的，可以删去。建立了新的风险评价指标体系，在对自然属性的考察中，发生概率 a、对进度的影响 b、对质量的影响 d 这三个指标的权重分别为 1/3、8/21、2/7。在对管理属性的考察中，可察觉性 f、级联影响 h、

管理效率 i 这三个指标的权重分别为 1/3、1/4、5/12。从风险事件的自然属性来看，x_4, x_5 属于高风险，x_2, x_7, x_8 属于中等风险，x_1, x_3, x_6 属于低风险；从风险事件的管理属性来看，x_4, x_7, x_8 属于高风险，x_2, x_5 属于中等风险，x_1, x_3, x_6 属于低风险。应结合风险管理目标的设定，合理配置风险应对资源。

第4章 基于两种扩展语言信息的专家权重确定

由于我国航天发射系统风险管理起步较晚，风险信息积累较少，很难使用传统的数理统计、模拟仿真等方法进行风险数据获取。风险识别中的信息数据主要来源于专家判断。专家判断的准确性与可靠性直接影响到风险识别的准确性与完备性，关系到风险应对策略的制定与实施，对整个风险管理过程的实施效果起到决定性作用。所以对风险数据的筛选与集结在风险管理过程中是极为重要的。

由于客观事物的复杂性和高度不确定性，以及人类思维的模糊性，同时受专家专业水平或自身素质及对评价对象熟悉程度等因素的影响，专家判断可能存在以下三个问题：第一，对某项指标所给出的信息很难用精确数值来表述，即使强制性使用数字描述，可信度也很难保证；第二，专家的评价不一定完全准确，可能存在与客观实际的背离，在对评价值进行集结的过程中，任何一个专家的判断偏差都可能导致评价结果的偏差；第三，专家给出的信息均为主观判断，客观数据未知，无法利用客观数据进行修正或验证。基于语言信息的信息获取方式能够解决第一个问题，基于第一种扩展信息与一致性评价的专家群组评价方法能解决第二个问题，基于第二种扩展信息及贝叶斯真理血清（Bayesian truth serum，BTS）分析的专家群组评价方法能够解决第三个问题。

4.1 群组评价的理论基础

决策者在进行决策时，往往依赖于自己的偏好对事物的效用进行判断。由于决策者的水平参差不齐，对不同问题的偏好也存在差别，主观因素必然对原始信息产生较大的干扰，因此群体决策的最终结论不一定完全准确。要提高决策的准确性，需要对决策者的决策水平进行评判。

在综合评价过程中，通常由专家分别给出各自的评价信息，然后将这些信息按照某种方法综合为最终评价结论。在综合专家评价信息的过程中，可以使用算术平均法，这种方法赋予每个专家以等权，即不考虑专家评判水平及所做判断的可信度的差异；也可以除去极端值后，再对剩下的评分进行算术平均，这种方法实际是加权平均的一种特例。在实际评价过程中，各个专家受到知识结构、对评判对象了解程度、评判水平和专家自身的偏好等众多因素的影响，所做出判断的质量必然存在差异。这种差异需要通过赋权来体现，即确定专家评价信息在信息集结中的重要程度。

4.1.1 群组评价的概念

部分学者对群组（体）评价进行了定义，杨季美和史本山（1992）认为，在评价实践中，常有多个评价者同时参与，当评价意见不一致时，就需要集各评价者的意见为一体，用其作为群体的意见。这种集各评价者意见的方法及将其用于评价的行为称为群体评价；熊锐和杜小马（1995）认为，群体评价是根据决策的每个成员对决策对象（或评价对象）优劣、重要性等所做出的个体评价，采用有效的数学方法合并所有个体评价为一体，排出决策对象的优劣次序，用其作为群体评价的意见，并合所有个体评价为一体的数学方法；苏为华等（2007）认为，群组评价是通过构建科学合理、多样性的、具有集聚和扩散评价信息功能的群组，以现实更为客观反映所研究问题的真实状态为目的，由群组对研究对象各方面的数量进行抽象，进而做出整体性判断的一种综合评价形式。

4.1.2 群组评价的意义

当评价对象具有模糊性和复杂性时，单个评价者往往很难做到完全准确地认识评价对象，需要集中集体的智慧才能创造性地加以解决，因此当单个评价者无法完全准确地认识评价对象时，群组被作为评价主体。群组评价的意义在于提升评价结果的可信度。

人们的感性认识要想上升到理性认识，必须具备两个条件：一是要掌握大量的资料；二是要进行科学的归纳和总结。群组评价活动则恰恰具备了这两个条件。一方面，由于组成群体的个体有广泛的社会背景，各成员在不同领域中各有所长，增加了对客观事物的认识深度和广度，因此能从多方面对问题进行完备细致的分析,避免了片面性,使人们对事物的认识尽可能接近客观实际;另一方面,在评价过程中通过广泛的交流和及时的意见反馈,能够聚集更多的信息和观点,经过有效的整理,形成群体基本认同的意见,减少评价过程中不确定因素的影响,减少评价结果与客观实际的偏差,使评价结果的可信度得以提高。

(1)群组评价比个体评价更准确的根源在于个体间存在的"差异",即异质性。这种异质性使群组在聚集信息方面具有比个体更为高效的特点。建立群组的目的就是希望形成一个由不同知识结构构成的、运用科学理论方法和手段、可以相互启迪的、具有丰富知识的信息综合体,以便客观地反映评价对象的实际情况。

(2)采用群组评价也是扩大样本量、降低不确定性的有效手段。在统计学中,扩大样本量是解决不确定性的有效途径之一。多个评价主体对同一事物进行考察或进行多次重复测量,都可视为扩大样本量的一种手段,以群组作为评价主体进行评价,就是通过增加独立试验(观察)的次数以提高样本指标的代表性。

(3)个体行为是构成群组行为的基础,个体的评价活动与群组的评价活动具有不可分割的联系。作为主体的个体总是处于一定的群组中,因此个体总具有两面性:一方面,个体总是一个独立的、完整的主体,它从自己的观点出发,确定评价标准,去评价各种现象;另一方面,个体的观念、判断准则势必会受到群组的影响,个体评价在一定程度上又体现着群组评价。

4.1.3 群组评价的假设

任何理论都是思维抽象化的结果,都建立在一定的假设基础之上。也正是基于此,科学研究的结论会随着假定前提的改变而发生变化。这并非说明科学研究的结果不可靠,相反,表明了科学研究活动需要严谨和缜密的控制。为了实现研究的科学化,在对群组评价进行研究之前,必须对前提条件进行严格的假定。

1)有限理性假设

传统经济学"经济人"的假设认为人是完全理性的,有获取一切信息的能力和超强的信息加工能力。但是由于外部环境的复杂多变及个体在信息获取与加工上的认知限制,远远难以达到"经济人"假设的完全理性的程度。多数经济学家认为,人不是完全理性的。西蒙(1989)认为,行为主体打算做到理性,但现实中却只能有限度地实现理性。Williamson(1975)则指出执行者在接受、存储、检索、处理信息及语言运用等方面的认知能力不足会影响人的抉择。

在对客观事物的评价中,评价个体也是有限理性的。一方面,评价个体进行评价的目的是客观地反映特定对象的真实情况；另一方面，评价个体的认知水平和信息收集、处理能力却不可能达到完全反映客观实际的水平，从而导致个体的评价结果与实际发生偏差，评价个体实现的只能是有限理性，而非完全理性。

2）不一致存在性假设

不一致主要指的是个体评价意见的不一致。由于知识结构、生活经历、工作经验、研究领域及个人偏好等方面的不同，在对事物进行研究时，个体往往从不同的角度出发对事物进行分析和认识，得到的结论是有一定差异的。如果人们的意见和看法完全一致，那么对评价对象进行群组评价就失去了意义。在评价过程中，个体之间的不一致可能存在于多个方面，从而导致个体之间的最终评价结果存在不一致性。

3）个体代表性假设

个体的代表性直接关系到群组的评价效果。参与评价的个体必须来自与评价对象相关的各个领域，而且他们对评价对象有一定的认识，应掌握该领域描述性指标的基本情况，并具有统计指标理论方面的知识。在个体被选择进入群组后，若他们意见的并集大致涵盖所有对评价对象的看法，则具有较强的代表性。

4）个体评价技术的有效性假设

在群组评价时，各个体所采用的技术应适用于评价对象。事物的真实情况蕴含在各个体的结论之中，各个体对评价对象的认识构成了对客观情况的一种估计，结论的综合构成了对客观情况更为准确的估计。

4.2 基于改进语言评估标度的风险信息描述

4.2.1 加性语言评估标度

定义一种语言术语下标为非负整数的加性语言评估标度。

$$S_1 = \{s_\alpha | \alpha = 0, 1, \cdots, \tau\} \quad (4\text{-}1)$$

其中，s_α 为语言术语，特别地，s_0 和 s_τ 分别为决策者实际使用的语言术语的下限和上限；τ 为偶数；且 S_1 满足下列条件：①若 $\alpha > \beta$，则 $s_\alpha > s_\beta$；②存在负算子 $\text{neg}(s_\alpha) = s_\beta$，使得 $\alpha + \beta = \tau$。例如，当 $\tau = 6$ 时，$S_1 = \{s_0 = $ 极差$, s_1 = $ 很差$, s_2 = $ 差$, s_3 = $ 一般$, s_4 = $ 好$, s_5 = $ 很好$, s_6 = $ 极好$\}$。

S_1 中的语言术语个数太少，会导致得到的语言信息粗略；S_1 中的语言术语个数太多，会给评价者带来负担。

为了便于计算和避免丢失信息，在原有标度 S_1 的基础上定义一个拓展标度：

$$\overline{S}_1 = \{s_\alpha | \alpha \in [0,q]\} \quad (4-2)$$

其中，$q(q>\tau)$ 为一个充分大的自然数，且若 $s_\alpha \in S_1$，则称 s_α 为本原术语；否则，称 s_α 为拓展术语（或称虚拟术语），拓展后的标度仍然满足上述条件①和②。

定义 $s_\alpha, s_\beta \in \overline{S}_1$，$\lambda \in [0,1]$，则

$$s_\alpha \oplus s_\beta \in s_{\alpha+\beta} \quad (4-3)$$

$$\lambda s_\alpha = s_{\lambda\alpha} \quad (4-4)$$

然而，在运算过程中，若取 $s_2 =$ 差，$s_4 =$ 好，则 $s_2 \oplus s_4 = s_6$，即语言术语"差"与"好"的集成为"极好"，这与实际情况并不相符。为了克服这个缺点，徐泽水（2004）对上述加性语言评估标度进行了改进，给出了一种语言术语下标以零为中心对称，且语言术语个数为奇数的语言评估标度：

$$S_2 = \{s_\alpha | \alpha = -\tau, \cdots, -1, 0, 1, \cdots, \tau\} \quad (4-5)$$

其中，s_α 为语言术语，特别地，$s_{-\tau}$ 和 s_τ 分别为决策者实际使用的语言术语的下限和上限；τ 为正整数；且 S_2 满足下列条件：①若 $\alpha > \beta$，则 $s_\alpha > s_\beta$；②存在负算子 $\text{neg}(s_\alpha) = s_{-\alpha}$，使得 $\text{neg}(s_0) = s_0$。例如，当 $\tau = 3$ 时，$S_2 = \{s_{-3} =$ 极差, $s_{-2} =$ 很差, $s_{-1} =$ 差, $s_0 =$ 一般, $s_1 =$ 好, $s_2 =$ 很好, $s_3 =$ 极好$\}$。

为了便于计算和避免丢失信息，可在原有标度 S_2 的基础上定义一个拓展标度：

$$\overline{S}_2 = \{s_\alpha | \alpha \in [-q,q]\} \quad (4-6)$$

其中，$q(q>\tau)$ 为一个充分大的自然数，且若 $s_\alpha \in S_1$，则称 s_α 为本原术语；否则，称 s_α 为拓展术语（或称虚拟术语）。

语言术语下标基本上是均匀的，形式较为单一且缺乏合理的理论依据，已经不能满足决策理论的发展和实际应用的需要。研究从不同的角度对几种常见的数值评估标度进行了模拟评估，认为 10/10～18/2 标度的性能最好（徐泽水，2000b）。戴跃强等（2008）基于 10/10～18/2 数值标度思想，给出一种语言术语下标以零为中心对称，且术语个数为奇数的语言评估新标度。并指出：在实际应用中，随着语言术语下标的增加，相邻语言术语下标之间的偏差绝对值也应该增大。提出了一种全局非均匀加性语言评估标度：

$$S_3 = \{s_\theta | \theta = -(\tau-1), -\frac{1}{3}(\tau-2), \cdots, 0, \cdots, \frac{1}{3}(\tau-2), (\tau-1)\} \quad (4-7)$$

其中，$s_{-(\tau-1)}$ 和 $s_{(\tau-1)}$ 分别为决策者实际使用的语言术语的下限和上限；τ 为正整数，语言术语个数为 $2\tau-1$ 个；且存在负算子 $\text{neg}(s_\eta) = s_{-\eta}$，特别地，$\text{neg}(s_0) = s_0$。

4.2.2 积性语言评估标度

定义一种积性语言评估标度：
$$S_4 = \{s_\alpha | \alpha = 1/\tau, \cdots, 1/2, 1, 2, \cdots, \tau\} \tag{4-8}$$

其中，s_α 为语言术语，特别地，$s_{1/\tau}$ 和 s_τ 分别为决策者实际使用的语言术语的下限和上限，τ 为正整数，且 S_3 满足下列条件：①若 $\alpha > \beta$，则 $s_\alpha > s_\beta$；②存在互反算子 $\mathrm{rec}(s_\alpha) = s_\beta$，使得 $\alpha\beta = 1$，特别地，$\mathrm{rec}(s_1) = s_1$。例如，当 $\tau = 4$ 时，S_4 可取

$$S_4 = \{s_{1/4} = 极差, s_{1/3} = 很差, s_{1/2} = 差, s_1 = 一般, s_2 = 好, s_3 = 很好, s_4 = 极好\}$$

令 $S_4^+ = \{s_\alpha | \alpha = 1, 2, \cdots, \tau\}$，$S_4^- = \{s_\alpha | \alpha = 1/\tau, \cdots, 1/2, 1\}$，则 S_4^+ 中相邻语言术语下标之间的偏差绝对值为常数；随着 S_4^- 中语言术语下标的绝对值增大，相邻语言术语下标之间的偏差绝对值也在增大。

可以看出，S_4 是局部非均匀语言评估标度，S_4^+ 均匀，S_4^- 非均匀。

定义了两种语言术语下标为指数的积性语言评估标度：
$$S_5 = \{s_\theta | \theta = a^{-\tau}, a^{-(\tau-1)}, \cdots, a^{-1}, 1, a^1, \cdots, a^{(\tau-1)}, a^\tau\} \tag{4-9}$$

其中，s_θ 为语言术语；$S_{a^{-\tau}}$ 和 S_{a^τ} 分别为决策者实际使用的语言术语的下限和上限；τ 为正整数；a 为大于 1 的正整数。

从偏差的角度来看，积性语言评估标度 S_5 是全局非均匀的，而若从比率的角度来看，则 S_5 是全局均匀的。

$$S_6 = \{s_\theta | \theta = \tau^{-a}, (\tau-1)^{-a}, \cdots, 2^{-a}, 1, 2^a, \cdots, (\tau-1)^a, \tau^a\} \tag{4-10}$$

其中，s_θ 为语言术语；$S_{\tau^{-a}}$ 和 S_{τ^a} 分别为决策者实际使用的语言术语的下限和上限；τ 为正整数；a 为正整数。无论从偏差的角度还是从比率的角度来看，S_6 均是全局非均匀的。

4.2.3 风险信息描述过程及表现形式

1. 风险事件描述过程

专家对风险事件进行描述的过程如图 4-1 所示。

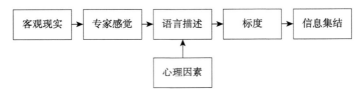

图 4-1 专家语言描述过程

在这一过程中,即使专家感觉与客观现实完全符合,语言描述也会受到心理因素的影响。这种现象在前景理论里通过价值函数和权函数表现出来,反映了决策者主观感受形成的价值。因此,在使用语言评估标度前,有必要引用前景理论价值函数的理念对语言评估标度进行探讨。

理性假设是预期效用理论的内核。这一前提假设首先受到赫伯特·西蒙"有限理性"的冲击。西蒙指出,人们无法获取决策所需的全部信息,同时人们处理信息的能力也是有限的,因而在决策中遵循的不是效用最大化的最优决策原则,而是"满意"原则。这就意味着决策者寻求可接受的选择方案,也就是能满足最低要求的选择,而不是通过考察所有可能的方案之后再选择效用最大的方案。西蒙认为,虽然人们试图实现最佳结果,但是他们的行为却受到"有限理性"的支配。随后,法国经济学家阿莱斯通过试验得出"阿莱悖论",进一步冲击了决策的理性假定。到 1979 年时,普林斯顿大学的心理学教授卡尼曼和特沃斯基在吸收"阿莱悖论"的基础上,提出了前景理论。卡尼曼由此在 2002 年获得了诺贝尔经济学奖。前景理论把心理学研究引入不确定条件下的决策中来,进而开拓了一个全新的研究领域。它以强有力的经验证据为基础,指出了对预期效用理论的种种背离行为。前景理论认为,人们做决策是按照一定的准则和经验进行的(Tversky and Fox,1995;Tversky and Kahneman,1992)。

2. 风险描述的语言术语标度

1)改进的加性全局非均匀语言术语评估标度

在一些评价问题中,我们发现,随着语言术语下标的增大,相邻语言术语下标之间的偏差绝对值是变化的。比如,评价者对"好"与"坏"差距的敏感度大于"好"与"很好"差距的敏感度。这种现象可以通过价值函数表现出来,价值函数反映了决策者主观感受形成的价值。

若 $x = -L, \cdots, L$,是均匀语言术语下标,则改进后的语言标度下标为

$$v(x) = \begin{cases} x^{\alpha}, & x = 0, \cdots, L \\ -(-x)^{\beta}, & x = -L, \cdots, 0 \end{cases} \quad (4\text{-}11)$$

$$S_7^- = \{s_{v(x)} | v(x) = -(-x)^{\beta}, \quad x = -L, \cdots, 0\} \quad (4\text{-}12)$$

$$S_7^+ = \{s_{v(x)} | v(x) = x^\alpha, \quad x = 0, \cdots, L\} \quad (4\text{-}13)$$

其中，α, β 为改进系数，$\alpha, \beta \in (0,1]$，当 $\alpha = \beta = 1$ 时，$V(x) = x$，退化为 S_2 标度。

可以看出对于改进后的语言标度 S_7 是全局非均匀加性语言术语评估标度，随其 S_7^- 语言术语下标的增大，相邻语言术语下标之间的偏差绝对值也增大；随其 S_7^+ 语言术语下标的增大，相邻语言术语下标之间的偏差绝对值也减少，这更符合专家判断的思维习惯。例如，当 $\alpha = \beta = 0.8$ 时，$S_7 = \{s_{-1.74} = $ 很差$, s_{-1} = $ 差$, s_0 = $ 一般$, s_1 = $ 良好$, s_{1.74} = $ 优秀$\}$。

类似的，为了便于计算和避免丢失信息，在原有标度 $x = -L, \cdots, L$ 的基础上定义拓展标度 $\overline{S}_7 = \{s_{v(x)} | x \in [-q, q]\}$，其中 $q(q > L)$ 是一个充分大的自然数，且若 $x \in [-L, \cdots, L]$，则称 $s_{v(x)}$ 为本原术语；若 $x \notin [-L, \cdots, L]$，则称 $s_{v(x)}$ 为拓展术语。

$$v(x) = \begin{cases} x^\alpha, & -q \leq x \leq 0 \\ -(-x)^\beta, & 0 < x \leq q \end{cases} \quad (4\text{-}14)$$

$$\overline{S}_7^- = \{s_{v(x)} | v(x) = -(-x)^\beta, \quad -q \leq x \leq 0\} \quad (4\text{-}15)$$

$$\overline{S}_7^+ = \{s_{v(x)} | v(x) = x^\alpha, \quad 0 < x \leq q\} \quad (4\text{-}16)$$

改进后的语言标度及拓展标度仍满足 S_2 语言标度的第一个条件，当 $\alpha = \beta$ 时，同时满足 S_2 语言标度的第二个条件，且运算法则与均匀语言标度运算法则相同。

定义 $\mathrm{sub}(s_{v(x)}) = v(x)$，$x \in [-q, q]$，$q$ 是一个充分大的自然数。

2）改进的积性全局非均匀语言术语评估标度

根据 10/10～18/2 标度定义一种新的全局非均匀积性语言评估标度。

$$S_8 = \{s_\alpha | \alpha = 2/18, 4/16, 6/14, 8/12, 10/10, 12/8, 14/6, 16/4, 18/2\} \quad (4\text{-}17)$$

$$S_8^- = \{s_\alpha | \alpha = 2/18, 4/16, 6/14, 8/12\} \quad (4\text{-}18)$$

$$S_8^+ = \{s_\alpha | \alpha = 12/8, 14/6, 16/4, 18/2\} \quad (4\text{-}19)$$

S_8 有下列性质：随着 S_8 中语言术语下标的增大，其相邻语言术语下标之间的偏差绝对值也增大；随着 S_8^- 中语言术语下标的增大，其相邻语言术语下标之间的比率会减小；随着 S_8^+ 中语言术语下标绝对值的增大，其相邻语言术语下标之间的比率会增大。该语言标度的缺陷在于其无法扩展性。

若 $c = 1, \cdots, L$，是均匀语言术语下标，则改进后的应用于风险事件影响程度评价的积性语言标度为

$$S_9 = \{s_{v(c)} | c = 1, \cdots, L\} \quad (4\text{-}20)$$

$$v^+(c) = c^\beta \quad (4\text{-}21)$$

$$v^-(c) = (c)^{-\beta} \quad (4\text{-}22)$$

其中，$\beta \in (0,1]$，为改进系数。特别地，当 $\beta = 1$ 时，S_9 退化为常规积性语言术语

评估标度 S_4。

例如，$\beta=0.8$，$L=5$ 时，$S_9=\{s_\alpha|\alpha=0.42,0.57,1,1.74,2.41\}$。

为了便于计算和避免丢失信息，在原有标度 $c=1,\cdots,L$ 的基础上定义拓展标度

$$\bar{S}_9=\{s_{v(c)}|c\in(0,q]\} \tag{4-23}$$

$$v^+(c)=c^\beta \tag{4-24}$$

$$v^-(c)=(c)^{-\beta} \tag{4-25}$$

其中 $q(q>L)$ 是一个充分大的自然数，且若 $c\in[1,\cdots,L]$，则称 $s_{v(c)}$ 为本原术语；若 $c\notin[1,\cdots,L]$，则称 $s_{v(c)}$ 为拓展术语。

改进后的语言标度 S_9 是全局非均匀积性语言术语评估标度，随其 S_9^- 中语言术语下标的增大，相邻语言术语下标之间的偏差绝对值也增大；随其 S_9^+ 中语言术语下标的增大，相邻语言术语下标之间的偏差绝对值也减少。这更符合专家判断的思维习惯。

4.3 基于两种扩展语言信息的专家后验权重确定

对专家权重系数的设置，可以归为两类：先验权重和后验权重。先验权重是对专家知识、经验、能力、水平、期望及偏好等的综合表示，这些因素共同的特点是都来源于历史数据，属于先验信息。通过每个专家对决策群体中的所有专家进行评估，确定先验权重。先验权重的确定要求对专家有较高的熟知程度。为了全面反映专家在群组判断信息集结过程中的影响力，还必须根据具体的评价问题和评价方法对其所提供的信息进行分析，以确定专家评价信息的可信度，并在信息的集结中加以考虑。信息的可信度也应作为专家权重的一部分，它根据具体评价活动中专家所提供的信息确定，称为后验权重。此权重实际是一种动态权重，是对专家评价质量的动态反映。徐泽水（2001a）从偏差的角度，利用每个专家所给的判断矩阵与其相应的一致性判断矩阵的偏差同专家信息的可信度成反比的关系，以及判断矩阵中每列归一化后，列向量之间的偏差同专家信息的可信度成反比的关系，提出了确定专家权重的两种新方法。徐泽水（2000a）将研究扩展到不确定信息，利用每个专家所给的判断矩阵与它们综合判断矩阵的均方差同其判断矩阵的可信度成反比的关系，确定专家后验权重。有文献（Xu and Cai,

2010；Xu，2011）分别利用直觉模糊信息和区间模糊判断矩阵，通过建立非线性规划模型，确定专家权重。还有文献（Xu，2008）通过分析加性语言判断矩阵和积性语言判断矩阵的评价偏差来确定专家权重。

这些文献主要基于定量化信息及均匀语言评估标度，以专家判断信息偏差最小化为依据来确定专家后验权重，较少考虑专家判断的一致性，未考虑专家判断的不确定性，也没有对专家判断的真实客观性做出定量评价，本书基于语言评估标度及其计算模型，系统研究基于语言信息、不确定语言信息及两种扩展语言信息的专家后验权重确定方法。

4.3.1 基于确定性语言信息的专家后验权重确定方法

设评价对象集为 $X=\{x_1,x_2,\cdots,x_m\}$，指标集为 $U=\{u_1,u_2,\cdots,u_n\}$，专家集为 $E=\{e_1,e_2,\cdots,e_p\}$，要求专家 $e_k(0<k<p)$ 对评价对象 $x_i(0<i<m)$ 的指标 $u_j(0<j<n)$ 给出一个判断值 s_{ij}^k，$s_{ij}^k \in S^*$，$a_{ij}^k = \mathrm{sub}(s_{ij}^k)$，$A^k = (a_{ij}^k)$，ves 表示矩阵的向量化运算：

$$\mathrm{ves}(A) = (a_{11},\cdots,a_{m1},a_{12},\cdots,a_{m2},\cdots,a_{1n},\cdots,a_{mn}) \quad (4\text{-}26)$$

$\mathrm{ves}(A)$ 为 A 的导出向量。

1. 一致性计算

假设：向量 $\mathrm{ves}(A^h)$ 与 $\mathrm{ves}(A^k)$ 越接近，则专家 e_h 与 e_k 在判断上越一致；而向量 $\mathrm{ves}(A^h)$ 越偏离 $\mathrm{ves}(A^k)$，则专家 e_k 与 e_h 在判断上的混乱程度越大。专家个体与专家群体评价意见的一致性程度越高，则专家个体的可信度越高；反之，则认为专家个体的可信度越低。

通过确定向量 $\mathrm{ves}(A)$ 之间的一致性程度来确定专家的权重。向量的一致性程度描述方法有很多种，本书使用向量之间的夹角余弦表示向量之间的接近程度。

向量 $\mathrm{ves}(A^h)$ 与 $\mathrm{ves}(A^k)$ 之间的夹角为

$$\partial_{hk} = \arccos \frac{(\mathrm{ves}(A^h),\mathrm{ves}(A^k))}{\|\mathrm{ves}(A^h)\| \cdot \|\mathrm{ves}(A^k)\|} \quad (4\text{-}27)$$

$$\lambda_{hk} = \cos \partial_{hk} \quad (4\text{-}28)$$

$0 \leqslant \lambda_{hk} \leqslant 1$，当且仅当 $\mathrm{ves}(A^h) = \mathrm{ves}(A^k)$ 时，$\lambda_{hk} = 1$，λ_{hk} 反映了 $\mathrm{ves}(A^h)$ 与 $\mathrm{ves}(A^k)$ 的相似程度，即反映了 A^h 与 A^k 的相似程度。令

$$\lambda_k = \sum_{h=1,h\neq k}^{p} \lambda_{hk} \quad (4\text{-}29)$$

则 λ_k 反映了 A^k 与其他专家判断的相似程度之和。显然，λ_k 越大，A^k 的可信度越高。将 λ_k 做归一化处理，即可得到第 k 个专家的判断与其他专家判断的一致性程度，即

$$\omega_k' = \lambda_k \bigg/ \sum_{k=1}^{p} \lambda_k \tag{4-30}$$

2. 差异性计算

关于专家判断信息差异性的计算方法有很多，如有的文献定义了语言判断矩阵间的差异性，用于检验专家判断的可信度是否在可接受范围内，但这些差异性的计算结果并未用于专家权重的确定；本书将专家个体意见与群体意见的偏差作为计算专家后验权重的一项重要指标。

假设：专家群体评价意见的形成出自专家个体的评价意见，同时专家群体的评价结论又是评价专家个体可信度的依据。专家个体与其他专家评价意见的差值越小，则认为专家个体的可信度越高；反之，则认为专家个体的可信度越低。

第 k 个专家的判断与其他专家判断的差值可表示为

$$\mu_k = \left| a_{ij}^k - \frac{1}{p} \sum_{h=1}^{p} a_{ij}^h \right| \tag{4-31}$$

$$\mu_k' = 1 - \mu_k \bigg/ \sum_k \mu_k \tag{4-32}$$

μ_k 反映了专家个体评价与其他专家评价的差异，引入 μ_k' 变量，μ_k' 越小，专家的可信度越低，μ_k' 越大，专家的可信度越高。将 μ_k' 进行归一化处理，即可得到基于差异度的第 k 个专家的权重：

$$\omega_k'' = \mu_k' \bigg/ \sum_{k=1}^{p} \mu_k' \tag{4-33}$$

3. 后验权重的确定

综合考虑专家判断的一致性和差异性，将一致性程度和差异度作为专家权重确定的两个指标，可采用式（4-34）和式（4-35）确定专家判断的后验权重。

$$\omega_k = \varepsilon \omega_k' + (1-\varepsilon) \omega_k'' \quad (0 \leqslant \varepsilon \leqslant 1) \tag{4-34}$$

或

$$\omega_k = \begin{cases} \omega_k' \omega_k'' \bigg/ \sum_{k=1}^{p} \omega_k' \omega_k'', & \omega_k' \omega_k'' \neq 0 \\ 0, & \omega_k' \omega_k'' = 0 \end{cases} \tag{4-35}$$

4.3.2 基于不确定语言信息的专家后验权重确定方法

在现实生活中，由于环境的复杂性和不确定性，事件的发生都会受许多不可知因素的影响，任何事件都不可能在完全一致的条件下多次重复，因此理想试验条件下概率的精确性在现实生活中失去了意义。在复杂和不确定环境下，人们在评估一个指标时，通常会对指标进行一个主观直觉上的估计，因此用不确定性语言变量代替精确语言变量来对客观事物进行描述更符合不确定性复杂指标的现实需求。

设评价对象集为 $X=\{x_1,x_2,\cdots,x_m\}$，指标集为 $U=\{u_1,u_2,\cdots,u_n\}$，专家集为 $E=\{e_1,e_2,\cdots,e_p\}$，要求专家 $e_k(0<k<p)$ 对评价对象 $x_i(0<i<m)$ 的指标 $u_j(0<j<n)$ 给出一个判断 $[\underline{s}_{ij}^k,\overline{s}_{ij}^k]$，$\underline{s}_{ij}^k,\overline{s}_{ij}^k\in S^*$，$a_{ij}^k=\mathrm{sub}(\underline{s}_{ij}^k)$，$b_{ij}^k=\mathrm{sub}(\overline{s}_{ij}^k)$ $A_k=([a_{ij}^k,b_{ij}^k])_{m\times n}$。ves 表示矩阵的向量化运算。

$$\mathrm{ves}(A_k)=(a_{11},\cdots,a_{m1},a_{12},\cdots,a_{m2},\cdots,a_{1n},\cdots,a_{mn},b_{11},\cdots,b_{m1},b_{12},\cdots,b_{m2},\cdots,b_{1n},\cdots,b_{mn}) \tag{4-36}$$

$\mathrm{ves}(A_k)$ 为 A_k 的导出向量。

1. 一致性计算

同 4.3.1 小节基于确定语言信息专家后验权重确定方法。

2. 差异性计算

假定：专家群体评价结果为理想评价值，则专家个体判断与理想评价值的差异可反映专家水平的高低。专家个体评价值与理想值差距越大，专家判断可信度越小，专家个体评价值与理想值差距越小，专家判断可信度越大。

令 $a_{ij}^{\min}=\max a_{ij}^k$，$b_{ij}^{\min}=\max b_{ij}^k$，则可得到 p 个专家对评价对象 $x_i(0<i<m)$ 的指标，$u_j(0<j<n)$ 给出的评价是位于区间 $[a_{ij}^{\min},b_{ij}^{\max}]$ 的一个随机分布，区间上任一点 c 的覆盖率为

$$\overline{A}(c)=\frac{1}{p}\sum_{k=1}^{p}A_{[a_{ij}^{\min},b_{ij}^{\max}]}(c) \tag{4-37}$$

其中

$$A_{[a_{ij}^{\min},b_{ij}^{\max}]}(c)=\begin{cases}1, & c\in[a_{ij}^{\min},b_{ij}^{\max}]\\0, & \text{其他}\end{cases} \tag{4-38}$$

$A_{[a_{ij}^{\min},b_{ij}^{\max}]}(c)$ 为落影函数，则指标的理想评价值为

$$\overline{C} = \frac{\int_{a_{ij}^{\min}}^{b_{ij}^{\max}} cA(\overline{c})\mathrm{d}c}{\int_{a_{ij}^{\min}}^{b_{ij}^{\max}} A(\overline{c})\mathrm{d}c} = \frac{\sum_{k=1}^{p}((b_{ij}^{k})^2 - (a_{ij}^{k})^2)}{2\sum_{k=1}^{p}(b_{ij}^{k} - a_{ij}^{k})} \quad (4\text{-}39)$$

专家与理想评价值的差距为

$$\mu_k = \sum_{j=1}^{n}\sum_{i=1}^{m}\left|\frac{1}{2}(a_{ij}^{k} + b_{ij}^{k}) - c_{ij}\right| \quad (4\text{-}40)$$

令

$$\mu_k' = 1 - \mu_k \Big/ \sum_{k} \mu_k \quad (4\text{-}41)$$

将 μ_k 进行归一化处理，即可得到基于差异度的第 k 个专家的权重：

$$\omega_k'' = \mu_k' \Big/ \sum_{k=1}^{p} \mu_k' \quad (4\text{-}42)$$

3. 确定性计算

假定：专家给出的评价信息区间越小，则认为专家评价信息的不确定性越小，该专家判断的可信度越高；反之，专家给出的评价信息区间越大，则认为专家评价信息的不确定性越大，该专家判断的可信度越低。

第 k 个专家给出的评价判断区间之和，即不确定性可表示为

$$v_k = \sum_{j=1}^{n}\sum_{i=1}^{m}(b_{ij}^{k} - a_{ij}^{k}) \quad (4\text{-}43)$$

令

$$v_k' = 1 - v_k \Big/ \sum_{k} v_k \quad (4\text{-}44)$$

将 v_k' 进行归一化处理，则由专家判断区间所反映的专家权重可表示为

$$\omega_k''' = v_k' \Big/ \sum_{k=1}^{p} v_k' \quad (4\text{-}45)$$

4. 后验权重的确定

综合考虑专家判断的一致性、差异性及不确定性，将一致性程度、差异度和不确定性程度作为专家权重确定的指标，可采用式（4-46）或式（4-47）确定专家判断的后验权重。

$$\omega_k = \varepsilon\omega_k' + \varepsilon'\omega_k'' + (1 - \varepsilon - \varepsilon')\omega_k''' \quad (0 \leqslant \varepsilon, \varepsilon' \leqslant 1) \quad (4\text{-}46)$$

或

$$\omega_k = \begin{cases} \omega'_k \omega''_k \omega'''_k \Big/ \sum_{k=1}^{p} \omega'_k \omega''_k \omega'''_k, & \omega'_k \omega''_k \omega''' \neq 0 \\ 0, & \omega'_k \omega''_k \omega''' = 0 \end{cases} \quad (4\text{-}47)$$

4.3.3 基于不确定扩展语言信息的专家后验权重的确定

扩展语言信息是在传统语言信息的基础上引入一个修饰变量，采用类似语气算子的模式，规定标准的修饰变量，要求评价者选择使用标准修饰变量来修饰其做出的传统语言信息判断。这样得到的扩展语言信息就包含了二维的信息，一方面是评价者做出的标准的语言评价；另一方面是评价者对自己语言评价的准确性判断。由于使用接近自然语言的标准修饰变量，评价者可以在进行语言信息评价的同时，非常容易地给出自己的修饰判断。而由于使用的是标准的修饰变量，这种修饰的随意性会降低，可靠性会提高。

设评价对象集为 $X = \{x_1, x_2, \cdots, x_m\}$，指标集为 $U = \{u_1, u_2, \cdots, u_n\}$，专家集为 $E = \{e_1, e_2, \cdots, e_p\}$，要求专家 $e_k(0 < k < p)$ 对评价对象 $x_i(0 < i < m)$ 的指标 $u_j(0 < j < n)$ 给出一个区间估计值 $[\underline{s}_{ij}^k, \overline{s}_{ij}^k]$，$\underline{s}_{ij}^k, \overline{s}_{ij}^k \in S$，$a_{ij}^k = \text{sub}(\underline{s}_{ij}^k)$，$b_{ij}^k = \text{sub}(\overline{s}_{ij}^k)$。同时从预先定义好的扩展语言变量集中选择一个元素 s'^k_{ij} 作为自身评价结论确定性的判断。其中，$s'^k_{ij} \in S'$，S' 是一个预先定义好的有序集合，如扩展语言变量集合 S' 可以描述为

$$S' = \{s'_{3.48} = 不确定, s'_{2.74} = 不太确定, s'_{1.74} = 差不多, s'_{0.74} = 基本确定, s'_0 = 非常确定\}$$
(4-48)

$$d_{ij}^k = \text{sub}(s'^k_{ij}) \quad (4\text{-}49)$$

假定：专家判断给出的不确定语言信息区间越小，不确定性就越小，可信度就越高，专家扩展语言信息修饰变量的确定性就会越高，若出现矛盾，则需要进行修订。

一个区间数 $[a_{ij}^k, b_{ij}^k]$ 的不确定部分为 $(b_{ij}^k - a_{ij}^k)$，同时专家给出自身判断结论确定性的评价 s'^k_{ij}，可利用式（4-50）对专家判断结果进行修订。

$$[a_{ij}^{k'}, b_{ij}^{k'}] = \begin{cases} [a_{ij}^k, b_{ij}^k], & b_{ij}^k - a_{ij}^k \geq d_{ij}^k \\ [\dfrac{a_{ij}^k + b_{ij}^k - d_{ij}^k}{2}, \dfrac{a_{ij}^k + b_{ij}^k + d_{ij}^k}{2}], & b_{ij}^k - a_{ij}^k < d_{ij}^k \end{cases} \quad (4\text{-}50)$$

修订后可按照不确定语言信息专家后验权重确定方法进行计算。

可以看出，当不确定扩展语言信息中的 $S' = s_0$ 时，不确定扩展语言信息可以

简化为不确定语言信息来处理。当 $S'=s_0$，且 $a_{ij}^k = b_{ij}^k$ 时，不确定扩展语言信息可简化为确定语言信息来处理。换个角度来看，不确定语言信息和确定语言信息均为不确定扩展语言信息的特殊表现形式。

4.3.4 基于 BTS 方法的专家后验权重的确定

1. 主观数据的 BTS 方法的基本假设

在客观数据未知的情况下，我们很难去找寻一种方法用于评价专家主观评价的真实客观性。这个时候，我们不妨换一种思路，让专家除了提供自己的主观判断和对自己判断的评价，还要提供对他人判断的预测。实质是通过获取更多信息，用于修正专家的主观判断。

麻省理工学院的心理学和认知科学教授 Prelec(2004) 提出了主观数据的 BTS 方法，BTS 方法提供了一种在客观数据未知的情况下，获取尽量真实的主观数据的方法，这种方法不是对选择最多的答案赋予高分，或者说被大多数人选择的答案不一定会获得最高分，而更具共同性认知的答案才能得到高分。什么称为共同性认知呢？举例来说，如果某个答案被 10% 的人选择，而它的预测概率是 1%，那么它就是一个共同性认知的答案，真实性很高；如果某个答案被 10% 的人选择，而它的预测概率是 25%，它就不具有共同性认知，真实性很低。其中，预测概率通过专家对别人评价的判断来获取。主观数据的 BTS 方法可以有效删除专家对偏袒的共识。因此并不是赋予具有相同意见的专家以较高的权重，而是赋予给出的判断更接近真实主观数据的专家以较高的权重。

BTS 方法的分值由信息分（判断的精度）和预测分（对他人判断的预测精度）两部分组成。BTS 方法不仅要求被调查者选择自己认为正确的选项，还要求被调查者估计每个选项最后被其他被调查者选择的概率，这种方法的好处是即使少数的被调查者选择了正确的答案，但是他们估计真实答案被别的被调查者选择的概率可能会很小，这样，真实的答案得分也会比较高，也很可能通过 BTS 方法找到真实的选项。当别人向你无意或有意隐瞒一些事情的时候，不应直接问他的想法或做法，应直接问他认为别人会怎么想或别人会怎么做。

2. BTS 得分计算

Prelec 在 2004 年提出了 BTS 得分的计算方法。该方法的输入信息包括两部分，一部分是专家对被评价客体的判断。每个专家从被评价客体的 m 个描述选项中选择一个答案，调查对象的数量为 n。令 $x_k^r \in \{0,1\}$ 代表被调查者 r 是否选择选项 k，另

外用 $y = (y_1^r, \cdots, y_m^r)$ 代表被调查者 r 对答案概率的预测，由对于 y_k^r 的定义可知 $y_k^r \geq 0, \sum_{k=1}^{m} y_k^r = 1$，则算法按如下三个步骤进行。

步骤一：对于任何 $j \neq i$，计算剔除专家 j 和专家 i 后其他专家对评价客体判断的算术平均数。

$$\bar{x}_{-ij} = \frac{1}{n} (\sum_{k \neq i,j} x_k) \quad (4\text{-}51)$$

步骤二：计算剔除专家 j 和专家 i 后专家对他人判断预测的几何平均数。

$$\bar{y}_{-ij} = (\prod_{k \neq i,j} y_k)^{\frac{1}{n-2}}, \quad \bar{y}'_{-ij} = (\prod_{k \neq i,j} (1-y_k))^{\frac{1}{n-2}} \quad (4\text{-}52)$$

步骤三：计算每个专家的 BTS 得分。

$$\begin{aligned} u_i = & \sum_{j \neq i} (x_i \ln(\frac{\bar{x}_{-ij}}{\bar{y}_{-ij}}) + (1-x_i) \ln(\frac{1-\bar{x}_{-ij}}{\bar{y}'_{-ij}})) \\ & + \sum_{j \neq i} (\bar{x}_{-ij} \ln(\frac{y_i}{\bar{x}_{-ij}}) + (1-\bar{x}_{-ij}) \ln(\frac{1-y_i}{1-\bar{x}_{-ij}})) \end{aligned} \quad (4\text{-}53)$$

3. 专家后验权重的计算

Prelec 提出使用 BTS 方法的前提是专家数量足够大或趋于无穷，这就使得 BTS 方法的使用受限。Witkowski 和 Parkes（2012）在 Prelec 研究的基础之上，提出了稳健的贝叶斯真理血清（robust Bayesian truth serum，RBTS）方法，打破了 BTS 方法的适用前提，使得在专家个数大于 3 的情况下，BTS 方法得以适用。

假定：在客观数据未知的情况下，具有共同认知的评价更接近于客观现实，应赋予具有共同认知的评价专家以更高的权重。

设评价对象集为 $X = \{x_1, x_2, \cdots, x_m\}$，指标集为 $U = \{u_1, u_2, \cdots, u_n\}$，专家集为 $E = \{e_1, e_2, \cdots, e_p\}$，要求专家 $e_k (0 < k < p)$ 对评价对象 $x_i (0 < i < m)$ 的指标 $u_j (0 < j < n)$ 在 h 个描述选项中选定一个判断值 s_{ij}^k，$s_{ij}^k \in S^*$，$a_{ij}^k = \text{sub}(s_{ij}^k)$，$A^k = (a_{ij}^k)$，ves 表示矩阵的向量化运算，令 $x_{ij}^{kl} = 1$ 表示专家 $e_k (0 < k < p)$ 对评价对象 $x_i (0 < i < m)$ 的指标 $u_j (0 < j < n)$ 在 h 个描述选项中选定的一个判断值是第 l 个描述项，$x_{ij}^{kl} = 0$ 表示专家 $e_k (0 < k < p)$ 对评价对象 $x_i (0 < i < m)$ 的指标 $u_j (0 < j < n)$ 在 h 个描述选项中未选定第 l 个描述项作为判断值。y_{ij}^{kl} 表示专家对其他专家选择第 l 个描述项的预期概率，可知 $\sum_l y_{ij}^{kl} = 1$，$0 < y_{ij}^{kl} < 1$。

$$z_{ij}^{kl} = \begin{cases} y_{ij}^{wl} + \sigma, & x_{ij}^{kl} = 1 \\ y_{ij}^{wl} - \sigma, & x_{ij}^{kl} = 0 \end{cases} \quad (4\text{-}54)$$

其中，

$$\sigma = \min(y_{ij}^{wl}, 1 - y_{ij}^{wl})$$

$$w = \begin{cases} 1, & k = p \\ k+1, & k \neq p \end{cases}$$

$$q = \begin{cases} 1, & k = p-1 \\ k+2, & k \neq p, p-1 \\ 2, & k = p \end{cases}$$

$$u_k = \sum_{i,j,l}(R(z_{ij}^{kl}, x_{ij}^{ql}) + R(y_{ij}^{kl}, x_{ij}^{ql})) \tag{4-55}$$

其中，

$$R(z_{ij}^{kl}, x_{ij}^{ql} = 1) = 2z_{ij}^{kl} - (z_{ij}^{kl})^2$$

$$R(z_{ij}^{kl}, x_{ij}^{ql} = 0) = 1 - (z_{ij}^{kl})^2$$

$$\omega_k'''' = u_k \bigg/ \sum_k (u_k)$$

综合考虑专家判断的一致性、差异性、不确定性及共同的认知，将一致性程度、差异度、不确定性程度、BTS 得分作为专家权重确定的指标，可确定专家判断的后验权重。

第 5 章　基于改进语言评估标度的指标赋权方法

"权"表示下层准则相对于上层某个准则作用的量化值,在不同应用中,可以对之赋予不同的解释,如"重要性"、"信息量"和"可能性"等。在指标体系及各指标的合成规则一定的条件下,指标权重分配不同,可能导致评价客体排序的改变,因此,权重的合理性、准确性直接影响评价结果的客观性和可靠性,权重的合理分配是评价的关键问题。

5.1　指标赋权方法综述

目前关于指标权重的确定方法有很多,根据计算权重时原始信息的来源不同,可以将这些方法分为主观赋权法和客观赋权法。

主观赋权法是根据主观上对各指标的重视程度不同,由专家根据经验进行赋权的方法。常用的主观赋权法有专家调查法、二项系数法、环比评分法、最小平方法和层次分析法等。其中,层次分析法是在实际中应用最多的方法,它能将复杂问题层次化,将定性问题定量化。主观赋权法是人们研究较早、较为成熟的方法,但其决策或评价结果具有较强的主观随意性,其客观性较差,同时增加了决策分析者的负担,应用中存在一定的局限性。

客观赋权法是各指标根据一定的规则进行自动赋权的方法,它不依赖于人的主观判断。常用的客观赋权法主要有主成分分析法、熵权法、离差法、均方差法、多目标规划法等。其中熵权法和离差法用得较多,这种赋权法所使用的数据是决策矩阵,所确定的属性权重反映了属性值的离散程度。离散程度越大,属性权重就越大。客观赋权法研究较晚,还有待完善。它不具有主观随意性,不增加决策分析者的负担,其决策或评价结果具有较强的数学理论依据。但这种赋权方法依赖于实际的问题域,因而通用性和决策人的可参与性较差,没有考虑决策人的主观意向,且计算方法大都比较烦琐。主观赋权法和客观赋权法的对比如表 5-1 所示。

表5-1 主观赋权法和客观赋权法的对比

对比项	主观赋权法	客观赋权法
主观性	具有主观色彩,体现了决策者的经验和对评价指标的偏好程度	不依赖于决策者的主观态度,突出了被评价对象在评价指标间的差异性
评价过程	评价过程的透明度、再现性差	评价过程的透明度、再现性强
可继承性	指标权重具有一定的可继承性	指标权重不具备可继承性,在不同阶段中,若评价指标值变化,则各指标权重系数将会改变
计算过程	计算简单,但决策者有时会因为缺乏经验等使给出的权重系数比较粗略	计算一般依赖于较完善的数学理论,尤其是最优化理论方面的知识,计算过程较复杂

这两类方法各有优缺点,为了结合这两种方法的优点,弥补其不足,可以从逻辑上将这两大类赋权方法有机结合起来,使权重同时体现主观信息、客观信息,这就是集成赋权法的思想。目前集成赋权法主要有加法集成法、乘法集成法、目标规划法等。有些学者通过离差最大化法、最小二乘法、偏差最小化、最优组合法将主客观赋权法集成,并提出了一些集成方法,但是并不是完全成熟,还需进一步的研究。

5.2 基于离差最大化及不确定性最小化的赋权方法

王应明(1998)首先提出了离差最大化客观赋权法。该赋权方法的主要思想是所有评价对象在某指标下的指标值离差越小,则说明该指标对评价对象排序的作用越小;反之,如果某指标能使所有评价对象的评价值有较大的离差,则说明该指标对方案决策将起重要作用。因此,从对评价对象进行排序的角度考虑,某指标下各评价对象离差越大,则应该赋予该指标越大的权重,离差越小则应该赋予该指标越小的权重。特别地,若所有评价对象在某指标下的指标值无差异,则此指标对评价对象排序将不起作用,可令其权重为零。该方法的优点是能提高评价对象指标值的区分度,便于排序,而且避免了主观的影响。本书提出多种基于语言信息的离差最大化赋权方法，并针对不确定性语言信息，提出基于离差最大化及不确定性最小原则的赋权方法。

5.2.1 基于离差最大化的确定信息赋权方法

设方案集合为 $X = \{x_1, x_2, \cdots, x_m\}$，属性集合为 $U = \{u_1, u_2, \cdots, u_n\}$。设决策矩阵为 $A = (s_{ij})_{m \times n}$，$s_{ij}$ 表示方案 x_i 在属性 u_j 上的评价值，并用语言标度来表示。设属性权重向量为 $w = (w_1, w_2, \cdots, w_n)^T$，$w_j \geq 0$，$j = 1, \cdots, n$。属性权重大小完全未知。

设评价对象 x_i 与 x_k 在指标 u_j 下的离差为

$$d(s_{ij}, s_{kj}) = \left| \text{sub}(s_{ij}) - \text{sub}(s_{kj}) \right| \quad (5\text{-}1)$$

评价对象指标的总离差可表示为

$$D_1(w) = \sum_{j=1}^{n} \sum_{i=1}^{m} \sum_{k=1}^{m} d(s_{ij}, s_{kj}) w_j \quad (5\text{-}2)$$

评价对象指标的总离差平方和可表示为

$$D_2(w) = \sum_{j=1}^{n} \sum_{i=1}^{m} \sum_{k=1}^{m} d(s_{ij}, s_{kj})^2 w_j \quad (5\text{-}3)$$

或者

$$D_3(w) = \sum_{j=1}^{n} \sum_{i=1}^{m} \sum_{k=1}^{m} d(s_{ij}, s_{kj})^2 w_j^2 \quad (5\text{-}4)$$

评价对象的整体离差平方和可表示为

$$D_3(w) = \sum_{i=1}^{m} \sum_{k=1}^{m} \left[\sum_{j=1}^{n} d(s_{ij}, s_{kj}) w_j \right]^2 \quad (5\text{-}5)$$

1. 各评价对象的各指标离差最大化

基于权重向量 w 的选择应该遵循使得各评价对象的各指标离差最大化原则，构造以下最优化问题：

$$\max F(w) = \sum_{j=1}^{n} \sum_{i=1}^{m} \sum_{k=1}^{m} d(s_{ij}, s_{kj}) w_j \quad (5\text{-}6)$$

$$\text{s.t.} \begin{cases} \sum_{j=1}^{n} w_j^2 = 1 \\ w_j \geq 0, \ j = 1, \cdots, n \end{cases}$$

用拉格朗日法求解，得到函数的解为

$$w_j^* = \frac{\sum_{i=1}^{m}\sum_{k=1}^{m}d(s_{ij},s_{kj})}{\sqrt{\sum_{j=1}^{n}\left[\sum_{i=1}^{m}\sum_{k=1}^{m}d(s_{ij},s_{kj})\right]^2}}, \quad j=1,\cdots,n \tag{5-7}$$

令向量 $v=(v_1,v_2,\cdots,v_n)^{\mathrm{T}}$，其中 $v_j = \sum_{i=1}^{m}\sum_{k=1}^{m}d(s_{ij},s_{kj})$。则可以用矩阵形式表示为

$$\begin{aligned}\max F(w) &= v^{\mathrm{T}}w \\ \text{s.t.} \quad w^{\mathrm{T}}w &= 1, \quad w \geqslant 0\end{aligned} \tag{5-8}$$

拉格朗日函数 $L = v^{\mathrm{T}}w - \lambda w^{\mathrm{T}}w$。易求出驻点处的二阶导数 $\frac{\partial^2 L}{\partial (w^*)^2} = -(w^*)^{\mathrm{T}}v < 0$，而且满足 $w^* > 0$。

为了与习惯用法相一致，人们通常对 w_j^* 进行归一化处理，得

$$w_j^{c1} = \frac{w_j^*}{\sum_{j=1}^{n}w_j^*} = \frac{\sum_{i=1}^{m}\sum_{k=1}^{m}d(s_{ij},s_{kj})}{\sum_{j=1}^{n}\sum_{i=1}^{m}\sum_{k=1}^{m}d(s_{ij},s_{kj})}, \quad j=1,\cdots,n \tag{5-9}$$

2. 各评价对象的各指标离差平方和最大化

基于权重向量 w 的选择应该遵循使得各评价对象的各指标离差平方和最大化原则。用指标的离差平方代替离差，即以 $d^2(s_{ij},s_{kj})$ 代替 $d(s_{ij},s_{kj})$，构造以下最优化问题：

$$\max F(w) = \sum_{j=1}^{n}\sum_{i=1}^{m}\sum_{k=1}^{m}d^2(s_{ij},s_{kj})w_j \tag{5-10}$$

$$\text{s.t.} \begin{cases}\sum_{j=1}^{n}w_j^2 = 1 \\ w_j \geqslant 0, \quad j=1,\cdots,n\end{cases}$$

归一化处理后求得的解为

$$w_j^{c2} = \frac{\sum_{i=1}^{m}\sum_{k=1}^{m}d^2(s_{ij},s_{kj})}{\sum_{j=1}^{n}\sum_{i=1}^{m}\sum_{k=1}^{m}d^2(s_{ij},s_{kj})}, \quad j=1,\cdots,n \tag{5-11}$$

基于权重向量 w 的选择应该遵循使得各评价对象的各指标总离差平方和最大化原则，而且权重应满足归一化条件，建立以下优化模型：

第5章 基于改进语言评估标度的指标赋权方法

$$\max F(w) = \sum_{j=1}^{n}\sum_{i=1}^{m}\sum_{k=1}^{m}d^2(s_{ij},s_{kj})w_j^2 \quad (5\text{-}12)$$

$$\text{s.t.} \begin{cases} \sum_{j=1}^{n}w_j = 1 \\ w_j \geq 0, \ j=1,\cdots,n \end{cases}$$

采用拉格朗日法求解上述模型，其得到的最优解为

$$w_j^{c3} = \frac{1 \Big/ \sum_{i=1}^{m}\sum_{k=1}^{m}d^2(s_{ij},s_{kj})}{\sum_{j=1}^{n}\left[1 \Big/ \sum_{i=1}^{m}\sum_{k=1}^{m}d^2(s_{ij},s_{kj})\right]}, \ j=1,\cdots,n \quad (5\text{-}13)$$

根据式（5-11），权重向量是由各指标下所有评价值与其他指标的评价值的离差平方和的倒数进行归一化得到的。也就是说，某指标的评价值与其他指标的评价值的差异越大，其权重就越小，这样得到的权重明显与离差最大的思想相反，因此，对于式（5-10）、式（5-12）、式（5-13）来说，采用拉格朗日法得出的解是无效的。

3. 各评价对象的整体离差平方和最大化

基于权重向量 w 的选择应该遵循使得各评价对象的整体离差平方和最大化原则，而且权重应满足归一化条件，建立以下优化模型。

将目标函数重新定义为

$$\max F(w) = \sum_{i=1}^{m}\sum_{k=1}^{m}\left[\sum_{j=1}^{n}d(s_{ij},s_{kj})w_j\right]^2 \quad (5\text{-}14)$$

$$\text{s.t.} \begin{cases} \sum_{j=1}^{n}w_j = 1 \\ w_j \geq 0, \ j=1,\cdots,n \end{cases}$$

可以通过求解带等式约束的非线性规划问题计算权重向量 w_j^{c4}。

5.2.2 基于离差最大化的不确定信息赋权方法

对于不确定性多指标评价，指标权重的确定是一个非常重要的研究内容，它关系到方案排序结果的可靠性和正确性。与确定性多指标评价方法不同的是，在不确定性多指标评价问题中，专家对属性的评价值可能不是精确的数值，而表现为不确定数形式。在采用客观赋权法确定指标权重时，在考察离差最大化的同时，

可以基于不确定性最小的原则确定指标权重。

设方案集合为 $X = \{x_1, x_2, \cdots, x_m\}$，属性集合为 $U = \{u_1, u_2, \cdots, u_n\}$。设决策矩阵为 $A = (\tilde{s}_{ij})_{m \times n}$，$\tilde{s}_{ij}$ 表示方案 x_i 在属性 u_j 上的评价值，用不确定语言标度来表示，$\tilde{s}_{ij} = [s_{ij}^-, s_{ij}^+]$。设属性权重向量为 $w = (w_1, w_2, \cdots, w_n)^{\mathrm{T}}$，$w_j \geqslant 0$，$j = 1, \cdots, n$，属性权重的大小完全未知。

1. 基于不确定性语言信息的整体离差计算

设评价对象 x_i 与 x_k 在指标 u_j 下的离差为 $d(\tilde{s}_{ij}, \tilde{s}_{kj})$，则对于指标 u_j 而言，评价对象 x_i 的指标与其他对象的指标离差定义为

$$D_{ij}(w) = \sum_{k=1}^{m} d(\tilde{s}_{ij}, \tilde{s}_{kj}) w_j \quad (5\text{-}15)$$

其中，

$$d(\tilde{s}_{ij}, \tilde{s}_{kj}) = \sqrt{(\mathrm{sub}(s_{ij}^-) - \mathrm{sub}(s_{kj}^-))^2 + (\mathrm{sub}(s_{ij}^+) - \mathrm{sub}(s_{kj}^+))^2} \quad (5\text{-}16)$$

评价对象指标的总离差可表示为

$$D_1(w) = \sum_{j=1}^{n} \sum_{i=1}^{m} \sum_{k=1}^{m} d(\tilde{s}_{ij}, \tilde{s}_{kj}) w_j \quad (5\text{-}17)$$

评价对象指标的总离差平方和可表示为

$$D_2(w) = \sum_{j=1}^{n} \sum_{i=1}^{m} \sum_{k=1}^{m} d^2(\tilde{s}_{ij}, \tilde{s}_{kj}) w_j \quad (5\text{-}18)$$

评价对象的整体离差平方和可表示为

$$D_3(w) = \sum_{i=1}^{m} \sum_{k=1}^{m} \left(\sum_{j=1}^{n} d(\tilde{s}_{ij}, \tilde{s}_{kj}) w_j \right)^2 \quad (5\text{-}19)$$

2. 基于不确定性语言信息的不确定性计算

评价对象 x_i 在指标 u_j 下的不确定性为

$$V_{ij} = \mathrm{sub}(s_{ij}^+) - \mathrm{sub}(s_{ij}^-) \quad (5\text{-}20)$$

评价对象指标总不确定性可表示为

$$V_1(w) = \sum_{j=1}^{n} \sum_{i=1}^{m} (\mathrm{sub}(s_{ij}^+) - \mathrm{sub}(s_{ij}^-)) w_j \quad (5\text{-}21)$$

评价对象指标总不确定性平方和可表示为

$$V_2(w) = \sum_{j=1}^{n} \sum_{i=1}^{m} (\mathrm{sub}(s_{ij}^+) - \mathrm{sub}(s_{ij}^-))^2 w_j^2 \quad (5\text{-}22)$$

评价对象的整体不确定性平方和可表示为

$$V(w) = \sum_{i=1}^{m}\sum_{j=1}^{n}((\mathrm{sub}(s_{ij}^+) - \mathrm{sub}(s_{ij}^-))w_j)^2 \qquad (5\text{-}23)$$

3. 基于不确定性语言信息的离差最大化及不确定性最小化计算

根据离差最大化及不确定性最小的思想，权重向量 w 的选择应该使得各评价对象的各指标离差最大化，且不确定性最小。其中 α 为对不确定性的敏感系数。

基于权重向量 w 的选择应该遵循使得各评价对象的各指标离差最大化且不确定性最小化原则，构造以下最优化问题：

$$\max F(w) = \sum_{j=1}^{n}\sum_{i=1}^{m}\sum_{k=1}^{m}d(\tilde{s}_{ij},\tilde{s}_{kj})w_j - \alpha\sum_{j=1}^{n}\sum_{i=1}^{m}(\mathrm{sub}(s_{ij}^+) - \mathrm{sub}(s_{ij}^-))w_j \qquad (5\text{-}24)$$

$$\text{s.t.} \begin{cases} \sum_{j=1}^{n}w_j^2 = 1 \\ w_j \geq 0,\ j=1,\cdots,n \end{cases}$$

用拉格朗日法求解，得到函数的解为

$$w_j^* = \frac{\sum_{i=1}^{m}\left(\sum_{k=1}^{m}d(\tilde{s}_{ij},\tilde{s}_{kj}) - \alpha(\mathrm{sub}(s_{ij}^+) - \mathrm{sub}(s_{ij}^-))\right)}{\sqrt{\sum_{j=1}^{n}\left(\sum_{i=1}^{m}\left(\sum_{k=1}^{m}d(\tilde{s}_{ij},\tilde{s}_{kj}) - \alpha(\mathrm{sub}(s_{ij}^+) - \mathrm{sub}(s_{ij}^-))\right)\right)^2}},\ j=1,\cdots,n \qquad (5\text{-}25)$$

为了与习惯用法相一致，人们通常对 w_j^* 进行归一化处理，得

$$w_j^{u1} = \frac{w_j^*}{\sum_{j=1}^{n}w_j^*} = \frac{\sum_{i=1}^{m}\left(\sum_{k=1}^{m}d(\tilde{s}_{ij},\tilde{s}_{kj}) - \alpha(\mathrm{sub}(s_{ij}^+) - \mathrm{sub}(s_{ij}^-))\right)}{\sum_{j=1}^{n}\sum_{i=1}^{m}\left(\sum_{k=1}^{m}d(\tilde{s}_{ij},\tilde{s}_{kj}) - \alpha(\mathrm{sub}(s_{ij}^+) - \mathrm{sub}(s_{ij}^-))\right)},\ j=1,\cdots,n \qquad (5\text{-}26)$$

基于权重向量 w 的选择应该遵循使得各评价对象的各指标离差平方和最大化且不确定性最小化原则，以上模型还可以用离差平方代替离差，即以 $d^2(\tilde{s}_{ij},\tilde{s}_{kj})$ 代替 $d(\tilde{s}_{ij},\tilde{s}_{kj})$，$(\mathrm{sub}(s_{ij}^+) - \mathrm{sub}(s_{ij}^-))^2$ 代替 $\mathrm{sub}(s_{ij}^+) - \mathrm{sub}(s_{ij}^-)$。

构造以下最优化问题：

$$\max F(w) = \sum_{j=1}^{n}\sum_{i=1}^{m}\sum_{k=1}^{m}d^2(\tilde{s}_{ij},\tilde{s}_{kj})w_j - \alpha\sum_{j=1}^{n}\sum_{i=1}^{m}(\mathrm{sub}(s_{ij}^+) - \mathrm{sub}(s_{ij}^-))^2 w_j \qquad (5\text{-}27)$$

$$\text{s.t.} \begin{cases} \sum_{j=1}^{n}w_j^2 = 1 \\ w_j \geq 0,\ j=1,\cdots,n \end{cases}$$

最后求得的解为

$$w_j^{u2} = \frac{\sum_{i=1}^{m}\left(\sum_{k=1}^{m} d^2(\tilde{s}_{ij}, \tilde{s}_{kj}) - \alpha(\text{sub}(s_{ij}^+) - \text{sub}(s_{ij}^-))^2\right)}{\sum_{j=1}^{n}\sum_{i=1}^{m}\left(\sum_{k=1}^{m} d^2(\tilde{s}_{ij}, \tilde{s}_{kj}) - \alpha(\text{sub}(s_{ij}^+) - \text{sub}(s_{ij}^-))^2\right)}, \quad j=1,\cdots,n \qquad （5-28）$$

基于权重向量 w 的选择应该遵循使得各评价对象整体离差最大化，不确定性最小化且权重满足归一化条件的原则，构造以下最优化问题：

$$\max F(w) = \sum_{i=1}^{m}\sum_{k=1}^{m}\left(\sum_{j=1}^{n} d(\tilde{s}_{ij}, \tilde{s}_{kj}) w_j\right)^2 - \alpha \sum_{i=1}^{m}\left(\sum_{j=1}^{n}(\text{sub}(\tilde{s}_{ij}^+) - \text{sub}(\tilde{s}_{ij}^-)) w_j\right)^2 \qquad （5-29）$$

$$\text{s.t.} \begin{cases} \sum_{j=1}^{n} w_j = 1 \\ w_j \geq 0, \quad j=1,\cdots,n \end{cases}$$

可以通过求解带等式约束的非线性规划问题，计算权重向量 w_j^{u3}。

当 $s_{ij}^+ = s_{ij}^-$ 时，$w_j^{u1} = w_j^{c1}$，$w_j^{u2} = w_j^{c2}$，$w_j^{u3} = w_j^{c3}$，可以看出基于确定性语言信息的客观赋权计算是不确定性语言信息的客观赋权计算的特殊形式。

5.3 存在专家偏好的集成赋权方法

客观赋权方法具有较强的数学理论依据，但这种赋权方法依赖于实际的问题域，因而通用性和人的可参与性较差，没有考虑决策人的主观意向，本书将研究存在专家偏好信息的一种集成赋权方法。专家的偏好信息可以通过判断矩阵来表示。专家根据一定的标准对评价对象进行两两比较，并构造判断矩阵。传统的判断矩阵用一个确定的数表示判断，但在实际决策过程中，受决策者的知识结构、判断水平等诸多主观因素的影响，加上客观事物本身的模糊性与不确定性，专家所掌握的信息不足以把握事物的真实状态。因此，专家在构造判断矩阵时往往会给出一些未确知的判断值，即用不确定性数值的形式来给出判断值。这些不确定性数值包括区间模糊数、三角模糊数、梯形模糊数、语言变量等，这类判断矩阵称为不确定性判断矩阵。在许多情况下，不确定性判断矩阵的构造更符合事物的客观本质，同时互反判断矩阵与互补判断矩阵实际上可以看作不确定性判断矩阵的基础。

5.3.1 存在专家偏好的确定信息赋权方法

设方案集合为 $X = \{x_1, x_2, \cdots, x_m\}$，属性集合为 $U = \{u_1, u_2, \cdots, u_n\}$。设决策矩阵为 $S = (s_{ik})_{m \times n}$，$s_{ik}$ 表示方案 x_i 在属性 u_k 上的评价值，用语言标度来表示。设属性权重向量为 $w = (w_1, w_2, \cdots, w_n)^T$，$w_k \geq 0$，$k = 1, \cdots, n$。属性权重的大小完全未知。假设决策者以判断矩阵 $A = (a_{ij})_{m \times n}$ 来表达其对方案的偏好信息。

步骤一：将所有方案的综合评价值转化成互补判断矩阵 $\overline{B} = (\overline{b}_{ij})_{m \times m}$。

$$\mathrm{sub}(\overline{b}_{ij}) = \frac{1}{2}\left(1 + \sum_{k=1}^{n}(\mathrm{sub}(s_{ik}) - \mathrm{sub}(s_{jk}))w_k\right), \quad i, j \in N \tag{5-30}$$

步骤二：如果 $A = (a_{ij})_{m \times m}$ 是互反性标度所得的判断矩阵，则通过转换公式（5-31）：

$$\mathrm{sub}(b_{ij}) = \frac{\mathrm{sub}(a_{ij})}{\mathrm{sub}(a_{ij}) + 1} \tag{5-31}$$

可得到互补判断矩阵 $B = (b_{ij})_{m \times m}$。

如果 $A = (a_{ij})_{m \times m}$ 是互补性标度所得的判断矩阵，则 $B = A$。

步骤三：对互补判断矩阵 $\overline{B} = (\overline{b}_{ij})_{m \times m}$ 和 $B = (b_{ij})_{m \times m}$ 按行求和，记作：

$$r_i = \sum_{h=1}^{m} \mathrm{sub}(b_{ih}), \quad i = 1, 2, \cdots, m \tag{5-32}$$

$$\overline{r}_i = \sum_{h=1}^{m} \mathrm{sub}(\overline{b}_{ih}), \quad i = 1, 2, \cdots, m \tag{5-33}$$

并施之如下数学变换

$$\mathrm{sub}(r_{ij}) = \frac{r_i - r_j}{a} + 0.5 \tag{5-34}$$

$$\mathrm{sub}(\overline{r}_{ij}) = \frac{\overline{r}_i - \overline{r}_j}{a} + 0.5 \tag{5-35}$$

则得到模糊一致矩阵 $R = (r_{ij})_{m \times m}$，$\overline{R} = (\overline{r}_{ij})_{m \times m}$，其中 $a = 2m - 2$。

步骤四：$R = (r_{ij})_{m \times m}$ 与 $\overline{R} = (\overline{r}_{ij})_{m \times m}$ 之间往往存在一定的偏差，为此引入线性偏差项：

$$f_{ij} = \mathrm{sub}(r_{ij}) - \mathrm{sub}(\overline{r}_{ij}) = \frac{1}{a}\left(\sum_{h=1}^{m}(\mathrm{sub}(b_{ih}) - \mathrm{sub}(b_{jh})) - m\frac{1}{2}w_k\sum_{k=1}^{n}(\mathrm{sub}(s_{ik}) - \mathrm{sub}(s_{jk}))\right) \tag{5-36}$$

为了得到合理的属性权重向量，偏差值越小越好，建立如下优化模型：

$$\min F(w) = \sum_{i=1}^{m}\sum_{j=1}^{m} f_{ij}^2 \quad (5\text{-}37)$$

$$\text{s.t.} \begin{cases} \sum_{k=1}^{n} w_k = 1 \\ w_k \geqslant 0, \quad k=1,\cdots,n \end{cases}$$

5.3.2 存在专家偏好的不确定信息赋权方法

自从 Satty 和 Vargas 提出不确定区间数判断矩阵偏好信息以来，有很多学者对此进行了研究。薛定宇和陈阳泉（2002）通过建立模糊规划来研究区间数互反判断矩阵的权重，但所建立的模型具有多个最优解，从而造成求解结果的不唯一性。胡钢等（2007）提出了求解区间数判断矩阵排序向量的递推排序方法，但此方法只适用于一致性判断矩阵。Sugihara 等（2004）利用区间判断决策向量的上下限偏差分别给出对应的排序权重向量，因未进行标准化处理，使得上下限决策向量权重本身就有矛盾。徐泽水（2001b）提出了行和归一法。吴江（2004）根据误差传递理论及有序加权平均（ordered weighted averaging，OWA）算子，对区间互补判断矩阵进行排序。以上文献仅局限于单一形式判断矩阵的处理。朱建军（2006）研究两类不确定判断矩阵的集结，采用不确定有序加权平均（uncertain ordered weighted averaging，UOWA）算子将群偏好集结为区间数互反和互补形式，进而提出基于模糊规划的二阶段集结模型，但该方法比较复杂，没有考虑到每种形式判断矩阵的一致性问题。

设方案集合为 $X=\{x_1,x_2,\cdots,x_m\}$，属性集合为 $U=\{u_1,u_2,\cdots,u_n\}$。设决策矩阵为 $S=(\tilde{s}_{ij})_{m\times n}$，其中，$\tilde{s}_{ik}=[s_{ik}^-,s_{ik}^+]$ 表示方案 x_i 在属性 u_k 上的评价值，用语言标度来表示。设属性权重向量为 $w=(w_1,w_2,\cdots,w_n)^\mathrm{T}$，$w_k \geqslant 0$，$k=1,\cdots,n$，属性权重的大小完全未知。假设决策者以判断矩阵 $A=(\tilde{a}_{ij})_{m\times m}$，$\tilde{a}_{ij}=[a_{ij}^-,a_{ij}^+]$ 来表达其对方案的偏好信息。

步骤一：将所有方案的综合评价值转化成互补判断矩阵 $\overline{B}=(\overline{b}_{ij})_{m\times m}$。

$$\mathrm{sub}(\overline{b}_{ij}) = \frac{1}{2}(1+\sum_{k=1}^{n} d(\tilde{s}_{ik},\tilde{s}_{jk})w_k), \quad i,j\in N \quad (5\text{-}38)$$

$$d(\tilde{s}_{ik},\tilde{s}_{jk}) = \sqrt{(\mathrm{sub}(s_{ik}^-)-\mathrm{sub}(s_{jk}^-))^2 + (\mathrm{sub}(s_{ik}^+)-\mathrm{sub}(s_{jk}^+))^2} \quad (5\text{-}39)$$

步骤二：如果 $A=(\tilde{a}_{ij})_{m\times m}$ 是互反性区间标度所得的判断矩阵，则通过转换公式

$$\mathrm{sub}(b_{ij}^+) = \frac{\mathrm{sub}(a_{ij}^+)}{\mathrm{sub}(a_{ij}^+)+1} \tag{5-40}$$

$$\mathrm{sub}(b_{ij}^-) = \frac{\mathrm{sub}(a_{ij}^-)}{\mathrm{sub}(a_{ij}^-)+1} \tag{5-41}$$

可得到区间互补判断矩阵 $B = (\tilde{b}_{ij})_{m \times m}$。

如果 $A = (a_{ij})_{m \times m}$ 是互补性区间标度所得的判断矩阵，则 $B = A$。

步骤三：对互补判断矩阵 $\overline{B} = (\overline{b}_{ij})_{m \times m}$ 按行求和，记作

$$\overline{r}_i = \sum_{h=1}^{m} \mathrm{sub}(\overline{b}_{ih}), \quad i = 1, 2, \cdots, m \tag{5-42}$$

并施之如下数学变换：

$$\mathrm{sub}(\overline{r}_{ij}) = \frac{\overline{r}_i - \overline{r}_j}{a} + 0.5 \tag{5-43}$$

则得到模糊一致矩阵，$\overline{R} = (\overline{r}_{ij})_{m \times m}$，其中 $a = 2m - 2$。

对互补矩阵 $B = (\tilde{b}_{ij})_{m \times m}$ 按行求和，记作 $\tilde{r}_i = [r_i^-, r_i^+]$，$i = 1, 2, \cdots, m$，

$$r_i^- = \sum_{j=1}^{m} \mathrm{sub}(b_{ij}^-) \tag{5-44}$$

$$r_i^+ = \sum_{j=1}^{m} \mathrm{sub}(b_{ij}^+) \tag{5-45}$$

$$d(\tilde{r}_i, \tilde{r}_j) = \sqrt{(r_i^- - r_j^-)^2 + (r_i^+ - r_j^+)^2} \tag{5-46}$$

$$\mathrm{sub}(r_{ij}) = \frac{d(\tilde{r}_i, \tilde{r}_j)}{a} + 0.5 \tag{5-47}$$

步骤四：$R = (r_{ij})_{m \times m}$ 与 $\overline{R} = (\overline{r}_{ij})_{m \times m}$ 之间往往存在一定的偏差，为此引入线性偏差项

$$f_{ij} = |r_{ij} - \overline{r}_{ij}| \tag{5-48}$$

为了得到合理的属性权重向量，偏差值越小越好，建立如下优化模型：

$$\min F(w) = \sum_{i=1}^{m} \sum_{j=1}^{m} f_{ij}^2 \tag{5-49}$$

$$\mathrm{s.t.} \begin{cases} \sum_{k=1}^{n} w_k = 1 \\ w_k \geq 0, \ k = 1, \cdots, n \end{cases}$$

5.4 基于语言信息的指标赋权方法

设存在风险事件集合为 $R = \{r_1, r_2, \cdots, r_6\}$，属性集合为 $U = \{u_1, u_2, u_3, u_4\}$。矩阵 $A = (\tilde{s}_{ij})_{6 \times 4}$，$\tilde{s}_{ij}$ 表示风险事件 r_i 在属性 u_j 上的评价值，用不确定语言术语标度来表示，$\tilde{s}_{ij} = [s_{ij}^-, s_{ij}^+]$。语言术语标度 $S = \{s_{-1.74}, s_{-1}, s_0, s_1, s_{1.74},\}$，指标权重向量为 $w = (w_1, w_2, w_3, w_4)^T$，属性权重的大小完全未知。

$$A = (\tilde{s}_{ij})_{6 \times 4} = \begin{bmatrix} [s_0, s_1] & [s_1, s_{1.74}] & [s_0, s_1] & [s_0, s_{1.74}] \\ [s_0, s_1] & [s_{-1}, s_0] & [s_{-1}, s_0] & [s_0, s_1] \\ [s_0, s_1] & [s_1, s_{1.74}] & [s_0, s_1] & [s_1, s_{1.74}] \\ [s_0, s_{1.74}] & [s_{-1.74}, s_{-1}] & [s_0, s_1] & [s_1, s_{1.74}] \\ [s_{-1}, s_0] & [s_0, s_1] & [s_{-1}, s_0] & [s_0, s_{1.74}] \\ [s_{-1}, s_0] & [s_0, s_1] & [s_{-1}, s_0] & [s_0, s_1] \end{bmatrix}$$

基于权重向量 w 的选择应该遵循使得各评价对象的各指标离差最大化且不确定性最小化原则，根据式（5-26），若取 $\alpha = 1$，可得 $w_j^{u1} = (0.21, 0.46, 0.18, 0.16)$。若取 $\alpha = 0$，即不考虑信息不确定性对权重的影响，可得 $w_j^{u1} = (0.22, 0.41, 0.19, 0.18)$。

基于权重向量 w 的选择应该遵循使得各评价对象的各指标离差平方和最大化且不确定性最小化原则，根据式（5-28），若取 $\alpha = 1$，可得 $w_j^{u2} = (0.16, 0.63, 0.14, 0.07)$。若取 $\alpha = 0$，即不考虑信息不确定性对权重的影响，可得 $w_j^{u2} = (0.18, 0.57, 0.15, 0.10)$。

两种方法计算的结果差别不大。在 $\alpha = 1$ 和 $\alpha = 0$ 的情况下，即考虑不确定性和不考虑不确定性的情况下，两种方法中 w_2 变化较大，主要原因是风险事件在 u_2 上评价值的确定性明显要优于其他指标。w_2 取值较大的原因是风险事件在 u_2 上的评价值离差较大且不确定性较小。

第6章 基于时间变量的动态风险排序及趋势研究

国内外学者在风险规划、风险识别、风险分析、风险应对、风险监控等各个环节都做了大量的研究工作，在风险分析领域，主要涉及风险分析方法的创新及在不同项目条件下的应用。现有的评价方法应用于航天发射试验风险管理中存在两个问题：第一，概率值和影响值的获取问题。在航天发射试验进行风险识别的过程中，收集了基地已有的几十年的数据，以期挖掘出有价值的风险数据，但是其风险数据积累严重不足，这就使得对风险事件进行量化统计和预测的做法难以实现。这种情况下，风险评价的输入信息只能依靠专家判断，通过处理专家的语言信息来获取有价值的风险信息。这种现象在目前复杂项目风险管理应用中具有代表性。这使得一些较为成熟的分析工具及数学计算方法在项目风险管理中无用武之地。以专家判断为基础的风险分析是解决项目存在大量不确定性的有效途径。第二，传统的项目风险研究大多只涉及静态风险，无法处理时间维度下的不确定性所造成的动态风险。因此，这种管理方式使人们总是处于一种被动"应对"地位，不利于通过增加信息和数据等手段主动降低项目不确定性，也不利于进一步提高项目风险管理的水平。风险的动态变化性是指项目的风险事件及项目整体风险水平在项目过程中随着时间的变化而变化。

在航天发射试验中，风险事件的风险水平呈现出明显的动态变化性特点。从风险来源来看，在项目生命周期内，技术因素、环境因素、管理因素、人力因素等任何一个风险因素都是动态变化的。比如，系统的可靠性与系统的运行时间具有很强的相关性；外部环境如温度、风力、湿度随时间变化而对发射试验产生的影响均不可忽略；操作人员的超负荷工作可能导致误操作；等等。在项目风险评价研究中，亟待解决的关键问题是时间维度下的项目动态风险评价。

因此，在无法获取风险事件统计数据的情况下，本书基于语言信息对风险因素进行识别，在风险评价过程中提出风险现值和风险趋势的概念，研究基于时间维度的动态风险评价方法，并用于航天发射试验的具体实践，无论是从理论方法上还是从工程实践上来说，都是项目风险管理的一个重要研究方向。

6.1 基于时间变量的风险值描述

一般来说，风险由风险因素、风险损失、风险事件三个要素构成。风险事件，又称风险事故，是指导致损失发生的事件，风险事件值又称风险值，风险值通常由两个指标来衡量：风险发生的可能性和风险一旦发生带来的后果。随着研究的不断深入，不少学者提出用"概率"和"影响"来评价风险指标的片面性。Charette（1989）提出，仅依据概率和影响两个因素就确定风险等级的方式不够全面。Haimes（1993）指出在风险分析领域常用的风险期望值不仅是不充分的，而且可能是错误的。Ward（1999）认为在评价和管理重要的风险时，还要识别其他因素，如风险发生后可行的响应措施的性质及可以用于响应的时间。

在数据充分的条件下，可以通过以上方法对已知的概率值、影响值等指标进行综合评价，计算风险值。在无统计数据的情况下，可通过专家判断，对可能导致该风险事件的风险因素进行集结以得到风险值。风险因素是指能够引起或增加风险事件发生机会或影响损失严重程度的因素。风险因素值是指风险因素对风险损失的贡献程度，专家通过对其触发风险事件的概率、对风险损失的影响等因素进行综合考量可以给出对风险因素的语言描述。本书对于风险值的计算就是采用这种方法。

不同风险因素的分布情况都不尽相同，将风险因素的具体分布进行统计，从而进行动态预测是金融风险管理中的常用做法，然而在大多数项目的风险管理过程中，由于缺少统计信息，很难对风险因素的分布情况进行量化统计及预测。通常认为，人们最能够接受的方法是将分布统一简化成一种三角分布。专家在给出风险因素值判断的同时，很容易给出这样的描述，如"这个风险因素可能发生在某个时间段"或"可能发生在某个时间段，且发生在某时间点的可能性最大"。通过对专家语言信息的分析，发现使用均匀分布和三角分布来描述风险因素的分布情况是一种可行的做法。

因此本书引入风险因素的预期发生时间和持续时间变量，讨论风险因素值呈均匀分布及三角分布两种典型情况下的评价，从而有效、动态地评价风险因素和风险事件的不确定性。

当风险因素呈均匀分布时，静态风险因素值描述如式（6-1）所示：

$$f(x) = \begin{cases} k, & x \in (a,b) \\ 0, & x \notin (a,b) \end{cases} \quad (6-1)$$

其中，$f(x)$ 为静态风险因素值；x 为时间变量；(a,b) 为风险因素预期持续区间；k 为风险因素预期持续区间内的静态风险因素值，其来源于专家语言信息的量化取值。

当风险因素值呈三角分布时，静态风险因素值描述如式（6-2）所示：

$$f(x) = \begin{cases} 0, & x < a \\ k\dfrac{x-a}{b-a}, & a \leqslant x \leqslant b \\ k\dfrac{c-x}{c-b}, & b < x \leqslant c \\ 0, & x > c \end{cases} \quad (6-2)$$

其中，(a,c) 为风险因素预期持续区间；b 为预期风险因素最大值出现的时间点；k 为风险因素的最大值，其来源于专家语言信息的量化值。

6.2 基于时间变量的风险因素现值评估

6.2.1 基于时间点变量的风险因素现值评估

本书将风险因素的预期发生时间变量引入风险因素重要性的考核，提出风险因素现值的概念。静态风险因素值和预期持续时间完全相同的风险因素的预期发生时间距当前评价时间点越近，风险因素现值越高。也可理解为风险因素应对响应时间越紧急，风险因素现值越高。

风险因素现值是考察项目在其计算期内风险因素水平的动态指标。它把风险因素在项目计算期内某时间点的静态风险因素值，按照一个给定的风险折现率计算到项目风险评价时间点的风险因素评估值，其表达式为

$$r_p(x) = f(x)/(1+i)^x \quad (6-3)$$

其中，i 为风险折现率，一般取 $0 \leqslant i \leqslant 1$，用来反映风险的时间敏感度，$i$ 越大，风险因素的时间敏感度越强；$r_p(x)$ 为基于时间点变量的风险因素现值。

当风险因素呈均匀分布时，基于时间点变量的风险因素现值表达式如式（6-4）所示：

$$r_p(x) = \begin{cases} \dfrac{k}{(1+i)^x}, & x \in (a,b) \\ 0, & x \notin (a,b) \end{cases} \quad (6\text{-}4)$$

当风险因素呈三角分布时,基于时间点变量的风险因素现值表达式如式(6-5)所示:

$$r_p(x) = \begin{cases} 0, & x < a \\ \dfrac{k}{(1+i)^x}\left(\dfrac{x-a}{b-a}\right), & a \leqslant x \leqslant b \\ \dfrac{k}{(1+i)^x}\left(\dfrac{c-x}{c-b}\right), & b < x \leqslant c \\ 0, & x > c \end{cases} \quad (6\text{-}5)$$

6.2.2 基于持续时间段变量的风险因素现值评估

风险因素值 $f(x)$ 是对某风险因素在第 x 时间点的评价值,是离散信息,故相对应的基于时间点变量的风险因素现值 $r_p(x)$ 也是离散的。而项目风险因素在某段时间是连续的。基于持续时间段变量的风险因素现值是在基于时间点变量的风险因素现值的基础上引入风险因素持续时间这个变量,将风险因素的预期发生时间和持续时间同时作为风险因素重要性的考核因素,认为静态风险因素值和预期发生时间完全相同的风险因素的持续时间越长,风险因素的重要性越大;反之,则越小。故

$$R_p(x) = \int_t^{t'} f(x)(1+i)^{-x}\,\mathrm{d}x \quad (6\text{-}6)$$

其中, t、t' 为风险因素的预期起止时间; $R_p(x)$ 为基于 t 至 t' 风险因素持续时间段的风险因素现值。

当风险因素呈均匀分布时,基于持续时间段变量的风险因素现值表达式如式(6-7)所示:

$$\begin{aligned} R_p(x) &= \int_a^b k(1+i)^{-x}\,\mathrm{d}x \\ &= \dfrac{k}{\ln(i+1)}\left(\dfrac{1}{(1+i)^a} - \dfrac{1}{(1+i)^b}\right) \end{aligned} \quad (6\text{-}7)$$

当风险因素呈三角分布时,基于持续间段变量的风险因素现值表达式如式(6-8)所示:

$$R_p(x) = \int_a^b k\left(\frac{x-a}{b-a}\right)(1+i)^{-x}\mathrm{d}x + \int_b^c k\left(\frac{c-x}{c-b}\right)(1+i)^{-x}\mathrm{d}x$$

$$= \frac{k((1+i)^{-b}(b-a)\ln(1+i))}{(a-b)\ln^2(1+i)} + \frac{k((1+i)^{-b}-(1+i)^{-a})}{(a-b)\ln^2(1+i)} \quad (6\text{-}8)$$

$$+ \frac{k((1+i)^{-b}(c-b)\ln(1+i))}{(c-b)\ln^2(1+i)} + \frac{k(-(1+i)^{-b}+(1+i)^{-c})}{(c-b)\ln^2(1+i)}$$

6.3 基于时间变量的动态风险趋势评估

考察项目周期内任意指定时间段的风险水平，对于项目评估与决策具有举足轻重的作用。本书引入动态风险趋势的概念，用于评估项目周期内任意指定时间段内的项目风险水平。当项目周期内存在 n 种风险因素时，可定义项目周期内任意时间段 (t,t') 的风险趋势为 n 个风险因素的基于时间段 (t,t') 的风险因素现值之和，见式（6-9）。

$$\sum^n R_p(t,t') \quad (6\text{-}9)$$

其中，

$$R_p(t,t') = \int_t^{t'} f(x)(1+i)^{-x}\mathrm{d}x \quad (6\text{-}10)$$

其中，$R_p(t,t')$ 为基于 (t,t') 时间段的风险因素现值；(t,t') 为项目周期内任意时间段。

当风险因素呈均匀分布时，项目周期内任意时间段 (t,t') 的风险因素现值为 $R_p(t,t')$，其表达式如下。

当 $t \leqslant a$，$t' \geqslant b$ 时，

$$R_p(t,t') = \frac{k}{\ln(i+1)}\left(\frac{1}{(1+i)^a} - \frac{1}{(1+i)^b}\right) \quad (6\text{-}11)$$

当 $t \leqslant a < t' < b$ 时，

$$R_p(t,t') = \frac{k}{\ln(i+1)}\left(\frac{1}{(1+i)^a} - \frac{1}{(1+i)^{t'}}\right) \quad (6\text{-}12)$$

当 $a \leqslant t < t' \leqslant b$ 时，

$$R_p(t,t') = \frac{k}{\ln(i+1)}\left(\frac{1}{(1+i)^t} - \frac{1}{(1+i)^{t'}}\right) \quad (6\text{-}13)$$

当 $t < t' \leqslant a$ 或 $t' > t \geqslant b$ 时，

$$R_p(t,t') = 0 \quad (6\text{-}14)$$

当风险因素呈三角分布时,项目周期内任意时间段 (t,t') 的风险因素现值为 $R_p(t,t')$,其表达式如下。

当 $t < t' \leqslant a$ 或 $t \geqslant c$ 时,

$$R_p(t,t') = 0 \quad (6\text{-}15)$$

当 $t \leqslant a < t' \leqslant b$ 时,

$$R_p(t,t') = \frac{k((1+i)^{-t'}(a-t')\ln(1+i))}{(b-a)\ln^2(1+i)} - \frac{k((1+i)^{-t'} - (1+i)^{-a})}{(b-a)\ln^2(1+i)} \quad (6\text{-}16)$$

当 $t \leqslant a$, $b < t' \leqslant c$ 时,

$$\begin{aligned}R_p(t,t') &= \frac{k((1+i)^{-b}(a-b)\ln(1+i))}{(b-a)\ln^2(1+i)} - \frac{k((1+i)^{-b} - (1+i)^{-a})}{(b-a)\ln^2(1+i)} \\ &+ \frac{k((1+i)^{-t'}(t'-b)\ln(1+i))}{(c-b)\ln^2(1+i)} - \frac{k((1+i)^{-b} - (1+i)^{-t'})}{(c-b)\ln^2(1+i)}\end{aligned} \quad (6\text{-}17)$$

当 $t \leqslant a$, $t' > c$ 时,

$$\begin{aligned}R_p(t,t') &= \frac{k((1+i)^{-b}(a-b)\ln(1+i))}{(b-a)\ln^2(1+i)} - \frac{k((1+i)^{-b} - (1+i)^{-a})}{(b-a)\ln^2(1+i)} \\ &+ \frac{k((1+i)^{-c}(c-b)\ln(1+i))}{(c-b)\ln^2(1+i)} - \frac{k((1+i)^{-b} - (1+i)^{-c})}{(c-b)\ln^2(1+i)}\end{aligned} \quad (6\text{-}18)$$

当 $a \leqslant t < t' \leqslant b$ 时,

$$\begin{aligned}R_p(t,t') &= \frac{k((1+i)^{-t'}(a-t')\ln(1+i))}{(b-a)\ln^2(1+i)} - \frac{k((1+i)^{-t}(a-t)\ln(1+i))}{(b-a)\ln^2(1+i)} \\ &+ \frac{k((1+i)^{-t} - (1+i)^{-t'})}{(b-a)\ln^2(1+i)}\end{aligned} \quad (6\text{-}19)$$

当 $a \leqslant t \leqslant b \leqslant t' \leqslant c$ 时,

$$\begin{aligned}R_p(t,t') &= -\frac{k((1+i)^{-b}(b-a)\ln(1+i))}{(b-a)\ln^2(1+i)} + \frac{k((1+i)^{-t}(t-a)\ln(1+i))}{(b-a)\ln^2(1+i)} \\ &+ \frac{k((1+i)^{-t} - (1+i)^{-b})}{(b-a)\ln^2(1+i)} + \frac{k((c-b)(1+i)^{-b}\ln(1+i))}{(c-b)\ln^2(1+i)} \\ &+ \frac{k((1+i)^{-t'}(t'-c)\ln(1+i))}{(c-b)\ln^2(1+i)} + \frac{k((1+i)^{-t'} - (1+i)^{-b})}{(c-b)\ln^2(1+i)}\end{aligned} \quad (6\text{-}20)$$

当 $a \leqslant t \leqslant b$, $t' > c$ 时,

$$R_p(t,t') = -\frac{k((1+i)^{-b}(b-a)\ln(1+i))}{(b-a)\ln^2(1+i)} + \frac{k((1+i)^{-t}(t-a)\ln(1+i))}{(b-a)\ln^2(1+i)}$$
$$+ \frac{k((1+i)^{-t} - (1+i)^{-b})}{(b-a)\ln^2(1+i)} + \frac{k((c-b)(1+i)^{-b}\ln(1+i))}{(c-b)\ln^2(1+i)} \quad (6-21)$$
$$+ \frac{k(-(1+i)^{-b} + (1+i)^{-c})}{(c-b)\ln^2(1+i)}$$

当 $b \leqslant t \leqslant c \leqslant t'$ 时,

$$R_p(t,t') = \frac{k((1+i)^{-t}(c-t)\ln(1+i))}{(c-b)\ln^2(1+i)} + \frac{k((1+i)^{-c} - (1+i)^{-t})}{(c-b)\ln^2(1+i)} \quad (6-22)$$

当 $b \leqslant t \leqslant t' \leqslant c$ 时,

$$R_p(t,t') = \frac{k((1+i)^{-t'}(t'-c)\ln(1+i))}{(c-b)\ln^2(1+i)} - \frac{k((1+i)^{-t}(t-c)\ln(1+i))}{(c-b)\ln^2(1+i)}$$
$$+ \frac{k((1+i)^{-t'} - (1+i)^{-t})}{(c-b)\ln^2(1+i)} \quad (6-23)$$

6.4 航天发射试验动态风险排序应用

6.4.1 风险事件描述

航天发射试验风险具有多样性、复杂性、多层次性、全局性等特点,同时,项目的成败与时点、时段因素密不可分。因此考察项目风险的动态性是很有必要的。

某项目执行 8 天,经专家讨论,确定存在 4 个风险因素,即管理风险、人力风险、环境风险、技术风险,同时,专家给出风险因素值的语言描述,如表 6-1 所示。这里采用 9 级标度法,用 0.9、0.7、0.5、0.3、0.1 分别代表风险因素值很高、高、中等、低、很低,0.8、0.6、0.4、0.2 介于以上两个相邻描述之间。风险折现率 i 取值为 0.1,某项目风险因素描述如表 6-2 所示。

表6-1 风险因素值的语言描述

风险序号	风险因素	风险描述
r_1	管理风险	第 5 天到第 7 天管理风险因素值均处于高和很高之间
r_2	人力风险	第 1 天到第 4 天人力风险因素值均处于中等偏高水平
r_3	环境风险	第 6 天到第 8 天环境风险因素值均处于中等水平
r_4	技术风险	第 3 天到第 7 天存在技术风险,且第 5 天最高,处于中等偏低水平

表6-2　风险因素描述

风险序号	风险因素值	预计开始时间（每日0点）	三角分布中风险值最大的时间点	预计结束时间（每日24点）	分布情况
r_1	0.8	5	—	7	平均分布
r_2	0.6	1	—	4	平均分布
r_3	0.5	6	—	8	平均分布
r_4	0.4	3	5	7	三角分布

6.4.2　基于时间点的风险现值计算

根据表6-2项目风险因素描述，可以完成表6-3的信息收集，基于时间点的静态风险值为四个风险因素的基于时间点的静态风险因素值的累计值。

表6-3　基于时间点的静态风险值

风险序号	基于时间点的静态风险因素值（每日24时）							
	第1天	第2天	第3天	第4天	第5天	第6天	第7天	第8天
r_1	0.00	0.00	0.00	0.00	0.80	0.80	0.80	0.00
r_2	0.60	0.60	0.60	0.60	0.00	0.00	0.00	0.00
r_3	0.00	0.00	0.00	0.00	0.00	0.50	0.50	0.50
r_4	0.00	0.00	0.13	0.27	0.40	0.27	0.13	0.00
基于时间点的静态风险值	0.60	0.60	0.73	0.87	1.20	1.57	1.43	0.50

利用式（6-4）和式（6-5），根据表6-3中的基于时间点的静态风险因素值可以计算出基于时间点的风险因素现值（表6-4），并求出基于时间点的风险现值，即四个风险因素的基于时间点的风险因素现值的累计值。

表6-4　基于时间点的风险现值（$i=0.1$）

风险序号	基于时间点的风险因素现值（每日24时）							
	第1天	第2天	第3天	第4天	第5天	第6天	第7天	第8天
r_1	0.00	0.00	0.00	0.00	0.50	0.45	0.41	0.00
r_2	0.55	0.50	0.45	0.41	0.00	0.00	0.00	0.00
r_3	0.00	0.00	0.00	0.00	0.00	0.28	0.26	0.24
r_4	0.00	0.00	0.10	0.18	0.25	0.15	0.07	0.00
基于时间点的风险现值	0.55	0.50	0.55	0.59	0.75	0.88	0.74	0.24

基于时间点的风险现值可以反映某固定时间点的整体风险水平，从表6-3可以看出基于时间点的静态风险值排序为：第6天>第7天>第5天>第4天>第3天>

第 1 天=第 2 天>第 8 天，从表 6-4 可以看出基于时间点的风险现值（每日 24 时）排序为：第 6 天>第 5 天>第 7 天>第 4 天>第 1 天=第 3 天>第 2 天>第 8 天，排序发生变化的原因是基于时间点的风险现值排序考虑了风险因素的预期发生时间。

6.4.3 基于时间段的风险现值及动态风险趋势评估

利用式（6-7）～式（6-23），计算出基于时间段的风险因素现值，并求出基于持续时间的风险现值，以及动态风险趋势，如表 6-5 所示。

表6-5 基于持续时间的风险现值及动态风险趋势

风险序号	基于时间段的风险因素现值								基于持续时间的风险现值
	第 1 天	第 2 天	第 3 天	第 4 天	第 5 天	第 6 天	第 7 天	第 8 天	
r_1	0.00	0.00	0.00	0.00	0.47	0.43	0.39	0.00	1.29
r_2	0.52	0.47	0.43	0.39	0.00	0.00	0.00	0.00	1.81
r_3	0.00	0.00	0.00	0.00	0.00	0.22	0.20	0.18	0.59
r_4	0.00	0.00	0.05	0.14	0.22	0.20	0.11	0.03	0.75
动态风险趋势	0.52	0.47	0.48	0.53	0.69	0.85	0.70	0.21	

动态风险趋势能够反映项目周期内每一天（或任意时间段）的风险事件水平，从表 6-5 可以看出，动态风险趋势为：第 6 天>第 7 天>第 5 天>第 4 天>第 1 天>第 3 天>第 2 天>第 8 天，与基于时间点的静态风险值排序及基于时间点的风险现值相比，排序发生变化。从表 6-5 中还可以看出，基于持续时间的风险现值排序为 $r_2 > r_1 > r_4 > r_3$，而表 6-2 中风险因素值排序为 $r_1 > r_2 > r_3 > r_4$，风险因素的排序也发生了变化。主要原因是动态风险趋势与基于持续时间的风险现值排序均综合考虑了风险事件的预期发生时间、持续时间及风险分布情况等因素。该方法更具有全面性和客观性，能够为风险应对决策提供科学合理的参考依据。

第 7 章　航天发射试验风险应对及监控系统框架设计

风险识别和分析是风险应对的基础，风险应对与监控的目的是保证项目目标的实现，它们的实施过程实质上是选择、实施和核查风险管理策略和措施的过程。

本章研究航天发射试验风险应对方法、原则及措施；设计航天发射试验风险监控系统框架，明确航天发射试验风险监控及预警流程。

7.1　航天发射试验风险应对

7.1.1　风险应对的基本概念

项目风险应对就是针对风险分析和评估的结果，为提高实现项目目标的机会，降低风险的负面影响而制定风险应对策略和措施的过程，简单地说也就是根据风险分析和评估结果，拟制风险管理计划的过程。

经过风险分析和评估后，项目风险一般会有两种情况：第一种情况是项目风险超过了风险主体可接受的水平；第二种情况是项目风险在项目主体可接受的范围内。针对这两种不同的风险情况，可以相应地采取不同的项目风险应对措施。对于第一种情况来说，如果项目风险超出可接受水平过多，无论采取何种措施都无能为力，则应停止该项目甚至取消该项目；如果项目风险稍微超过可接受水平，应通过采取措施避免或减弱风险带来的损失。对于第二种情况来说，虽然项目风险在可接受的水平内，但也应把项目风险造成的损失控制在最小的范围内。

7.1.2 航天发射试验风险应对方法

风险识别和评价的目的是对风险进行有效的控制，即对经过识别、度量和评价的风险因素采取相应的控制措施，以期改变风险后果性质、风险发生的概率或风险损失的大小等。风险应对的方法包括风险回避、损失控制、风险转移和风险自留。一般来说，对损失大、发生概率大的灾难性风险要采取风险回避措施；对损失相对较小、发生概率大的风险，可采取损失控制的措施来降低风险；对损失大、发生概率小的风险，可采取风险转移和损失控制等组合方法进行风险控制；对损失小、发生概率小的风险，即使发生造成的后果也不大，可以采取积极控制手段来使风险最小化，即风险自留。根据不同风险对项目带来损失或危害的性质、程度不同，可采取不同的处置方法来应对风险；一般情况，对一个项目所面临的各种风险，需要综合运用多种方法进行处理。项目风险应对方法如图 7-1 所示。

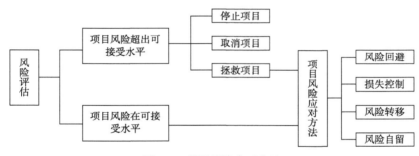

图 7-1 项目风险应对方法

1. 风险回避

对于项目风险管理而言，若某些风险发生的可能性很大，且一旦发生损失的程度很严重时，采取中断风险源，使其不致发生或遏制其发展，主动放弃原先承担的风险或完全拒绝承担该风险的行动。应用风险回避措施时，风险管理者通过变更项目计划，从而消除项目风险或产生风险的条件，或者保护项目目标免遭风险的影响。采取这种手段有时可能不得不做出一些必要的牺牲，但较之承担风险，这些牺牲比风险真正发生时可能造成的损失要小得多，甚至微不足道。

1）风险回避的方式

风险回避的具体方式主要有两种：完全拒绝承担风险和放弃原先承担风险。完全拒绝承担风险是指风险管理者事先预见到了某行动导致风险事故的可能性及后果，在风险未发生之前做出放弃某行动的决策。针对航天发射试验，有些技术方法尚未成熟，虽然能够有效地测量系统的性能指标，但若应用到试验中可能造成费用追加、人员伤亡、无法获得可靠的数据指标等问题，所以在预先制订方案时应放弃这种技术，选择比较成熟的方法来规避使用新技术带来的风险因素。

放弃原先承担风险是指风险已经存在，被风险管理者发现，并及时进行风险控制。对航天发射试验风险源识别清单中的高概率及高影响的风险在采用风险回避措施时可以通过更改试验方案、要求、规范及惯例，将风险降低到最低水平，即取消那些不确定的要求、消除高风险源代之以较低等级风险。在航天发射试验中，由于天气恶劣，按原计划实施发射任务可能导致某些指标达不到设计要求，造成严重的后果，所以应采取规避措施，做出行动延期决策。

2）风险回避的优缺点分析

如果单纯地从处置项目特定风险的角度来看，风险回避自然是最彻底的方法，但这是一种消极的防范手段。因为风险回避固然能避免损失，但同时也失去了行动可能带来收益的机会。

（1）风险回避可以避免损失的发生。当预期风险事故造成的损失较大，并且无法转移风险的时候，采取风险回避的措施可以完全彻底消除风险事故造成的损失。

（2）风险回避是一种主动放弃风险的决策，可以消除风险事故造成的损失，但同时也意味着收益的丧失，是风险管理主体的无奈选择。

（3）某些风险损失是无法避免的，这时采取风险回避的措施无效。例如，地震、海啸、洪水、暴风等自然灾害对人类来说是不可避免的。

（4）回避某种风险可能产生另一种风险。在管理者改变工作性质或者工作方案回避某一风险时，有可能面临另外一种新的风险。

3）适用性分析

风险回避是风险处理的有效方法，通过风险回避，风险管理者可以明确知道风险不可能再发生，风险主体也不会承受某些潜在的风险。风险回避措施的适用范围：①发生损失程度和损失频率较大的特大风险；②损失频率不高，但是损失后果严重，并且无法得到补偿的风险；③采用其他风险管理措施的成本超过进行该项活动预期收益的情形。

风险回避是对所有可能发生的风险尽可能地规避，这样可以直接消除风险损失。考虑到风险事件存在和发生的可能性，主动放弃或拒绝实施可能导致风险损失的方案以回避风险，可以在风险事件发生之前完全彻底地消除某一特定风险可能造成的损失，而不仅是减少损失影响的程度。风险回避具有简单、易行、全面、彻底的优点，能将风险发生的概率降为零，从而保持项目的安全运行。

风险回避的具体方法有放弃或终止某件活动、改变某项活动的性质、放弃某项不成熟工艺等。在采取风险回避时，应注意以下几点：①当风险可能导致损失概率和损失幅度极高，且对此风险有足够的认识时，这种策略才有意义；②当采用其他风险策略的成本和效益的预期值不理想时，可采取风险回避的策略；③不是所有的风险都可以采取回避策略，如地震、洪灾等；④风险回避只在特定范围内及特定的角度上才有效，因此，避免了某种风险，又可能产生另一种新的风险。例如，在航天发射试验临射检查与发射过程中，某系统或设备的故障可能会导致发射失败，而该故障又不能在规定时间内排除时，为避免发射失败造成重大经济损失和负面的政治影响，可暂时终止发射活动，待查明故障原因并彻底根除后再重新组织发射。

2. 损失控制

损失控制是指风险管理单位有意识地采取积极行动防止或减少事故发生的概率及其造成的损失。

1）损失控制技术分类

损失控制技术可以依据不同的原则进行分类，最为常见分类如下。

（1）按照损失控制的目的可以分为损失预防和损失抑制。损失预防以降低损失概率为目的，防止风险事故的发生；损失抑制以减少损失幅度为目的，防止损失的扩大。损失预防是损失控制的一般性措施，是风险管理的一般性对策，旨在消除引发风险的根源；而损失抑制是损失控制的应急性对策，是在未找到引起损失事故的原因以前，风险管理者采取的临时性措施，损失抑制并不能防止损失的再次发生。

（2）按照损失控制措施可以分为工程物理法和行为法。工程物理法以风险单位的物理性质为风险管理重点，侧重于营造安全的环境；行为法则是以人们的行为控制为风险管理的重点，侧重于操作程序、操作规范和操作技巧的管理，主要预防或者减少人为因素造成的风险事件。

（3）按照损失控制执行的时间可以分为损前控制、损时控制和损后控制。

损前控制是指经过风险辨识后，就每一个风险详细地说明风险产生的原因、条件、环境、后果与控制发生的要领，使每一个员工明了在做每一项工作前都要预先了解这一工作的风险和预控措施。这是一种主动、积极的方案，通过全员教育，使人们树立风险意识，将风险消灭在萌芽中。

损时控制的主要方法是制订应急方案，应急方案在损失发生时起作用，目的是使项目风险损失最小化。从风险应对成本上考虑，并不是对每一个风险都制订应急方案，而是对风险进行评价后，只对那些较大风险或可以分类的风险制订应急方案。

损后控制主要是针对当前情况，制订并实施挽救方案。挽救方案的目的是将风险发生后造成损坏的财物修复到最高的可使用程度，以及将项目的影响降低到最低。挽救方案的组织措施与制定程序在应急方案中均有阐述,所以也可以将挽救方案看作应急方案的从属方案。

损失控制的前提是承认风险事件的客观存在,然后再考虑采取适当措施去降低风险出现的概率或者削减风险所造成的损失,主要包含两方面工作:一是防止损失的发生,即在损失发生之前,尽可能地消除损失发生的根源,并减少事故发生的概率;二是减少损失的程度,即通过种种措施降低损失的严重性,遏制损失加剧,设法使损失最小化。

2)预防风险

预防风险是指在损失发生前,为了消除或减少可能引起损失的各种因素而采取的具体措施,以降低损失发生的概率。预防风险的常用方法有工程法、教育法和程序法等。

(1)工程法:以工程技术为手段,通过对物质因素的处理来达到控制损失的目的。具体措施包括:预防风险因素的产生、减少已存在的风险因素、改变风险因素的基本性质、改变风险因素的空间分布、加强风险单位的防护能力等。例如,在航天发射测试发射活动开始前进行的地面设施设备运行检查、产品第一次加电及重大测试发射活动开始前的技术安全检查,以及状态检查、状态确认活动,可以达到提前发现系统、设备故障和安全隐患,从而在测试发射活动开始前采取有效措施消除风险因素,减少风险事件发生。

(2)教育法:通过安全教育培训,消除人为风险因素,防止不安全行为的出现,达到控制损失的目的。例如,对全体参加任务人员进行质量意识教育、发射场相关规章制度学习、文书(方案、预案、协同指挥程序、操作规程)学习、安全技能和人员安全防护教育等。

(3)程序法:以制度化程序作业方式控制损失,其实质是通过加强管理,从根本上对风险因素进行处理。例如,"双岗""三检查""五不操作"制度,进出舱门管理、现场管理和"表格化"管理制度,均可有效地防止操作差错、检查测试工作漏项等。

3)减轻风险

减轻风险是指损失发生时或损失发生后,为了缩小损失幅度而采取的措施。减轻风险的措施主要有风险分割、风险储备、制度规定等。

(1)风险分割:将某一风险单位分割成许多独立的、较小的单位,以达到减小损失幅度的目的,如航天发射试验中,将火工品的储存和测试放到远离产品和人群的独立建筑内进行。

(2)风险储备:增加风险单位,如系统、设备的冗余设计,关键系统、设备的备品备件储备,指挥、操作人员工作的继承性及双岗设置等。这样,当出现系统、设备故障时可以启用系统、设备的冗余备份或更换备品备件,当参加任务人员出现问题时有可替代的岗位人员。

（3）制度规定：拟订减小损失幅度的规章制度，如在现场设立安全员，测试操作设置一岗、二岗或主岗、副岗的双岗制度，可以有效抑制参加任务人员的操作差错，及时发现设备故障和安全隐患。

3. 风险转移

当项目的资源有限，不能实行减轻策略，或者风险发生的频率不高，但潜在风险很大时，往往采取风险转移策略。风险转移是风险分担的一种形式而不是解除风险。实行这种策略要遵循三个原则：风险转移应有利于降低项目成本和有利于完成任务；谁能更有效地防止或控制某种风险或减少该风险引起的损失，就由谁承担该风险；风险转移应有助于调动承担方的积极性，认真做好风险管理，从而降低成本，节约投资。

风险转移并不会减少风险的危害程度，它只是将风险转移给另一方来承担。需要注意的是，风险转移并不是将风险转移给对方，对方肯定会受到损失。风险是相对的，各人的优劣势不一样，对风险的承受能力也不一样，对有的单位或个人来说是风险的事件，对别的单位或个人就不一定是风险。在某些环境下，风险转移者和接受风险者会取得双赢。

4. 风险自留

风险自留又称风险承担，是指由项目组织自己承担风险事故所致损失的措施。风险承担是项目实施单位自行承担风险后果的一种风险控制策略。这种手段意味着风险管理者决定以不变的工作计划去应对项目风险，或者因为不能找到合适的风险应对策略，或者出于应对成本的考虑，其他的应对措施成本大于风险的期望损失，所以采取风险承担的措施。在实践过程中风险承担有两种基本方式：主动承担和被动承担。

主动承担，也称计划性风险承担，是指在对项目风险进行预测、识别、评估和分析的基础上，明确风险的性质及后果，风险管理者认为主动承担某些风险比其他处置方式更好，于是积极地制订风险应急计划，以备风险发生之用。掌握完备的风险事件的信息是风险承担的前提。

被动承担，也称非计划性风险承担，指在未能准确识别和评估风险及损失后果的情况下，被迫采取自身承担后果的风险处置方式。被动承担是一种被动的、无意识的处置方式，往往造成严重的后果，使项目组遭受重大损失。在实际航天发射试验过程中，遗漏的风险很有可能超出风险承担能力，因此在早期应尽量全面地识别试验试飞项目的风险，减少被动承担风险。

当项目组不可能预防或回避损失，且没有转移的可能性，其他任何一种方法都无法有效地应用于处理某一特定风险时，风险管理者别无选择，只能承担风险。如果风险承担并非唯一可能的对策时，项目组应认真分析研究，制定最佳决策。

　　航天发射试验政治、经济影响大，参加任务人员、系统众多，组织指挥、计划协调难度大，不确定因素多，而且一旦任务进入实施阶段以后，风险事件的发生往往会影响任务进程，除采取风险回避和减轻风险措施外，最重要的是进行风险的预防，将可能的风险影响降低到最低程度，确保万无一失，确保成功。但无论怎样采取预防和规避措施，都有可能存在未被认知的风险因素和残余风险，此类风险只能由发射场承担。针对航天发射试验的这种特点，要着力提高参加任务人员的应急处置能力，增强突发风险事件应急处置手段。针对人员、设备、指挥、操作等方面的潜在问题，制定相应的处置预案并组织预案演练，使岗位人员熟悉应急处置的程序和方法，确保在紧急情况发生时能及时有效地应对。

7.1.3　航天发射试验风险应对原则及措施

　　航天发射试验风险应对的宗旨是：制订详尽的风险规划，跟踪已识别的风险，监控残余风险，识别新的风险，保证航天发射试验风险计划的执行，时刻评估风险应对对降低和规避风险的有效性。结合对风险应对方法的适用性分析，航天发射试验风险应对应遵循以下原则。

　　（1）以风险识别和风险评价信息输出信息为应对依据：以航天发射试验风险识别和分析结果为依据，将风险因素按其发生可能性、对航天发射试验加注系统目标的影响程度、缓急程度分级排序。

　　（2）明确可接受的风险水平：组织的认知度会影响风险应对计划，因此需要充分考虑可接受的风险的认知。

　　（3）全员参与：航天发射试验参与者及相关者均为风险控制主体，风险主体应参与制订风险应对的计划。

　　（4）全过程持续应对：风险规避、风险转移、损失控制、风险承担是可以共同作用的，而且不是一次循环就可以完成的，风险应对是贯穿于航天发射试验风险管理整个过程中的、实时的、不断持续进行的。

　　航天发射试验应根据风险分析结果，围绕任务目标权衡风险水平，制定并认真实施降低风险、防范事故的措施。主要步骤：根据风险等级及防范重点，做出风险应对的决策，调整任务计划和活动方案；制定具体防控措施，完善安全保障方案、应急处置预案；针对不同任务阶段，区分风险程度，实施控制措施，排除风险因素，消除隐患，避免风险暴露；评价应对措施的有效性，识别新的风险因素。具体措施如下。

（1）风险决策应坚持统一领导，实行主管负总责、分管领导负专责、现场领导具体负责。必须着眼于保证圆满完成工作任务，不得随意提高风险等级，不得降低工作标准和试验强度或忽视风险、盲目决策；执行上级赋予的重要任务，因风险过大取消或推迟执行，应报上级批准后执行；因出现重大险情中止任务，应及时向上级报告。一线指挥和操作人员确定现有措施手段无法有效控制风险时，应果断中止，并及时请示汇报。发现新的风险因素，应及时调整、改进计划安排和作业流程。

（2）尽量消除安全隐患和危险因素。对识别排查出的重大隐患和危险因素，要区分轻重缓急，明确责任单位、责任人员和时限，认真组织整改。本部门、本系统解决不了的重大隐患和问题，要及时报告上级。重申和完善有关规章制度，针对倾向性问题和潜在危险因素组织专项整治。对重要环节和关键部位进行检查，确保处于安全状态。

（3）实施专业技能培训，降低人力风险。选用合适人员，赋予能够胜任的任务。组织操作和防护技能培训，提高指挥员、操作员和保障人员应对风险的能力。从事特殊任务和高危作业，应组织专门的避险训练和模拟演练。根据有关标准组织岗位资格认证和安全适应检测。

（4）实施技术防控，降低技术风险。依据有关标准对发射设备、运行环境进行技术检测和失效分析，弥补安全缺陷；实施精确维修和技术保障，确保发射设备的可靠性、稳定性、安全性；改进技术手段，完善技术监控平台，使之处于良好状态。

（5）实施管理控制，降低管理风险。明确各级各类人员的任务职责和安全责任；督促所属人员认真履行职责，维护现场纪律和运行秩序，纠正不安全行为，确保按计划实施、按规程操作；建立反馈机制，对风险控制措施执行情况跟踪检查监控，及时反馈效果，必要时进行调整；指定专门人员，对任务实施风险情况进行监督，如实报告风险因素和隐患，对现场安全负责；领导和机关应实时掌握任务进展及相关情况，把握节奏，及时解决影响任务、危及安全的问题。

（6）提高全员风险意识，普及风险管理思想理念。进行风险警示教育，使航天发射试验所有参与者及相关人员明确工作任务实施中面临的风险，掌握任务实施步骤和防范风险的目标要求、措施方法。通报风险分析结果和风险事件，提示风险等级，增强识别险情、避免人为差错、防控风险意识，按照风险等级做好防范准备工作。强化人员风险意识和责任意识，使所有人员理解风险管理的重要意义，明确所担负的任务和所进行的活动可能存在的风险及其防范要求，增强识别风险，应对风险的自觉性；组织风险管理培训，提高领导干部风险管理能力。组织风险管理学习考核，组织模拟训练，提高操作人员和保障人员应对风险的能力；建立风险管理骨干队伍，充分发挥各单位在风险管理中的信息咨询、教育宣传、检查监督、应急处置作用。

（7）对关系重大、影响全局的重要任务、重要活动、重要目标，除按常规程序实施风险应对外，应采取特别措施。根据需要成立专项风险管理小组，严密组织综合及专项风险评价；准确查明危险因素，充分预测可能对全局造成的影响和危害，必要时组织可行性论证，周密制定并选择最佳方案；采取全方位风险控制和应急处置预案，预备保障资源，并报上级机关审查；主管领导、机关和技术专家应全程组织、全程参与。必要时上级应派人或指定专家现场指导。出现重大异常和险情，应立即启动预案，必要时中止执行任务。

（8）建立重大风险源动态管理系统和定期检查报告制度。各相关部门应定期提交专项报告，详细说明重大风险源状况和安全防护状态。重大风险源管控应健全以下措施：防止故意破坏行为导致重大事故的措施；防止操作失误或无意行为导致重大事故的措施；保证存储物品及设施设备的技术安全和区域安全的措施；保证一旦发生事故将损失和危害程度控制在最小的措施。

7.1.4 航天发射试验加注系统风险评估与应对应用

1. 风险评估

风险评估的主要目的是确定每种风险对发射场地面设施设备各系统任务执行或完成任务目标影响的大小，包括：①对系统所有风险进行比较和评价，确定它们的先后顺序；②从整体出发弄清各风险事件之间确切的因果关系，以便制订本系统的风险管理计划；③进一步量化已识别风险的发生概率和影响，减少风险发生概率和估计中的不确定性。

风险评估的主要内容包括：①风险事件发生的可能性大小；②可能的结果范围和危害程度；③预期发生的时间；④一个风险因素所产生的风险事件的发生概率。

风险评估的主要依据有：①风险识别结果。包括已识别的风险及风险对任务的潜在影响。②任务进展情况。风险的不确定性常与系统所执行的航天发射试验阶段有关，在初期，风险症状往往表现得不明显，随着任务的进展，发生风险及发现风险的可能性会增加。③系统类型。一般来说，技术含量高或复杂性强的系统的风险程度比较高。④数据的准确性和可靠性。对用于风险识别数据信息的准确性和可靠性应进行估计。⑤概率和影响程度。风险发生的概率和影响程度是用于估计风险的两个关键方面。

风险评估包括定性分析、定量分析及定性分析与定量分析相结合的方法。定性分析不对风险进行量化处理，只用于对风险发生的可能性及后果的严重程度等级进行相对比较。定性分析的优点是简单直观、容易掌握，缺点是分析结果不能量化，很大程度上取决于分析人员的经验。要想更为精确地明确风险发生概率的大小及后果严重程度，则需要进行定量分析。借助一些数学方法，可以将定性分析转变为定量分析，以提高定性分析的精确度。定量分析往往存在数据缺乏的困难。

风险评估常用以下方法：①经验法。本系统专业人员或专家利用自身多年经验对设施设备状态的了解和掌握，进行风险评估。②对本系统历史数据的分析。历史数据包括历次任务的故障统计分析、故障分析与处理报告、归零报告、检修检测总结报告、任务总结报告等。③与相似系统的比较。发射场大部分设施设备是通用设备，如吊车、电梯、空调系统、消防系统、供配电系统、自控系统等，风险评估时，可以参考相关通用设备的故障、可靠性、安全性、风险分析等数据。④采用国家标准和国家军用标准推荐的方法。例如，《故障模式、影响及危害性分析指南》（GJB/Z 1391—2006），《故障树分析指南》（GJB/Z 768A—1998）。航天发射地面设施设备各参试系统可根据本系统的任务特点，选择合适的分析方法，也可对上述分析方法进行适当裁剪。⑤概率风险评估。这是一种系统安全性风险的定量评估方法。概率风险评估主要针对复杂系统进行风险评价，在核工业、化工、航天领域的安全性工作中有着重要地位，其中美国国家航空航天局和欧洲航天局的概率风险评估技术发展较早，技术也比较成熟。在实际中，除了电子设备的故障率数据较多而且可靠以外，其他如大型机械设备、人为差错、环境因素的危险特性数据少而且不可靠，影响了概率风险评估技术的推广使用。

加注系统设备安全性及风险评估结果见表7-1。

表7-1 加注系统设备安全性及风险评估结果

序号	产品名称或危险源	危险事件	危险等级	危险可能性等级	风险评估指数	风险水平	评价准则
1	推进剂	塔上两种推进剂同时大面积泄漏	Ⅱ	E	15	中	可接受，须经评审
2		库房内推进剂大面积泄漏	Ⅲ	D	14	中	可接受，须经评审
3		塔上一种推进剂大面积泄漏	Ⅲ	D	14	中	可接受，须经评审
4	产品质量和推进剂	加注活门滴漏或喷漏	Ⅲ	D	14	中	可接受，须经评审
5		活门与连接器对接面喷漏	Ⅲ	D	14	中	可接受，须经评审
6		安溢活门渗漏	Ⅳ	E	20	低	可接受
7		安溢活门滴漏	Ⅳ	E	20	低	可接受
8		贮箱壳体渗漏、滴漏	Ⅲ	E	17	中	可接受，须经评审
9		贮箱壳体喷漏	Ⅱ	E	15	中	可接受，须经评审
10		贮箱法兰盘密封面滴漏	Ⅲ	E	17	中	可接受，须经评审

续表

序号	产品名称或危险源	危险事件	危险等级	危险可能性等级	风险评估指数	风险水平	评价准则
11	产品质量和推进剂	贮箱法兰密封面渗漏	III	E	17	中	可接受，必须经过评审
12		加注活门渗漏	IV	D	19	低	可接受
13		活门与连接器渗漏或滴漏	IV	D	19	低	可接受
14	泵的气蚀	加注过程中泵气蚀	IV	D	19	低	可接受
15		加注准备时泵气蚀	IV	C	18	低	可接受
16	产品质量	泵电流过大（或过小，可调节）	IV	D	19	低	可接受
17		电动调节阀死区过大	IV	C	18	低	可接受
18		电动调节阀信号回路故障	IV	D	19	低	可接受
19		泵控柜电器元件过热	IV	D	19	低	可接受
20		气动球阀动作迟缓	IV	C	18	低	可接受
21		气动球阀气缸窜气	IV	C	18	低	可接受
22		气动球阀内漏	IV	C	18	低	可接受
23		加注/安溢活门电磁阀动作迟缓	IV	C	18	低	可接受
24		加注过程中泵电流偏大（或偏小，不可调节）	IV	D	19	低	可接受
25	产品质量或设备故障	气动球阀无回讯	IV	C	18	低	可接受
26		非关键部位压力传感器或二次仪表失效	IV	C	18	低	可接受
27		管道液位信号器不发讯	IV	C	18	低	可接受
28		磁性浮子液位计工作不稳定	IV	C	18	低	可接受
29	设备故障	并泵故障	IV	D	19	低	可接受
30		停泵不止	IV	D	19	低	可接受
31		大流量计本体或二次仪表故障	IV	C	18	低	可接受
32		小流量计二次仪表故障	IV	C	18	低	可接受
33		温度传输通道故障	IV	C	18	低	可接受
34		液位信号传输通路故障	III	D	14	中	可接受，须经评审
35		工控机主机故障	IV	D	19	低	可接受
36		PLC 停机	III	D	14	中	可接受，须经评审
37		泵后压力传感器或二次仪表突然故障	IV	D	19	低	可接受
38		加注过程中泵无回讯	IV	D	19	低	可接受
39		小流量计本体故障（含前置放大器）	IV	C	18	低	可接受

续表

序号	产品名称或危险源	危险事件	危险等级	危险可能性等级	风险评估指数	风险水平	评价准则
40	设备故障	小流量计二次仪表和PLC计数模板故障	Ⅲ	D	14	中	可接受，须经评审
41		0液位信号故障	Ⅳ	C	18	低	可接受
42		Ⅰ液位信号失灵	Ⅳ	C	18	低	可接受
43		加注量不到小液位情况下Ⅱ液位误发	Ⅲ	D	14	中	可接受，须经评审
44		加注量超过小液位时Ⅱ液位信号失灵	Ⅳ	C	18	低	可接受
45		补加时溢出信号误发	Ⅳ	D	19	低	可接受，须经评审
46		箭上液位全部失灵	Ⅲ	E	17	中	可接受，须经评审
47		箭上液位信号传输故障	Ⅳ	D	19	低	可接受
48		液位计二次仪表或通道故障	Ⅳ	C	18	低	可接受
49	人员误操作	贮箱溢出	Ⅲ	E	17	中	可接受，须经评审
50		泄出时贮箱产生负压	Ⅱ	D	10	中	可接受，须经评审
51	高压气体	加注时贮箱压力偏高或偏低	Ⅳ	C	18	低	可接受

从表 7-1 加注设备安全性分析及风险评估结果可以看出，存在的危险事件的风险评估指数绝大部分都在 10～20，按照评价准则，加注系统的安全性评价结果都是可接受的。只是推进剂的大面积泄漏和泵的气蚀，以及推进剂泄出时产生的负压对加注过程和火箭贮箱存在一定安全隐患，但经任务前的检测检修、专业学习和检查评审，其安全性评价结果还是可接受的。因此，航天发射场整个加注系统安全性分析及风险总体评价结果是可接受的。

2. 风险应对

风险应对是基于对跟踪和监控风险所获得的信息进行分析，然后进行重新决策的反馈过程。航天发射场地面设施设备风险应对的步骤与内容主要包括以下几个方面。

（1）确定任务过程中要控制的具体风险。按照发射场地面设施设备各系统已识别和分析的具体风险后果严重性的大小和风险发生的概率，以及风险控制资源情况，确定哪些风险要进行控制，哪些可以容忍。航天发射试验要控制的应该是风险评估结果为不可接受的和可接受但须经评审的风险。

（2）确定风险控制的责任。所有需要控制的风险都必须落实到负责控制的具体单位和人员，同时要明确他们所承担的具体责任。

（3）确定风险控制的行动时间。这是指对风险控制要制订相应的时间计划和安排，明确计划和规定解决风险问题的时间表和时间限制。

（4）制订各具体风险的控制方案。负责各具体风险控制的单位和人员，根据风险的特性和时间计划，制订各具体风险的控制方案及在不同阶段使用的风险事件控制方案。

（5）实施各具体风险控制方案。按照已经明确的具体风险控制方案，开展风险控制活动，并根据风险的发展与变化，不断修订风险控制方案与办法。

（6）跟踪具体风险的控制结果。这一步的目的是收集风险事件控制工作的信息并给出反馈，即利用跟踪去确认所采取的风险控制活动是否有效，风险的发展是否有新变化，等等。这一步是与实施具体风险控制方案同步进行的。

（7）判断风险是否已消除。如果认定某个风险已经解除，则该风险的控制作业就已经完成了。若判断该风险仍未解除，就需要继续实施跟踪和控制。必要时重新进行风险识别，这需要重新使用风险识别方法，对具体的任务活动方向进行新一轮的识别，然后重新按本方法的全过程开展下一步的具体风险控制作业。

风险应对过程形成风险事件跟踪控制单，并定期进行动态评估，对风险项目进行适当的增加、删除、修改。推荐的风险跟踪控制单见表7-2。

表7-2　发射场危险源或危险事件分析处置表

所属系统：加注系统　　　　　　　　　　　　　　　　　　　　编号：JZ001

危险源或危险事件名称		加注过程中箭地连接面滴漏			
危险严重性	IV	危险可能性	B	风险指数	16
原因	①密封面"O"形圈不合格；②"O"形圈上有划痕；③"O"形圈安装不到位（未加润滑脂）；④加泄连接器或火箭加注阀门密封面上有划痕；⑤加泄连接器未锁紧；⑥箭上加注阀门质量问题				
后果	少量推进剂滴漏，可能使人员烧伤或中毒，并可能影响加注进程				
危险可能性分析	①"O"形圈失效率取 10^{-2}（见《火箭推进剂监测防护与污染治理》）；②经过多次测试检查，加泄连接器或密封面有划痕的可能性较低；③经过三岗检查，加泄连接器未锁紧的可能性较低；④加注过程中，加泄连接器滴漏可能性较低；⑤经过多次测试检查，箭上阀门质量问题可能性较低				
防止危险发生的措施	①安装航天科技集团提供的新的功能正常的"O"形圈（原则上氧化剂每次必须更换，燃烧剂可长期使用），并备份一定数量的"O"形圈；②火箭动力系统确保加注阀门状态正确；③"O"形圈装前涂适当密封脂；④正确安装"O"形圈，确保无划伤；⑤严格进行加注连接器气检、软管气检及全系统气检，确保连接面气密性合格；⑥采用小流量初速加注的工艺；⑦加强三岗检查制度，防止发现漏液现象并及时处理；⑧采用便携式推进剂毒气监测装置（偏二甲肼用固定式）；⑨人员进行防护				
危险发生后处置措施	①用蘸中和液的玻璃布缠绕滴漏面；②滴漏的推进剂用中和液中和；③滴在平台上的推进剂用拖布沾中和液拖干净；④用防爆风机将推进剂蒸气抽出密封间；⑤如果滴漏有扩大的趋势，则采用喷漏的方法处理				
评审意见	同意以上分析结论，由于危险可能性较高，一定要组织好加注前的气密性检查工作，确保万无一失。同时要做好防护措施，严防人员中毒或烧伤。在采取了完善的预防措施和处置措施后，该危险的风险评估是可以接受的				

7.2 航天发射试验风险监控

项目风险监控是指在整个项目过程中根据项目风险管理计划和项目实际发生的风险与项目发展变化所开展的各种监督和控制活动。这是建立在项目风险的阶段性、渐进性和可控性基础之上的一种项目风险管理工作。因为风险是随着内部和外部环境的变化而变化的，它们在项目实施过程中可能会增大或者衰退乃至消失，也可能由于内外部环境的变化又生成新的风险。监控风险实际是监视项目的进展和项目环境，即项目情况的变化，其目的是核对风险管理策略和措施的实际效果是否与预见的相同，同时寻找机会改善和细化风险应对计划。

项目风险是发展和变化的，这种发展与变化也会随着人们的控制行为而发生变化。人们对项目风险的控制过程就是一种发挥主观能动性去改造客观世界（事物）的过程，此时产生的各种信息会进一步完善人们对项目风险的认识和把握程度，使人们对项目风险的控制行为更加符合客观规律。实际上人们对项目风险的监控过程就是一个不断认识项目风险和不断修订项目风险监控决策与行为的过程。这一过程是一个通过人们的行为使项目风险逐步从不可控向可控转化的过程。

项目风险监控的内容主要包括：监控项目风险的发展、辨识项目风险发生的征兆、采取各种风险防范措施、应对和处理已发生的风险事件、消除或缩小项目风险事件的后果、实施项目风险管理计划和进一步开展项目风险的识别与度量等。

7.2.1 航天发射试验风险监控方法程序

项目风险监控是指根据项目风险管理计划，对整个项目过程中的风险事件实施项目风险监控活动。另外，当项目的内外环境发生变化时，要重新对项目风险进行分析，并制订新的风险管理计划。

项目风险监控的具体过程是跟踪已识别的风险，监视剩余风险和识别新的风险，保证风险计划的执行，并评估消减风险的有效性。

风险监控是建立在项目风险的阶段性、渐进性和可控性基础上的一种管理工具。通过对项目风险的识别和分析，以及对风险信息收集，就可以采取正确的风险应对措施，从而实现对项目风险的有效控制。

1. 项目风险的监控方法

1) 建立项目风险监控体系

项目风险监控体系的建立,包括制定项目风险监控的方针、项目风险控制的程序、项目风险责任制度、项目风险信息报告制度、项目风险预警制度和项目风险监控的沟通程序等。

2) 项目风险评估

通过风险识别,充分认识项目所面临的风险;通过风险分析,从量上确定风险发生的概率和损失的严重程度。但是否要采取监控措施?采取什么样的监控措施?监控到什么程度?采取监控措施后,原来的风险发生了什么变化?是否发生了新的风险等?这些均需要通过风险评估来解决。项目风险评估按阶段不同可分为事前评估、事中评估、事后评估和跟踪评估;按项目风险管理的内容不同可分为设计风险评估、风险管理有效性评估、设备安全可靠性评估、行为风险评估、作业环境评估、项目筹资风险评估等;按风险评估方法不同可分为定性评估、定量评估和综合评估。

3) 项目风险审核

项目风险审核是确定项目风险监控活动和有关结果是否符合项目风险管理计划和项目风险应对计划的安排,以及这些安排是否被有效地实施并适合于达到预定目标的检查。项目风险审核是开展项目风险监控的有效手段,也是作为改进项目风险监控活动的一种有效机制。

2. 航天发射各阶段风险监控内容

1) 任务准备阶段

参加任务的各系统、各专业人员在设施设备检修检测的基础上进行可靠性安全性分析,自下而上按层次识别航天发射试验的各种风险,评估风险影响及其发生可能性,根据风险指数进行风险排序,对重要风险预控点提出应对措施,拟制相关预案,并将上述过程体现在航天任务风险计划、风险预控点控制措施表中,作为指导航天发射试验风险管理的基础性文件。

2) 任务实施阶段

按照航天任务风险计划和风险预控点控制措施表进行风险管理监控,出现风险事件时按照应急预案进行风险处理;根据任务实施情况,在测发工艺流程的关键节点(如飞船加注、船箭组合体垂直转运、火箭推进剂加注)前采取质量评审和"双想"(问题回想、事故预想)的形式进一步识别、评估风险,采取有效措施降低风险;拟制相关风险应对预案,根据需要进行预案演练。

3) 任务总结评估阶段

进行风险管理总结,包括取得的经验和教训、风险管理文档存档,为后续任务风险管理提供信息支持。

3. 航天发射试验风险监控组织

航天发射试验的风险管理组织依托发射场任务指挥部、各级指挥所、质量控制组和各类技术协调组，根据职责划分对任务系统风险进行管理。各分系统和专业负责人组织本系统和专业的风险事件的识别、评估，风险预控点控制措施的制定和落实。

4. 航天发射试验风险监控程序

1）事前检查

以测发系统为例，在一岗测试项目开始前，由各岗位进行状态准备，在岗位自查的基础上，按照一岗、二岗、系统指挥的顺序进行状态检查，测试发射协调组进行最终的状态确认，分别填写状态检查表和状态确认表。在产品第一次加电测试或重要节点通常还要对供电、接电、测试操作环境及设备运行状况进行技术安全检查。

2）状态监控

在测试项目实施过程中，通过现场设立安全员、测试人员现场巡视或采用监控仪器设备等手段，对航天产品、测试设备和测试现场实施监控，通过状态监控识别可能存在的风险因素。

3）事后审核

一项测试项目结束后，如在火箭系统单元测试、分系统测试、匹配测试和总检查活动结束后，由相应系统指挥组织相关人员进行数据判读和数据确认；在一项大的测试活动结束后（如单元测试工作全部结束后）测试发射协调组组织相关系统进行测试汇报和测试结果评审；在产品吊装、对接过程及火箭推进剂加注过程结束后由测试发射协调组对其过程及结果进行确认。

4）阶段评审

在测发工艺流程关键节点，如火箭总装对接、航天器加注、船箭组合体垂直转运、火箭推进剂加注、临射检查和发射前，质量指挥组组织阶段质量评审等。

5）集中决策

针对任务实施阶段发生的重大风险事件，由参加任务相关各方以会议的形式进行集中决策，并签字确认。影响程度为Ⅰ类、Ⅱ类的风险事件由质量控制组组织进行决策，并上报发射场指挥部；对影响程度为Ⅲ类的风险事件由技术协调组进行决策，并上报质量控制组。

5. 航天发射试验风险控制要点

风险识别与评估的最终目的是风险控制，航天发射试验对于风险的控制应坚持以预防为主的原则。通过事前的精心准备规避风险，通过制定并熟练掌握应急处置预案对故障风险进行处置，将风险带来的危害降低到最低程度。在任务实施过程中，风险控制采取的主要做法如下。

1）重视人的因素，提高岗位人员能力

通过提高认识、强化责任、合理调配等手段，充分发挥人力资源的作用。通过加强技能培训、经验积累、协同训练，使人员的能力满足岗位的要求。

2）关注关键设备，提高设备可靠性

适时监视设施设备的技术状态，强化日常维护保养，保证设施设备始终处于良好状态。提前更换设施设备的关键部件，避免关键部件超期服役。合理调配设施设备，使关键设施设备间形成互为备份、功能互补，避免单点失效环节。

3）强化组织管理，提高组织指挥水平

加强组织领导、计划协调、过程控制，完善相应的规章制度、运行机制，建立顺畅的信息沟通渠道，确保组织指挥零失误。

4）落实岗位制度，杜绝误操作

严格履行操作规程等操作文件会签、审批制度，确保操作文件正确、齐全、易于操作。严格按照操作文件实施操作，落实"三检查""五不操作"等制度，严格技术状态和操作审计，确保操作准确无误。

5）加强预案演练，提高应急能力

针对人员、设备、指挥、操作等方面的潜在问题，制定相应的处置预案并组织预案演练，使岗位人员熟悉应急处置的程序和方法，确保在紧急情况发生时能及时有效地处置。

6）严格技术状态管理，确保技术状态受控

航天产品进场后，各系统的技术状态固化，严禁私自更改技术状态。在任务实施过程中，确需进行技术状态更改的，由所需系统提出申请，按照"充分论证、各方认可、试验验证、审批完备、落实到位"的五条标准实施，防止因为单个系统技术状态的改变对其他系统带来风险。

7）严格质量问题归零处理

任务实施过程中发生的质量问题，严格按照"双五条"标准进行归零处理。确实在任务实施过程中无法归零的问题，必须进行影响域及风险分析，并经相关专家和质量控制组评审，有不影响任务成败的明确结论，方可转入下一阶段工作，确保不带任何问题和疑点实施发射。

7.2.2 航天发射试验风险监控系统框架

航天发射试验风险监控系统集成了各种适用于航天发射试验的风险识别和分

析方法，将这些方法统一在一个环境下完成各种风险管理任务，系统能够向用户提供建模、分析的手段，对风险管理中所涉及的各种资源，如模型及大量的文本性知识和各种数据进行统一管理，以实现实时风险监控服务。

航天发射试验风险监控及预警系统包括数据支持子系统（风险源数据库、风险事件知识库、风险分析方法库、风险应对方案数据库），问题求解子系统（风险识别模块、风险分析模块、风险应对模块），用户接口子系统（输入模块、输出模块），系统结构如图 7-2 所示。

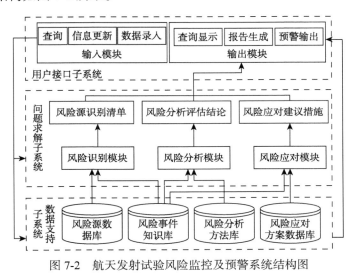

图 7-2 航天发射试验风险监控及预警系统结构图

软件系统采用服务器/浏览器（browser/server，B/S）结构，采用分层设计理念，将航天发射试验风险监控系统分解为基础架构层、基础组件平台层及应用系统层。

1. 基础架构层

基础架构层分为三个层面：系统网络及服务器层、系统软件层及应用中间件层。应用中间件层主要采用经过业界成熟的中间件，提供完善可靠的系统服务。

2. 基础组件平台层

基础组件平台层主要包括应用系统所必需的功能组件。在面向对象编程及分布式对象技术中，组件是类和接口的集合，封装了可重用的功能性及非功能性应用程序接口（application programming interface，API）来满足需求，有利于提高软件件的复用性和质量。

3. 应用系统层

应用系统层设计封装了风险管理支持与服务系统的功能组件及界面交互设

计。功能组件同样采用了组件化开发技术，便于功能扩展，且功能组件可以远程服务接口给其他组件提供应用，利于应用系统的集成和整合。

7.2.3 航天发射试验风险监控流程

风险监控是指在决策主体的运行过程中，对风险的发展与变化情况进行全程监督，并根据需要进行应对策略的调整。因为风险是随着内外部环境的变化而变化的，它们在决策主体活动的推进过程中可能会增大或者衰退乃至消失，也可能由于环境的变化又生成新的风险。项目风险监控就是通过对风险规划、识别、估计、评价、应对全过程的监视和控制，从而保证风险管理能达到预期的目标，它是项目风险管理实施过程中的一项重要工作。

1. 航天发射试验风险监控流程介绍

航天发射试验风险监控流程包括：①航天发射站接收项目信息，在系统中对新项目进行工作结构分解，明确各任务及子任务的承担方及风险识别主体，下达风险识别任务；②各相关岗位对本岗位各任务及子任务可能存在的风险事件进行识别，在系统中输入风险因素、风险后果、风险概率、风险承担方等风险信息；③各岗位制定风险应对策略及应对计划，并输入系统；④各岗位执行风险应对计划，对可能存在的不可控风险制定风险应急预案；⑤系统生成各岗位风险分析报告，各岗位检查当前风险应对计划是否执行，是否做好风险应急预案，若未做好准备，内部督促执行风险应对计划，转入步骤④；⑥若各岗位已执行风险应对计划，并做好风险应急预案，风险管理支持与服务系统生成总体风险分析报告，报发射站决策领导审批。若未获批准，专家提供应对建议，相关岗位重新制订风险应对计划，转入步骤③，若获批准，继续执行项目；⑦继续执行项目；⑧各岗位在系统中记录已发生的风险信息，标记已解决事件；⑨进一步识别分析未完成工作的风险信息；⑩检查项目完成情况，若未完成，检查是否进入关键控制点，若不是关键控制点，进入步骤⑦继续执行项目，若是关键控制点，转入步骤③。

若项目已完成，系统生成总体风险总结报告递交发射站决策领导查看；生成各岗位风险总结报告以供查看归档。各关键控制点的激活受下部分介绍的风险预警流程支配，本系统在各关键控制点的输出为各岗位风险分析报告和总体风险分析报告，在任务结束后的输出为各岗位风险总结报告和总体风险总结报告。作用体现为全员参与，深入细节，辅助全过程管理，为基层单位提供技术指导，为领导决策提供支持。

航天发射试验风险监控流程图如图 7-3 所示。

第 7 章 航天发射试验风险应对及监控系统框架设计

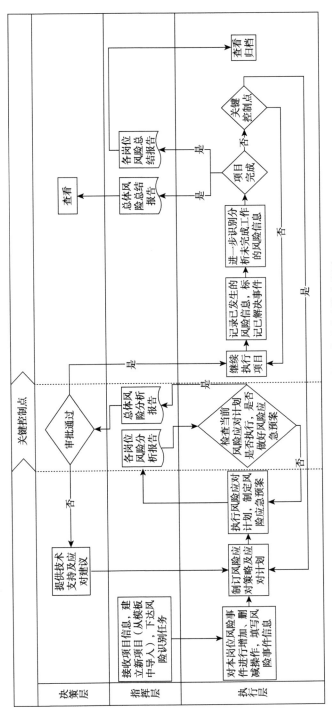

图 7-3 航天发射试验风险监控流程图

2. 航天发射试验风险预警流程设计

风险监控的意义就在于实现项目风险的有效管理，消除或控制项目风险的发生或避免造成不利后果。因此，建立有效的风险预警系统，对于风险的有效监控具有重要作用和意义。风险预警管理是指对于项目管理过程中有可能出现的风险，采取超前或预先防范的管理方式，一旦在监控过程中发现有发生风险的征兆，应及时采取校正行动并发出预警信号，以最大限度地控制不利后果的发生。因此，项目风险管理的良好开端是建立一个有效的监控或预警系统，及时觉察计划的偏离，以高效地实施项目风险管理过程。

风险预警及突发事件应急机制启动流程如图 7-4 所示。

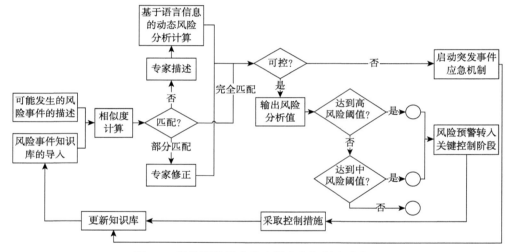

图 7-4　风险预警及突发事件应急机制启动流程

主要流程包括：①对可能发生的风险事件进行描述。②如知识库中存在完全匹配的风险因素，则进行相似度计算；如知识库中存在部分匹配的风险因素，则由专家进行风险分析输出结果的修正；如知识库中不存在匹配项，则由专家对风险因素进行描述，进行基于语言信息的动态风险分析计算。③判断风险是否可控，如不可控，则启动突发事件应急机制；如可控，则输出风险分析值。④与设定好的阈值进行比较，确定项目风险水平。⑤根据预警信息，判断项目是否进入关键控制点，是否采取控制措施。⑥更新知识库。

第 8 章 航天发射试验风险应急处理与评估

安全科学通过在分析和处置各种突发事件的实践中不断积累经验，探索突发事件发生机理及预防规律，形成了事故致因理论，即突发事件为什么发生、演化过程如何、如何防止事故发生的理论。突发事件致因模型是对突发事件发生、演化机理的理论表述，对应急预案的编制有着重要的指导意义。为了提高应急预案管理的科学性，辅助应急预案的编制，本章将研究航天发射试验突发事件的致因模型。

考虑航天发射试验中的突发事件有着不同于其他领域（如工业生产、自然灾害防治等）突发事件的特点，本章将在分析这些特点的基础上建立突发事件致因模型。有了突发事件致因模型，人们就可以对航天发射试验的运行状态进行清晰的描述，从项目处于异常状态的情况中就能辨识出可能发生的突发事件，进而可以有针对性地制定出应急处置措施。致因模型只是给出了项目因素如何相互作用并发生状态转化，却没有对如何对项目进行分解进行说明，本章使用了组件-功能矩阵来辅助应急预案编制人员进行项目分解，用有限状态机（finite state machines，FSM）来描述项目状态可能发生的转化。考虑到致因模型元素的状态是二元的（正常和异常），将使用二元规划器来生成应急场景，并运用泛事件序列图来描述应急场景的变化过程。同时，建立了一个基于 Copula 函数的评估模型来定量分析突发事件与危险源（公共影响因素）之间的关系。

8.1 航天发射试验突发事件的分析

在日常的报纸、电视等大众媒体中提及的突发事件有很多种类，可能是交通运输行业中发生的易燃、易爆或剧毒的物质在路途中发生泄漏，可能是煤矿、化工企业的生产事故导致的大规模人员伤亡，也可能是强降雨、台风这样的自然灾害，这些突发事件的发生和演化机理不是完全一样的，所以在分析航天发射试验突发事件时必须要考虑其不同于其他领域突发事件的特征，总结出规律，然后才能提出有效的应对方法。

8.1.1 航天发射试验突发事件的特征

通过结合航天发射试验的特征可以总结出试验过程中的突发事件存在如下特征。

1. 突然性

一般都认为在航天发射试验这样的高风险领域，经过严格的质量管理、风险管理之后突发事件应该会比其他领域的突发事件更容易预测和识别，但在试验任务的实践中突发事件往往事先毫无征兆或者征兆很少。例如，在民用航空领域，统计数据显示重大事故发生之前会出现众多小的事故或者是事故征候，通过预先分析、研究这些事故征候信息有助于预测突发事件，但在航天发射试验中无法具备这样的信息。一方面是试验项目本身就具有探索性，根本没有很可靠的历史数据以供参考；另一方面很多试验项目本身就是为了验证或获取试品的数据，必然不能把试验的主要内容放在正常的试验条件下。

这种突然性会造成事件有关的信息在事件发生后很难及时收集，这种信息上的不充分会导致应急指挥与应急响应活动无法及时采取有效措施把危害控制在萌芽状态，也无法对应急所需要的资源进行合理评估和调配。

2. 传导蔓延性

由于航天发射试验中涉及的人员和装备多，不确定性高，突发事件一旦发生就很容易引起较大的危害，造成人员的伤亡和巨大的经济损失。这种危害与通常人们接触到的突发事件相比更具有蔓延性，因为在航天发射试验中，设备、人员密集，试验环节紧凑，一旦突发事件发生往往会向其他环节、设备、单位蔓延。比如，如果试品突发故障，那么不确定性会传导蔓延至试验场地等。

3. 广泛性

由此可见，突发事件除了能引起多种损失，还能引发次生事件。对于突发事件的应急处置来说，往往不光要处置已经发生的事件，还要围绕这个事件同时对多个相关的领域开展应急处置工作,这些领域往往具有广泛性,涉及多个系统、部门、学科。比如,航天发射试验在进行加注时如果发生天气变化,温差过大就需要动用多个部门、多个学科的人员进行处置。

8.1.2 航天发射试验突发事件的分类分级原则

合理进行突发事件的分类分级是应急管理部门迅速、科学地调配应急资源的基础,是应急预案编制的首要前提。对突发事件进行分类分级能使得参与应急响应的人员迅速识别应急事态,及时选择有针对性的处置措施与资源调配方案。在对项目中可能发生的突发事件进行识别后,进行分类分级工作是对突发事件进行评价的基础。本书中提出的突发事件的分类分级必须要考虑到突发事件及航天发射试验的特点,具体为以下特点。

1. 动态性

突发事件一旦发生就处于不断演化的状态,随着时间、环境及应急措施而变化。这样就使得突发事件所能造成影响的范围与程度都会改变,而对突发事件的监控信息也从刚发生时的严重缺乏而逐渐增多。因此,合理地对突发事件进行分级分类需要考虑环境、时间及应对措施的动态变化。在动态变化之中,对突发事件进行分类分级就要考虑时效性,过去科学合理的分类分级到现在可能不符合现实情况。在应急预案管理的过程中,分类分级的工作需要不断进行,以及时反映突发事件状态的变化,为应急的指挥决策提供尽可能符合实际情况的信息。

2. 综合性

在通常采取问责制的一般灾害应急管理中,突发事件分类分级的依据是事件所造成的后果。而航天发射试验的应急预案管理是从制定有效的应急预案出发,分析突发事件的机理,同时考虑众多因素,如突发事件的性质、应急所需的资源、紧急程度等。

3. 并发性

航天发射试验中突发事件具有的广泛性特征使得其一旦发生就会不停地演化,进而并发或次生出其他新的事件,这就要求在分类分级时,要考虑引发的其他事件可能产生的影响。

应急预案管理中的分类分级应该贯穿整个管理过程:事件发生前的分类分级可以指导预案的编制;事件发生后则是对启动和选择应急预案提供指导,这对应急资源的调度起着重要作用;在应急预案启动后则需要不断依据分类分级调整所对应的突发事件事态变化来对应急预案进行动态调整;应急活动完成后还需要对分类分级进行总结,把经验和教训应用到新预案的编制中。

8.1.3 航天发射试验突发事件致因理论分析

1. 事故致因理论

有很多学者对事故致因理论进行了研究,这种理论是通过分析大量典型事故、分析寻找本质原因,进而总结归纳出事故机理,并将其以模型的形式呈现。这些归纳的机理和模型可以表现出事故发生与演化过程中的规律,便于对事故发生与演化原因进行定性和定量分析。主要的事故致因理论为如下四种。

1)人的失误论

这种理论认为事故发生与演化都是人的失误导致的。而人的失误包括很多种类,典型的失误如计划上的错误、管理上的错误、决策上的错误与操作上的错误等。对于引起人失误的原因,Reason(2000)将其总结为:反应无法与外界要求一致,没有采取适当的行动,超负荷工作。在此基础上 Petersen 深入考虑了管理缺陷方面的原因,指出是超负荷、人机学原因和决策错误造成人的失误,如图 8-1 所示。

2)事故轨迹交叉论

有观点认为,物的不安全状态甚至比人的不安全行为对事故后果的影响更大。该理论指出当人和物的轨迹在空间和时间上交叉时就会造成事故。也就是说,要预防事故的发生,只需要避免物的不安全状态或人的不安全行为中的任意一种。此项理论着重突出了物的不安全状态与人的不安全行为在空间和时间上的相互作用。此理论要求人们客观、全面地看待事故原因,既不要主观、片面地突出某一个因素在事故中所起的作用,又要看到各个因素之间的相互影响。

3)能量意外释放理论

该理论把引发事故的危险源看成是能够产生能量的物体,这些物体中具有各种形式的能量,而这些能量的不正常释放是造成事故的直接原因。按照这种解释,人的不安全行为只是导致事故的一种因素,而要预防伤害事故则需要控制能量或控制能量载体。通过阻断和屏蔽能量的传播途径就能实现有效管控。

4)因果连锁理论

该理论模型目前在世界上被广泛采用,我国的有关国标(《企业职工伤亡事故分类》GB 6441—86)就是根据该理论制定的。它指出是管理上的缺陷导致人或物的不安全行为或状态,进而引发事故,如图 8-2 所示。该模型把物的因素进一

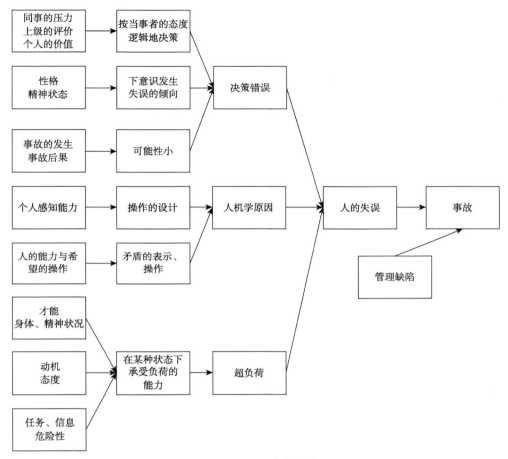

图 8-1 Petersen 人失误模型

步细分为起因物（引发事故的物）和加害物（导致伤害的物）。该理论使得人们认识到人的不安全行为或物的不安全状态的深层次原因是管理上的缺陷，要有效降低和防止危害的发生就要用恰当的危险源系统管理。

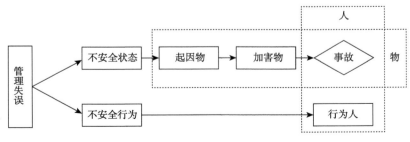

图 8-2 因果连锁理论

2. 航天发射试验事故致因理论分析

到目前为止，应急管理中的突发事件致因理论还有待继续完善，也还没有被广泛认可的应急管理突发事件调查分析和预测预防的方法。对于航天发射试验的应急管理突发事件致因理论的深入研究，不光是从本质上清晰地描述了航天发射试验的应急管理突发事件发生、演化的机理，为航天发射试验的应急管理实践指明正确的方向，也有助于应急预案编制工作与应急处置措施的顺利实施，对事后的调查分析也能提供指导。前面提到的四种事故致因理论并不是直接产生于应急管理领域，更没有考虑航天发射试验的特殊环境，因此简单地套用其中的事故致因理论来分析突发事件的发生原因是很难实现的。本书将借鉴已有的事故致因理论，结合航天发射试验突发事件的特征，构建航天发射试验的突发事件致因模型，如图 8-3 所示。

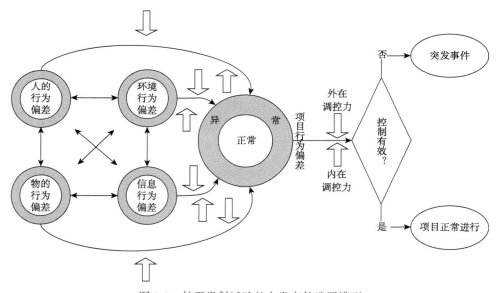

图 8-3 航天发射试验的突发事件致因模型

一般认为航天发射试验的突发事件的原因有人的行为偏差、物的行为偏差、环境行为偏差和信息行为偏差，这四种因素还可以继续被分解为很多更加细致的类别。这几种因素随着时空的变化而处于不同的状态，即这些因素不是稳定不变的，而是动态变化的。在航天发射试验正常运行、一切进展顺利时，人、物、环境、信息虽然会动态变化，但都是处于一种被界定为正常状态的范围内运动，一旦这些因素脱离了各自界定的正常范围（失控），就成为容易引发突发事件的异常因子。本书就用各因素的行为偏差（状态变化）代替各种因素本身来作为突发事件的致因，设定航天发射试验的突发事件是被项目中相关的因素之间进行复杂相互作用所产生的各种偏差行为的合力所驱动的。

在航天发射试验的运行过程中，人、物、环境、信息在大部分时间内是在正常状态（即在被允许的范围内变化），属于正常因子，这些因素的变动有时也会超出预先界定（允许）的范围，即发生行为偏差而变成可能引发突发事件的异常因子。在航天发射试验中会设置很多控制机制，而且异常因子随着时空的变化也会受到自我控制，也就是说，除了自身的作用外，这些因素彼此之间还存在动态的相互作用，这两种控制的存在会使得成为异常因子的因素（人、物、环境、信息）又回到正常范围，即人、物、环境、信息这些因素在正常因子状态和异常因子状态动态变化时，通过航天发射试验的各种控制机制（预防措施或者是管理限制等）作用，异常因子可以被发现，然后被处置进而回到正常状态。

在人、物、环境、信息这四个因素中都存在对其行为的控制作用，这种控制包括正向控制与反向控制，正向控制就是使其行为趋于平衡状态，反向控制则是使其行为远离平衡状态，具体来说：①人的因素受到自身安全与风险意识水平、个人技能、身体素质等影响，通过人的自我控制，自我调节，使得人处于一个可控状态（能够胜任所处的岗位）；②物的因素则是受到设备可靠性、日常维护、内置防护措施设计等影响；③环境因素是受到天气状况、试验地理条件等因素的影响；④信息因素则是被资料的完备程度、信息传递与反馈渠道、信息处理的效率、信息传递的准确率、信息传递的速度等因素影响。

以上这四个因素都时时处于正向控制（防止转化为异常）和反向控制（促使转化为异常）中，这伴随着因素在正常因子与异常因子状态的相互转化。同时，这四个因素还要受到项目中风险管理、安全管理、质量管理等项目有关因素的影响。

把能够抑制四个因素转化成异常因子的其他影响因素称作调控因子。调控因子通过对人、物、环境和信息的行为产生直接或间接的调整和控制来防止项目中某个组成部分失控而引起突发事件。

本章定义的调控因子主要是指航天发射试验中的管理因素，包含了项目内部管理因素（主要是指试验项目管理人员为了确保试验的顺利进行而进行的内部管理）和项目外部的管理因素（是指试验项目的有关单位：监督单位、组织单位、参与单位等对试验项目进行监督和管理）。

如果调控因子的调控起到了预计的作用，异常因子状态就会转化到正常因子状态，或者异常因子引发突发事件的可能性得到抑制，表现出来的就是项目正常进行。如果调控因子没有起到作用，异常因子就会继续发展或是与其他异常因子发生相互影响（可能是相互促进，也可能是相互减弱），从而使得航天发射试验原有的功能无法有效执行，使得试验在某些环节偏离正常状态，从而引发突发事件。异常因子的继续发展指的是单一的因素继续偏离正常状态并产生突变导致突发事件。而异常因子之间的交互则是说两个或多个异常因子联合作用产生突变引发突发事件。

通过上面的讨论，基本上可以理清航天发射试验突发事件的发生机理。图 8-3 模型中的椭圆表示的是项目的整体运行的可能结果，五个空心圆是代表人的因素、物的因素、环境因素、信息因素和项目本身。圆的空心部分表示各个因素正常变化的区域（正常状态）。圆中的阴影部分代表各因素异常变化的区域（异常状态），即当因素从圆的空心部分变化到了阴影部分就表示因素变为了异常因子，被认为是产生了行为偏差。因素（人、物、环境、信息）行为的偏差将会引发项目运行的偏差，进而就可能引发突发事件。

需要注意的是，不论是各因素行为偏差引发的项目运行偏差，还是项目运行偏差导致突发事件发生，都需要满足一定的条件，如果调控因子能够及时对这些前提条件进行调整和控制（通过自身调控能力），这种向项目运行偏差与引发突发事件的转化就不会发生，突发事件也就不会出现。由此可知，项目组成因素（人、物、环境、信息）的行为偏差是航天发射试验突发事件的显性的、直接的致因，而调控因子的调控失效则是项目突发事件隐性的致因。考虑到项目因素的行为偏差是难以避免的，且肯定会出现，尤其是在航天发射试验这样的背景之下，而调控因子的调控失效则是可以控制也应该避免的，如此可知，要预防项目中发生突发事件，既要降低项目各类因素发生行为偏差的可能性，又要在发生偏差后充分发挥调控因子的调控作用，消除异常因子的继续发展或交互作用。

8.2 基于突发事件致因模型的应急场景生成方法

8.2.1 二元规划器

航天发射试验突发事件致因模型把试验项目中的因素状态分为两种，一种是正常，另一种是行为偏差（异常），本节就使用二元规划器来对项目中各因素的状态进行描述，并刻画项目中各个因素所处状态的动态变化过程。

1. 二元规划器的概念

二元规划器假设所有的子系统和组成部件都有且只有两种状态,即正常状态与异常状态。系统的一些功能是由某些子系统或者是组成部分协同实现的,所以规划器也需要考虑系统组成部分的正常工作与失效而引起的系统整体某项功能的正常状态与异常状态。总的来说,规划问题可以被定义为找出系统从初始状态到达目标状态所经历的行动序列与事件序列。

二元规划器要求的输入包括:状态、状态转移(转移的名称、子目标与限制条件)、目标及整个系统的层级架构。可以使用集合论中的四元组来表示规划问题,即 $P=\langle s_0,g,T,\gamma \rangle$,其中,① s_0 是系统的初始状态,g 是系统的目标状态。② $T=\langle W,E \rangle$ 表示的是系统的层级网络结构,具体由事件集合 E 与系统功能集合 W 组成。W 中包含的系统某个功能可以表示为 $w=\langle F, \mathrm{Decomp}(F) \rangle$,$F$ 是功能的名称,$\mathrm{Decomp}(F)$ 是一个将 F 分解成事件 E 的分解函数。

2. 二元规划器的规划算法

图 8-4 用集合论来表述了二元规划器的规划算法。在开始规划时,Sol[] 与 Π[] 是空的,没有包含任何元素。在此算法中,如果 $\mathrm{Sol}[]=(t_1,t_2,\cdots,t_n)$,那么 $\mathrm{Sol}[] \oplus t^* = (t_1,t_2,\cdots,t_n,t^*)$ 及 $t_{\mathrm{last}}(\mathrm{Sol}[])=t_n$。同时,如果功能 π 可以被分解为事件,则函数 $\mathrm{execute}(\pi)$ 将返回"True"。在系统的某部分已经失效(不可修复)的情况下,如果某系统功能 π 分解后要求该部分必须正常工作,那么函数 $\mathrm{execute}(\pi)$ 将返回"False"。在二元规划器算法中,分解过程是非常简单的,仅是将系统要实现的功能替换为功能涉及的系统组件正常或失效的逻辑算式。因此,要得到一个完全的规划,所有可能的分解逻辑都要被考虑到。

```
二元规划器算法(s0, g,T,r, Sol[] , Π[])
    if s0=g then
        return Sol[]
    else
        Sol[] = Sol[] ∩ { π[] ⊕ t|t ∈ T, γ(t_last( Π[] ),s0)=g}
        P[]= {p ⊕ t|t ∈ T,p ∈ Π , γ(t_last(p),s0)=s,s≠g}
        Π ={ π| π ∈ P,execute(π)= True}
        if  Π[] = ∅ then
            return Sol[]
        else
            return 二元规划器算法(s0, g, T, γ, Sol[] , Π[])
```

图 8-4　二元规划器算法

在二元规划器中使用的系统模型的建模过程是从提取系统有关知识开始的,

采用的是从上到下、逐步展开的方法。当系统模型被建立，规划算法就可以被用来生成各种场景。

8.2.2 项目运行场景

1. 项目运行场景的定义

按照对突发事件致因理论的分析，如果能够把航天发射试验中的所有因素（人、物、环境、信息）进行详细的分解，然后把所有底层因素按不同状态（正常、异常）进行组合就可以得到理论上航天发射试验整体在任何一个时间点所有可能的状态。把这种在某个时间点时由底层因素状态组合而成的试验项目的整体状态称为片段。更进一步地把时间因素纳入考察范围，把整个项目的运行过程划分为若干个时间点，然后考虑在这些时间点上不同片段所能形成的所有序列，这样就能生成整个航天发射试验在全部运行周期中可能处在的状态。

如果是依据项目中的因素处于异常状态而开始应急准备甚至是启动应急预案，那么应急预案需要考虑每一个项目的片段。由此，认为每一个项目的片段就构成了应急预案中的一个场景，并把应急预案中的场景集合 R 定义为：$R=F\langle S_i, L_i, X_i\rangle$，其中，$S_i$ 为第 i 个应急预案场景；L_i 为场景出现的可能性；X_i 为场景对应的项目状态向量。

上述设定与风险管理中的 WBS-RBS 方法有一定的类似。WBS-RBS 方法是将工作按 WBS 分解成树状结构（WBS 树），把风险也分解成树状结构（RBS 树），然后以 WBS-RBS 矩阵（由工作分解树和风险分解树交叉构成）进行风险识别的方法。WBS-RBS 矩阵中的行向量（WBS 树）是工作分解到最底层形成的基本工作包，列向量（RBS 树）是风险分解到最底层形成的基本子因素。WBS-RBS 方法为可靠性工作项目风险识别提供了新的分析工具。风险识别是为了发现并梳理导致风险事件发生的风险源。风险源与风险事件之间存在着直接影响的关系，RBS 可以被用于建立风险事件与风险因素之间的直接影响关系。风险识别过程就是依照矩阵元素来判断某一工作（某一行）是否存在该矩阵元素行所对应的风险（列）。该方法利用分解原则将复杂的事物分解成较为简单的容易被识别的事物，将大系统分解成若干小系统，从而易于识别风险及潜在损失。如果在航天发射试验中只是用 WBS 进行项目的分解就会遗漏因素，因为 WBS 是把项目的可交付成果进行分解，应急预案要管理与分析的对象不光是项目的可交付成果。

穷举航天发射试验在所有时间点上的可能片段，并按时间序列将其进行组合得到的场景数量将会非常大，但不是无限的。航天发射试验从一个状态到另一个状态的转换行为会受到现实条件的限制，这样就会大大减少场景的数量，如果还考虑到某些片段在现实中是不可能出现的，场景的数量就会被进一步减少。

2. 对项目运行场景的定性分析

场景生成方法是基于两个假设：①航天发射试验中各个因素之间的关系是完全已知的。这个假设指的是试验项目可以按照前文提出的航天发射试验的突发事件致因模型来进行分解。②航天发射试验中各个因素的行为是完全已知的。此项假设是指试验项目中各个因素的状态和转化路径是已知的。

如果能够满足以上条件，二元规划器就能够生成试验项目从初始状态到最终状态的所有可能场景。这些可能的场景中，一部分是代表了项目运行状态的正常转换，还有一部分则是展示项目运行时与正常状态的偏离，有些偏离甚至会引发突发事件造成实际的危害。编制应急预案时需要重点关注的场景就是那些能够表示项目整体运行偏差或者是项目的关键因素（人、物、环境、信息）偏离正常状态的场景。

为了能够从所有可能的场景中迅速识别出与编制应急预案有关的场景，引入了项目运行场景分析的概念，即在场景生成过程中与场景生成后进行分析，具体的定性分析将从两个方面着手：①确定关键点。如果一个待生成的项目运行场景中的某些因素（人、物、环境、信息，或是因素进行分解后）的状态在特定的项目时间点所构成的片段符合事先定义的条件，那么就可以停止进行此片段及其后续片段（场景）的生成。这种方式可以被用在生成场景的过程中并能提高场景生成的效率。②使用筛选条件。可以对已经生成的项目运行场景进行筛选，过滤的规则可以有多重，如场景是否包含了某些特定的项目运行片段，或是场景中是否包含一些特定的状态转化。这些筛选条件适用于在场景生成之后挑选出编制应急预案有关的项目运行场景。

8.2.3 系统建模

要把二元规划器用于应急预案场景的生成就先要对项目进行建模。目前在项目管理中使用较多的分解方法是 WBS，但这种方法是以项目的可交付成果为分解项目元素的依据，而且应用这个方法的主要目的是进行项目管理，因此 WBS 的分解要求并不与我们关注的应急预案管理的要求相符，如项目管理更加注重成本与工期的控制，对于环境、信息等要素的分解缺乏指导，WBS 也无法表示项目因素的动态变化。本书将借鉴 WBS 的思想，但在对项目的分解过程中不会按照最小工作包的定义去进行，为了表示与 WBS 的区别，下文中用"系统"来表示"整个项目",包括人、物、环境、信息这四大类因素。

下面将以地球观测卫星系统的试验为案例。一个地球观测卫星由卫星与地面站两大部分构成。出于简化考虑,本书假定:地面站部分能一直正常工作,卫星则有可能出现失效而且只在若干操作模式中转换,卫星在每个操作模式下都会用到一部分子系统或组件来完成任务。这些操作模式具体情况如下。

接收命令(上行链路):为了完成对地观测(如决定观测时间与地点)及卫星的日常维护,需要发送各种命令到卫星。在这种模式下需要用到卫星的计算机、通信系统(包括接收器和天线)、总线、回传信道及软件。

收集数据:卫星按照命令接收数据并存储在内存中。在这种模式下需要用到卫星的计算机(内存和处理器)、总线、回传信道及软件。

处理数据:观测设备与测控传感设备采集的原始数据要经过几道处理工序,如质量控制与压缩,以备将来使用。在这种模式下需要用到卫星的计算机、总线和软件。

回传数据:卫星能与地面站保持通信的范围是有限的。卫星在这个范围之外采集的数据将会在卫星进入该范围后被传送到地面站。在这种模式下需要用到卫星的计算机、通信子系统(包括发射器和天线)、总线、回传信道及软件。

待命:卫星在此模式下等待地面站处理接收的数据并为卫星提供新的数据采集和工程测控计划。在这种模式下需要用到卫星的计算机(时钟和处理器)和软件。

安全模式:当出现较小的硬件或软件故障时,卫星就会开始进行自动修复,这时卫星所处的状态就是安全模式。如果能够恢复正常状态,卫星就会回到故障出现之前的状态。例如,如果卫星上的计算机的时钟出现故障,当存在一个冗余备份的时钟时,卫星就会进入安全模式;否则,卫星就会进入失效模式。出于简化案例的目的,本书假定卫星只有在收集数据的模式下出现故障时才会进入安全模式。在这种模式下需要用到卫星的计算机(时钟和处理器)、通信系统(包括发射器和天线)及软件。

失效模式:当卫星的主要子系统或组件发生故障而又不能恢复时卫星就进入失效模式。例如,当卫星上的计算机的内存、处理器或者是总线、回传信道、软件发生故障而又不能恢复,系统就会进入失效模式。同样是出于简化案例的目的,本书假设卫星只会从收集数据模式与安全模式进入失效模式。

为二元规划器进行系统建模的第一步就是定义整个系统的结构层级,如图 8-5 所示,包括各个子系统之间、各个组件之间及其与整个系统的关系;第二步就是识别系统要实现的功能,并把功能与完成功能的子系统或系统组件进行关联映射;第三步是定义系统的状态转换来展示系统的状态及系统随着事件的变化。

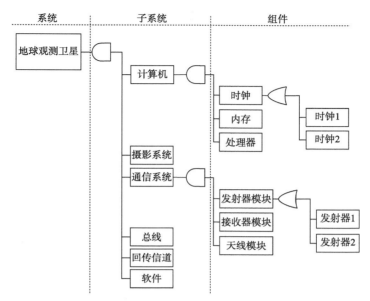

图 8-5 地球观测卫星系统结构层级图

各个步骤的详细说明如下。

步骤一：定义整个系统的结构层级。

结构层级是指构成整个系统的子系统与组件，其中"和"（⌒）被用来表示元素与元素彼此协作共同组成上一级元素，而"或"（◁）则是表示构成某上级元素的元素之间彼此是冗余的（即不存在协同关系）。

步骤二：识别系统要实现的功能。

功能是通过对在完成系统任务中使用的系统组件（子系统）所处的状态进行定义来实现的。在二元规划器的建模中，假设所有的组件（子系统）都有且只有两个状态，即正常或失效。规划器只关心改变整个系统状态的功能，所以实现特定功能的组件是否处在异常状态才是值得关注的。

有学者提出了类似的方法来对复杂系统的功能进行建模。Modarres（1996）提出了一个框架来对一个包含了人、软件和硬件元素的复杂系统进行功能建模。在他提出的框架中，一个复杂系统被描述为五种不同的层级：结构层级、功能层级、行为层级、目标/条件层级及事件层级。第一个层级是从空间分布的维度来描述系统，后四个层级则是针对系统的时间维度。在这五种层级中，功能层级被认为是特别重要的，这既是因为功能层级的不同方面能被其他层级所定义，更重要的是在使用"类概念关系"（relationship class concept）后，功能层级可以被用来构建其他的层级。Modarres 提出的框架中最重要的成果是生成了系统的目标树成功树（goal tree success tree，GTST）模型来表示系统从当前状态出发成功完成任务所需的逻辑。当系统状态随着目标或是环境状况的改变而发生改变时，GTST模型也会发生改变。

本书提出的方法与Modarres提出的方法类似：通过系统及系统结构层级中组件的状态变化来定义整个系统的行为。各种状态变化是由系统功能发生改变来触发的。将这些状态变化以能够实现系统目标状态为最终目标进行排序就可以生成各种场景。本书提出的方法与Modarres提出的GTST模型的主要区别在于一旦系统的目标状态被定义，就可以识别出系统要达到目标状态所需要的功能。任何一种必需功能的缺失（失效）都被看成是一个禁止事件并会引发进一步的推理过程以确定其缺失（失效）的影响。地球观测卫星系统的"组件-功能"矩阵见表8-1。

表8-1 地球观测卫星系统的"组件-功能"矩阵

功能组件	命令接收	数据收集	数据处理	数据下行	待命	制导	修复
计算机	×	×	×	×	×	×	×
时钟	×		×	×	×	×	×
时钟1	×		×	×	×	×	×
时钟2	×		×	×	×	×	×
内存	×	×	×				
处理器	×						
摄影系统		×					
通信系统	×			×			
发射器				×			
发射器1				×			×
发射器2				×			
接收器	×						
天线	×			×			
总线	×	×	×	×			
回传信道	×	×		×			
软件	×	×	×	×	×	×	×

步骤三：定义系统的状态转换。

本书使用有限状态机来准确描述系统行为。有限状态机是通过有向图来进行描述，其中包含了状态集S、初始状态S_0、表示一系列可接受状态或结束状态的集合A（S的子集）、输入符号的有限集合T及转移函数$\gamma: S \times T \rightarrow S$（把输入和当前状态映射到下一状态）。

使用有限状态机而不是事件序列图（event sequence diagram，ESD）来描述系统的行为是因为有限状态机在描述动态系统的行为上要好于事件序列图。有限状态机能同时描述系统的状态和转移，也就是说有限状态机不但能描述系统行为的转变规则，也能描述发生改变所需要的条件。

通过以下三个步骤就可以构建系统的有限状态机。

步骤一：定义系统状态。

通过研究系统所要完成的任务就可以识别出系统的正常工作模式与失效模式。被识别出来的每种正常模式和失效模式都被命名并被当作一个结束状态（end-states）。通常在系统处于结束状态之前都会经历若干个模式，这些处于中间状态的模式被看作转移状态（transitional states）。

对于案例中的地球观测卫星系统来说，卫星将处于待命状态直到能够与地面站进行通信。这之后，卫星将能够接受地面站发出的信号，其中就包含了各种命令。卫星接收到收集数据命令后（接收命令模式）就开始调用有关组件（摄影系统等）收集数据（收集数据模式）。数据被收集后会先在卫星上进行处理（处理数据模式），然后被发送到地面站（数据回传模式）。当此期间卫星的组件发生故障时，如果系统不能修复则整个系统就直接进入失效模式；如果可以修复则系统进入安全模式进行简单的修复工作，修复成功则回到故障前的状态，修复失败则整个系统进入异常状态。

步骤二：定义状态转移图。

状态转移图是系统在各个状态转移的可视化表示方法，图 8-6 就是地球观测卫星系统的状态转移图。图中的圆圈表示状态，方框表示实现状态转移所必需的功能。左半部分的循环是卫星系统的正常流程，而右半部分则表示两个特殊模式。

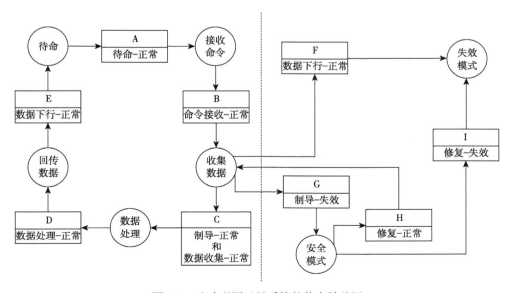

图 8-6 地球观测卫星系统的状态转移图

步骤三：定义转移规则。

要使得一个系统状态转移成为可能，就需要提供一定的输入。本书使用有限状态机进行规划，因此前文所提及的输入就是指一个动作的集合，这些动作是改变系统的状态所必须要执行的。系统不会改变状态，除非一系列能改变系统状态的动作被成功执行。例如，图 8-6 有一部分描述了系统从数据处理模式转移到数据下行状态，而这种转移的完成需要数据下行功能被成功执行。如果数据下行功能失效了，那么卫星就将继续处在数据处理模式。改变系统状态的输入可以是建立在布尔逻辑之上的多个句子，即通过逻辑连接词把单独的句子连接起来。比如，在图 8-6 中"制导—正常和数据收集—正常"就是用"和"连接了两个单独的句子，从而构成了一个符合要求的输入。各种知识的表达方法见表 8-2。

表8-2 各种知识的表达方法

知识类型	表达方法
系统元素和层级结构	结构树
元素状态和操作模式	假定为二元（正常或失效）
系统功能	功能树
系统功能与系统组件的对应关系	功能与结构树之间的映射
系统功能与系统状态的交互	状态转移图
子系统/组件状态与子系统/组件功能的交互	假设子系统/组件只能从正常转化为失效
子系统/组件状态与系统功能的交互	功能与结构树之间的映射
边界条件	基于功能与结构树之间映射的推理

8.2.4 场景生成算法

本书提出的算法可以从两个级别生成场景：子系统级（项目因素级）或是系统组件级（项目子因素级）。整个场景产生的流程如下。

（1）为场景生成定义项目运行的初始状态与结束状态。同时还需要设置同一个事件在一个场景中允许重复出现的次数，以便防止生成器陷入死循环。在图 8-6 所描述的过程中就存在陷入死循环的可能：理论上卫星运行可以无限次地进入和退出安全模式。然而，这种情况是不符合实际的。尽管进入安全模式 100 次的场景与进入安全模式 101 次的场景存在不同，但如果要把场景数量控制在合理的范围内就必须限制重复进入安全模式的次数。

（2）从初始状态到结束状态的所有可能路径都需要被考虑。完成状态转移所需要满足的输入条件也要被一起列出。

（3）用关于子系统或是系统组件的逻辑等式替换完成状态转换所需要的功能。例如，综合考虑图 8-5 与表 8-1，正常实现"待命"功能在子系统级别的逻辑是"计算机-正常和软件-正常"，而在系统组件级则是"（时钟 1-正常和处理器-正常和软件-正常）或（时钟 2-正常和处理器-正常和软件-正常）"。尽管"软件"被定义为子系统级，但为了保持规划的一致性，例子中在系统组件级也重复使用。

8.2.5 泛事件序列图生成算法

事件序列生成的场景、系统状态的改变及系统改变需要的条件都可以用泛事件序列图（generalized event sequence diagram，GESD）描述。一个事件序列图是事件组成的流程图，其中通向一个结束状态的每条路径都是一个场景。泛事件序列图则除了事件之外还加入了条件元素和状态改变。

本书以下面的元素（可以是事件、条件或是状态转移）序列为输入来演示算法：①A，B，D；②A，B，E，F，G；③A，C，D，E；④A，B，C，E。

根据算法，L 的赋值为 5，5 即最长序列（第二个序列）的元素个数。对于以上每个元素序列都考虑从第 1 个到第 L 个位置，就可以得到每个位置的独特复元素如下：①{A}；②{B，C}；③{C，D，E}；④{E，F}；⑤{G}。

然后自上而下构建一个 L 层的树，每次添加一层，即向树上添加所有场景在某个特定位置的元素。①创建第一层，A；②添加第二层，把 B、C 作为 A 的分支；③添加第三层，把 C、E 只作为 B 的分支，把 D 添加为 B 的分支，同时添加为 C 的分支；④添加第四层，把 E 添加为 C 和 D 的分支，而 F 只作为 E 的分支；⑤添加第五层，把 G 添加为 F 的分支。上述过程形成的结果如图 8-7 所示。

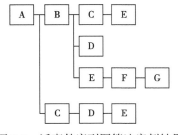

图 8-7　泛事件序列图算法案例结果

8.3 基于 Copula 函数的突发事件评估模型

危险源引发突发事件，突发事件可以被情景建模，建模的内容可以被整合，缩减场景。在航天发射试验中，很多突发事件都不是独立存在和发展的，为了简化分析工作、突出主要问题，本书把突发事件之间的相互影响转化为突发事件被某些共同的因素影响，目前存在的很多理论试图来研究这种关系，在风险管理领域得到广泛应用的是多元极值理论。多元极值理论包括最大值模型、点过程模型和超阈值模型等。我们使用相关结构函数（Copula 函数）来表示突发事件与公共影响因素之间的关系，并使用蒙特卡罗仿真来评估在考虑公共影响因素时每个突发事件的发生概率。

8.3.1 航天发射试验危险源识别框架

已经有很多学者都提出了分析突发事件概率的方法，有的方法适用于某个特定领域，从具体领域的特点出发进行分析，有的方法则是从评估系统整体风险的角度来评估突发事件的发生概率。目前常用的系统性方法有事件树、故障树和贝叶斯网络。

1. 事件树

事件树起源于决策树，是一种按照时间顺序分析突发事件的发展，由最开始引起突发事件的因素开始推导可能的后果，评估突发事件概率的方法。一个突发事件的出现往往是许多相关事件发生造成的结果。事件的发生会存在一定的顺序，即有些事件的发生是以另一些事件的预先发生为前提条件，而某一些事件的发生，又会导致另一些事件。这种顺序可以表示为一定的因果逻辑关系。事件树分析法就是按照时序逻辑从一个初始事件出发，依据特定突发事件的演化过程，将对突发事件的分析分成若干步骤，逐步展开分析，一个事件可能引起的后续事件只能处于两种状态（这两种状态互为补集，如发生或不发生、正常或故障、成功或失败、安全或危险等）之一，并逐渐发展，一直到使得待分析的系统进入无法恢复的状态。因为是用树状图表示具体的分析过程（按照顺序）与每一阶段的结论（量化分析结果），所以称为事件树。它既可以定性地演示事件演化的动态过程，又可以定量分析出事件在各个阶段的概率，最终计算出事故发展过程中各种可能状态出现的概率。

要在航天发射试验中运用事件树来分析突发事件的概率，需要从危险源识别阶段得到的初始事件开始，按事件演化的顺序（从左往右）画出事件树，树的枝节被用来代表突发事件演化的路径。最开始是分析初始事件发生后就立即受到影响的项目功能，同时要将可以起到限制突发事件发展的管控状态添加到上面的分枝上，不能起到限制作用的状态在下面的分枝表示。然后按顺序分析各种限制管控功能的两种状态，把起到限制管控功能的状态（成功状态，即不引发其他突发事件）在上面的分枝画出，把不能起到限制管控功能的状态（异常状态，即引其他发突发事件）在下面的分枝上画出，直到试验项目进入不能恢复（不能继续进行或不能完成项目预定的目标）的状态为止。

2. 故障树

故障树分析是由美国贝尔电报公司的电话实验室于1962年提出的，是安全系统工程的主要分析方法之一，具有直观、明了、思路清晰、逻辑性强的优点，可以用作定性分析，也可以用作定量分析，体现了以系统工程方法研究安全问题的系统性、准确性和预测性。通常都是将故障树分析作为安全系统工程的发展标志。

故障树图是一种图形化（一种逻辑因果关系图）的分析方法，当被用于分析航天发射试验的突发事件时，它可以根据基本事件来显示项目的状态，这点和致因模型可以结合使用，尤其是在致因模型中的因素只有两种状态的情况下。故障树图是从顶层到底层逐级建立树结构，而且依据事件而关联，它采用图形化"模型"路径的方法分析一个系统能导致的可预知的、不可预知的故障（异常）事件。按照传统的用法，故障树已经习惯使用固定概率（也就是说，组成树的每一个事件都有一个发生的固定概率）。

故障树分析事故原因是强项，但应用于危险源导致的突发事件并分析突发事件的概率则是弱项。故障树分析是对一个特定事故进行的，而不是对一个过程进行的，这样就不适合于本书的航天发射试验。此外，故障树还要求参与分析的人员对待分析系统的信息充分掌握，并对分析方法能准确和熟练地应用。但在实际实施的时候，分析人员编制的航天发射试验突发事件故障树和分析结果会出现一定的差异。而要把故障树用于系统的定量分析，就要先弄清所有基本事件发生的概率。这样的要求对于航天发射试验这类情况来说计算过于复杂。

3. 贝叶斯网络

贝叶斯网络是带有条件的有向无环图。在通用的应用场景中，网络中的节点表示待考察的随机变量节点，节点之间的箭头（或弧）代表的是这些随机变量之间的条件依赖关系。在贝叶斯网络中可以用节点来表示各种随机变量，随机变量的种类可以是潜在变量、未知参数或者观测得出的变量等。具体到航天发射试验中，网络中的节点表示的是突发事件，节点之间的箭头表示的是突发事件之间的相互影响。每个节点在条件概率表中对应的概率就是此节点相对于其父节点所有可能的条件概率。也就是突发事件的发生概率是相对于致使其发生的突发事件而言。

贝叶斯网络的一个重要假设如下：两个由箭头连接的变量依照指向关系分别为"父节点""子节点"（或称"因""果"节点），当节点表示的变量间如果没有箭头相互连接在一起时，就称这些随机变量彼此间条件独立。当应用于航天发射试验中，如果两个突发事件没有箭头连接在一起时，就表示这两个突发事件是相互独立的（条件）。贝叶斯网络实例见图 8-8。

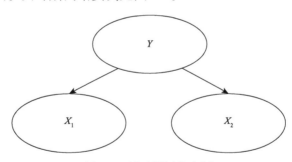

图 8-8 贝叶斯网络实例

在图 8-8 中，贝叶斯网络共有 3 个节点，节点 Y 是父节点，X_1 与 X_2 是子节点，网络中的箭头（$Y \rightarrow X_1$ 和 $Y \rightarrow X_2$）表示 Y 与 X_1 和 Y 与 X_2 直接关联。按照贝叶斯条件概率公式，图 8-8 所表示的网络具有联合概率分布函数：

$$P(Y, X_1, X_2) = P(Y)P(X_1|Y)P(X_2|Y) \tag{8-1}$$

对于一个含有 n 个变量的贝叶斯网络，要计算其联合概率 $P(X_1, X_2, \cdots, X_n)$ 可以用各变量所具有的边缘概率的乘积来表示：

$$P(X_1, X_2, \cdots, X_n) = \prod_{i=1}^{n} P(X_i | \text{parent}(X_i)) \tag{8-2}$$

贝叶斯网络具有的优点是逻辑清晰直观，在模型条件发生变化时可以快速修改。在航天发射试验中应用贝叶斯网络模型时，首先要确定模型的变量（突发事件）及其参数值（突发事件发生概率），其次要分析不同变量（网络中节点所代表的事件）之间的相互影响（突发事件之间的相关性）及贝叶斯网络的概率参数。变量（突发事件）可以根据已有资料定义为多种状态（可考虑正常和异常两种状态）。

当贝叶斯网络的构成比较简单时（图形中节点和弧线数量较少），可以应用条件概率的方法进行求解，这时的计算量不会成为应用该方法的瓶颈。当模型情况较为复杂的时候（图形中存在的节点和节点之间的弧线也很多），计算过程就会变得非常复杂，计算量就成为应用该方法的瓶颈。把贝叶斯网络用于航天发射试验突发事件概率分析中要面临事件网络建模困难及计算量巨大的问题。

8.3.2 Copula 函数及其应用

1. Copula 函数理论

Copula 这一单词源自 "copuling"，意思是连接、结合，由统计学学者 Sklar 在 1959 年首次引入，表示的是将一元分布进行"连接"而生成多元分布的函数。目前已经有学者（Genest and MacKay，1986；Nelsen，2006）把 Copula 函数应用于不确定性领域的研究，Copula 函数的定义如下。

定义 8-1 Copula 函数是一个多元分布函数，其边缘是均匀分布的，分布的区间定义在[0,1]上，用符号 C 来表示，其必须满足下面 3 个条件：①$C:[0,1]^n \rightarrow [0,1]$；②$C$ 是有零基面（grounded），而且 N 维都是递增的函数；③C_i 表示 C 所有的边缘分布函数，而且必须满足：

$$C_i(u) = C(1,\cdots,1,u,1,\cdots,1) = u, \quad u \in [0,1], \quad i = 1,2,\cdots,n \quad (8-3)$$

假如 $F_1,\cdots,F_n$ 属于一元的累积分布函数，则 $C[F_1(x_1),\cdots,F_n(x_n)]$ 表示多变量的累积分布函数，边缘分布函数是 $F_1,\cdots,F_n$。以上可以看出，Copula 函数通过把多个边缘分布连接起来以构造联合分布的函数。

定理 8-1（Sklar 定理） 若 $F(\cdot)$ 是一个 n 维联合分布函数，边缘分布函数为 $F_1,\cdots,F_n$，那么一定存在一个 Copula 函数 C，使得

$$F(x_1,\cdots,x_n) = C(F_1(x_1),\cdots,F_n(x_n)) \quad (8-4)$$

如果边缘分布是连续的，那么 Copula 函数是唯一的。

本书中用 Copula 函数来研究公共影响因素和突发事件之间的关系，所以将其限定在二元情况，相应的定义如下。

定义 8-2 如果定义在集合$[0,1] \times [0,1]$上的一个二元函数 C 满足：①对于任意 $(u,v) \in [0,1]^2$，都有 $C(u,0) = C(0,v)$，$C(u,1) = u$，$C(1,v) = v$；②对任意的 u_1, u_2, v_1,

$v_2 \in [0,1]$,且 $u_1 \leq u_2$,$v_1 \leq v_2$,有

$$C(u_2, v_2) - C(u_2, v_1) - C(u_1, v_2) + C(u_1, v_1) \geq 0 \quad (8\text{-}5)$$

则称函数 C 为 Copula 函数。

Sklar 定理是 Copula 函数的存在性定理,同时给出了求 Copula 函数的方法,即用联合分布函数和边缘分布函数的反函数来求 Copula 函数。对于二元 Copula 函数,可以令 $(u,v) \in [0,1]^2$,且两个随机变量都服从区间 $[0,1]$ 上的均匀分布,则 (U,V) 的联合分布函数为

$$C(u,v) = P(U \leq u, V \leq v) = F(F_1^{-1}(u), F_2^{-1}(v)) \quad (8\text{-}6)$$

由此可知,Copula 函数 C 可以看作边缘为均匀分布(区间为 $[0,1]$)的随机变量 (U,V) 的联合分布函数。

由于 Copula 函数是一个二元分布函数,可以把对应的概率密度函数 c(如果存在)表示为

$$c(u,v) = \frac{\partial^2 C(u,v)}{\partial u \partial v} \quad (8\text{-}7)$$

根据 Sklar 定理,得到 (U,V) 的联合密度函数 $f(u,v)$ 表达式为

$$f(u,v) = c(F_1(u), F_2(v)) f_1(u) f_2(v) \quad (8\text{-}8)$$

2. 几种常见的二元 Copula 函数

在应用 Copula 函数建模时,常用的二元 Copula 函数有椭圆族 Copula 函数和阿基米德 Copula 函数。

1)椭圆族 Copula 函数

假设 F 是一个椭圆分布的多元累积分布函数,F_i 表示其边缘分布,F_i^{-1} 是该边缘分布的逆函数。那么 F 确定的 Copula 函数形式为

$$C(u_1, \cdots, u_n) = F(F_1^{-1}(u_1), \cdots, F_n^{-1}(u_n)) \quad (8\text{-}9)$$

由于椭圆族 Copula 函数分布的性质容易掌握,而且模拟的实现较为容易,椭圆族 Copula 函数分布有着十分广泛的应用。该族中的二元正态 Copula 函数和二元 t Copula 函数很常见。

二元正态 Copula 函数的表达式为

$$C(u,v,\rho) = \int_{-\infty}^{\Phi^{-1}(u)} \int_{-\infty}^{\Phi^{-1}(v)} \frac{1}{2\pi\sqrt{1-\rho^2}} \exp\left\{-\frac{x^2 - 2\rho xy + y^2}{2(1-\rho^2)}\right\} \mathrm{d}x \mathrm{d}y \quad (8\text{-}10)$$

其中,ρ 为线性相关系数,$-1 \leq \rho \leq 1$;$\Phi^{-1}(\cdot)$ 为标准正态分布函数的反函数。$\rho=0$ 时,U 与 V 相互独立,$|\rho|=1$ 时,U 与 V 完全相关。二元正态 Copula 函数具有对称性。

二元 t Copula 函数的表达式为

$$C(u,v,\rho,\chi)=\int_{-\infty}^{t^{-1}(u)}\int_{-\infty}^{t^{-1}(v)}\frac{1}{2\pi\sqrt{1-\rho^2}}\exp\left\{-\frac{x^2-2\rho xy+y^2}{\chi(1-\rho^2)}\right\}^{\frac{\chi+2}{2}}\mathrm{d}x\mathrm{d}y \quad (8\text{-}11)$$

其中，ρ 为线性相关系数，$-1\leqslant\rho\leqslant 1$；$t^{-1}(\cdot)$ 为自由度为 t 的分布函数的反函数。二元 t Copula 函数具有对称性。

2）阿基米德 Copula 函数

阿基米德 Copula 函数是通过算子 φ 构造而成的，φ 是连续严格单调递减函数 $\varphi:[0,1]\to[0,\infty]$，满足 $\varphi(1)=0$，其表示形式为

$$C(u_1,\cdots,u_n)=\varphi^{-1}(\varphi(u_1)+\cdots+\varphi(u_n)) \quad (8\text{-}12)$$

其中，φ^{-1} 为 φ 的逆函数。但 $\varphi(0)$ 是有限值时，构造 Copula 函数的 φ^{-1} 是算子 φ 的伪逆形式：

$$\varphi^{-1}=\begin{cases}\varphi^{-1},\ 0\leqslant t<\varphi(0)\\ 0,\quad \varphi(0)\leqslant t\leqslant\infty\end{cases} \quad (8\text{-}13)$$

通过阿基米德 Copula 函数的形式可以知道，只需要知道算子 φ 的表示形式就可以确定一种 Copula 函数形式，选择不同的算子，就会产生不同类别的 Copula 函数。有三种常见的 Copula 函数：Fank Copula 函数、Gumbel Copula 函数与 Clayton Copula 函数。

Fank Copula 函数的表示形式如下：

$$C(u,v,\delta)=-\frac{1}{\delta}\ln\left(1+\frac{(\mathrm{e}^{-\delta u}-1)(\mathrm{e}^{-\delta v}-1)}{\mathrm{e}^{-\delta}-1}\right) \quad (8\text{-}14)$$

其中，$\delta\in(-\infty,\infty)$，且 $\delta\neq 0$。当 $\delta\to-\infty$ 时，U、V 完全负相关；当 $\delta\to 0$ 时，U、V 相互独立；当 $\delta\to+\infty$ 时，U、V 完全正相关。Fank Copula 函数具有对称相关性。

Gumbel Copula 函数的表示形式如下：

$$C(u,v,\delta)=\exp\left(-((-\log u)^\delta+(-\log v)^\delta)^{\frac{1}{\delta}}\right) \quad (8\text{-}15)$$

其中，$\delta\in[1,+\infty)$。当 $\delta=1$ 时，U、V 相互独立；当 $\delta\to+\infty$ 时，U、V 完全正相关。Gumbel Copula 函数具有非对称性。

Clayton Copula 函数的表示形式如下：

$$C(u,v,\delta)=\max\left((u^{-\delta}+v^{-\delta}-1)^{-\frac{1}{\delta}},0\right) \quad (8\text{-}16)$$

其中，$\delta\in[-1,+\infty)$，且 $\delta\neq 0$。当 $\delta\to 0$ 时，U、V 相互独立；当 $\delta\to+\infty$ 时，U、V 完全正相关。Clayton Copula 函数具有非对称性。

8.3.3　航天发射试验突发事件评估模型

1. 蒙特卡罗仿真实现过程

蒙特卡罗仿真是一种基于概率和数理统计原理的方法，它对事物的形成过程进行仿真，从而认识事物特征和变化规律。这种方法在不确定性评估中已经成为一种日益重要的工具。从应用步骤来说，蒙特卡罗仿真是用随机抽样的方法取得一组符合输入变量概率分布特征的数值，然后把这些数值作为评价模型的输入数据就可以得到评估结果，通过多次抽样就可获得评价结果的数理统计参数（概率分布、累积概率分布、方差、标准差、期望值等）。在实际的操作中可以使用专业的蒙特卡罗仿真软件来完成，如 Monte Carlo TM 3.0、Crystal Ball 等，也可以借助于常用的统计软件，如 R、Stata 等。根据中心极限定理可知，当输入的数据在给定分布下被仿真足够多次后，输出的评估结果将会以稳定的概率分布呈现。

在应用于实际问题时，代表不确定性的概率分布是有很多种类的，常见的分布可以大体分为两种：一种是离散型分布；另一种是连续型分布。根据不同的种类，仿真过程中样本抽取的方法也不同。

典型的离散型分布一般有二项式分布、泊松分布等，它们的概率密度函数如下（盛骤等，2001）。

$$P\{X=k\} = \frac{n!}{k!(n-k)!} p^k (1-p)^{n-k}, \ n \geqslant 1, \ k=0,1,\cdots,n \tag{8-17}$$

$$P\{X=k\} = \frac{\lambda^k}{k!} e^{-\lambda}, \ k=0,1,\cdots,n \tag{8-18}$$

其中，n 和 k 都为非负整数；p 为概率，即 $0<p<1$；λ 为任意正常数。要产生离散型随机变量的样本值，首先设离散型随机变量 X 具有分布律：

$$P\{X=x_i\} = p_i, \ i=1,2,\cdots,n, \ \sum_{i=1}^{\infty} p_i = 1 \tag{8-19}$$

然后产生随机变量 $U \sim U(0,1)$ 的样本值 u，即产生均匀分布随机数 u，令

$$X = \begin{cases} x_1, & u < p_1 \\ x_2, & p_1 \leqslant u < p_1 + p_2 \\ \vdots & \\ x_i, & \sum_{j=1}^{i-1} p_j \leqslant u < \sum_{j=1}^{i} p_j \\ \vdots & \end{cases} \tag{8-20}$$

因为

$$P\{X = x_i\} = P\{\sum_{j=1}^{i-1} p_j \leqslant u < \sum_{j=1}^{i} p_j\} = \sum_{j=1}^{i} p_j - \sum_{j=1}^{i-1} p_j = p_i, \ i=1,2,\cdots,n \quad (8\text{-}21)$$

所以 X 具有给定的分布律。产生随机变量 X 的样本值的算法为：①产生均匀分布随机数 u。②若 $u < p_1$，令 $X = x_1$，停止；若 $u < p_1 + p_2$，令 $X = x_2$，停止；若 $u < p_1 + p_2 + p_3$，令 $X = x_3$，停止；以此类推。

对于常见的连续型概率分布仿真过程则与上述流程不同，如正态分布、指数分布、均匀分布的分布函数如下（盛骤等，2001）。

$$f(x) = \frac{1}{\sqrt{2\pi}\sigma} e^{-\frac{(x-\mu)^2}{2\sigma^2}}, \ \sigma > 0 \quad (8\text{-}22)$$

$$f(x) = \begin{cases} 0, & \text{其他} \\ \frac{1}{\theta} e^{-\frac{x}{\theta}}, & x > 0 \end{cases} \quad (8\text{-}23)$$

$$f(x) = \begin{cases} \frac{1}{b-a}, & a < x < b \\ 0, & \text{其他} \end{cases} \quad (8\text{-}24)$$

式（8-22）~式（8-24）中，a，b 和 θ 为任意常数；σ、μ 分别为正态分布的标准差与均值。要生成这几种连续型分布的随机数需要使用如下定理。

定理 8-2 设随机变量 $U \sim U(0,1)$、$F(x)$ 是某一随机变量的分布函数，且为严格单调增加连续的函数。则随机变量 $F^{-1}(U)$ 具有分布函数 $F(x)$，其中 $F^{-1}(x)$ 是 $F(x)$ 的反函数。

如果要产生以 $F(x)$ 为分布函数的随机变量 X，只需要产生 $U \sim U(0,1)$，令 $X = F^{-1}(U)$ 就可以了。又若要产生 X 的样本值 x，只需产生 U 的样本值 u，令 $x = F^{-1}(u)$，即得。

一般来说，评估结果的概率分布会随着抽样和评估模型计算次数的增加而变化，抽样和计算的次数越多，结果的概率分布越稳定，越接近于实际情况。抽样和计算的次数并没有理论上的最优值，实践中抽样计算结果的相对误差满足误差要求就可以终止仿真。实际经验表明，当抽样和计算达到 50~300 次时，输出结果的分布函数就基本处于收敛状态了，再进行更多的抽样计算也不会使得结果分布函数发生明显变化。

蒙特卡罗仿真的结果可以用各种统计量表示，如均值、中位数、标准差、标准误、峰度、偏斜度等。对于一个具体的问题，可以先建立随机模型，再产生随机数，应用随机模型进行随机抽样试验就能得到所需要的仿真结果。

2. 突发事件之间的相互影响分析

实际航天发射试验中的突发事件之间会存在相互影响,即某一突发事件的发生概率会随着其他突发事件发生与否发生改变。在目前的有关研究中有学者把项目中突发事件发生与否的不确定性建模为多元随机变量联合分布(郭宇和刘尔烈,2002)。

假设每个突发事件的边缘分布都能被识别和评估,那么按照建模为多元随机变量联合分布的方法就有两种极端的处理方法存在:第一种处理方法是把每个突发事件都当成独立的;第二种处理方法是指定出一个完整的多元随机变量分布来表示所有突发事件之间的关系,即用一个全能的分布来表示项目中所有突发事件发生与否。已经有多位学者对第一种处理方法中的基础假设(独立性假设)进行了反驳,他们认为这种独立性的假设是与人的认知相矛盾的,是违反事实的(Duffey and van Dorp,1998;van Dorp,2005)。第二种处理方法中的分布经常是用已知的多元分布(如多元正态分布)配合一个专门的秩相关(等级相关)矩阵来实现。这类已知的多元分布能较为容易地被转化为一个单位超级立方体上的多元分布,转换后的多元分布是把[0,1]上的均匀分布作为其边缘分布。由数理统计中的有关定理可知,任何连续的边缘分布都可以通过对均匀分布进行合适的变换来得到。考虑到秩相关这种关系在非递减转换中是不变的,秩相关矩阵将在多元分布的变换过程中保持不变。但这种性质对相关矩阵是不成立的,存在反例显示开始时两个随机变量的相关系数是 1,但在转换后相关系数就变成了 0。第二种处理方法存在的问题主要是秩相关矩阵的规模会随着需要考虑的变量增多而急剧增大,如要生成 100 个突发事件的秩相关矩阵就需要对 10 000 个元素的秩相关矩阵进行赋值。即使参与评估的人员能够对如此规模的秩相关矩阵进行赋值,也需要考虑此矩阵必须是正定矩阵这一要求。一般来说,如果被赋值后的矩阵被检测出来不符合正定矩阵的要求就必须进行修改,就要把秩相关矩阵修改为最靠近的正定矩阵。总的来说,第二种处理方法虽然理论上是科学的,但在实际操作上存在着种种不足。

在以上两种极端的处理方法之外还存在一种折中的方式值得考虑:①可以把整个集合划分为几个子集,将子集元素之间的边缘分布假定为独立的;②这种独立性假设的前提是要指定联合分布来表示一个子集中的所有元素之间的相互影响。在风险管理领域与项目工期估算领域已经有学者提出了类似的方法并在实际应用中对效果进行了验证。本书将在分析突发事件的概率时使用这种方法,①可以把代表突发事件发生概率的边缘分布假定为独立的;②这种独立性假设的前提是要指定一个联合分布来表示被某个共同因素所影响的突发事件集合的子集中所有事件发生与否。

3. 给定公共影响因素时的条件独立假设

形成突发事件发生概率相互独立的假设需要用到潜变量模型。潜变量模型和因子分析已经在行为科学等领域得到了广泛的应用，最为著名的潜变量的例子就是对人进行智商（intelligence quotient，IQ）测试。参与测试的人会完成两套 IQ 测试题，在这个过程中依据参与者 IQ 的高低，测试结果应该是两套测试的结果都较高或者两套都较低。也就是说，在执行对参与者的测试之前，两套测试的结果已经被建模为两个随机变量，这两个随机变量很显然是正相关的，而正相关的原因则是未知的参与者的 IQ 水平。在一个潜变量模型中，IQ 水平会被识别为潜在的随机变量。在这个潜变量模型中的关键假设就是一旦在参与者完成两套 IQ 测试之前知道了他准确的 IQ 水平，那么两套测试的结果被假定为独立的。这种假设在统计学中称为条件独立假设。

潜变量模型的核心思想是未知的变量是导致相关性的原因，这个想法可以应用于突发事件发生概率的分析。在突发事件分析中，把未知的潜变量称为公共影响因素更为贴切。比如，航天发射试验中的很多突发事件都是受到了天气的影响，也就可以把这种未知的天气状况识别为这些受影响突发事件的公共影响因素。可以合理进行假定：一旦在进行项目试验时的天气状况能提前被准确掌握，那些受影响的突发事件就可以被假定为相互独立。这种"公共影响因素"或者"共同原因"的想法已经被广泛应用在风险分析的众多方法中，如用故障树对核电站进行分析。实际上，之所以在这种环境下用分组分析的技术，主要是核电站出于安全考虑在设计时进行了系统的冗余备份。在这种情况下，头脑风暴法经常被用来识别公共影响因素。

学者 van Dorp（2005）对这种假设进行研究并提出使用了依赖图来描述这种关系。一个依赖图就是一个有向图 (R,D)，其中 R 表示随机变量的集合，D 是一系列弧的集合，每条弧表示的是随机变量间的依赖关系。令 R 是 $\{r_1,\cdots,r_n\}$，(r_i,r_j) 是 D 中的一条弧，那么 r_i 就是 r_j 的紧前元素，r_j 是 r_i 的紧后元素。令 $P(r_j)$ 是 r_j 的紧前元素的集合，$j=1,\cdots,n$，$S(r_i)$ 是 r_i 紧后元素的集合，$i=1,\cdots,n$。令 $\varGamma(R,D)$ 为满足 $|P(r_j)|=0$ 的随机变量的集合，即 $\varGamma(R,D)$ 是有向图的根节点集合。

定义 8-3 一个依赖图就是满足如下条件的有向图 (R,D)：①图中的节点表示的是随机变量，有向弧表示连接的两个节点之间存在依赖关系；②随机变量 $r_i \in \varGamma(R,D)$ 是独立的随机变量；③ $\forall r_i \in R:|P(r_j)|\in\{0,1\}$；④ $\forall r_i \in R:r_j \in S[r_i]$ 在给定紧前元素状态时是相互独立的。

通常在使用依赖图进行分析时根节点的集合 $\varGamma(R,D)$ 就对应着公共影响因素，对应于影响突发事件发生的公共影响因素。图 8-9 就是把依赖图应用于突发事件分析的例子。

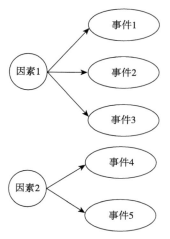

图 8-9　突发事件与公共影响因素的依赖图

图 8-9 中分析了两个公共影响因素（因素 1、因素 2）与五个突发事件（事件 1、事件 2、事件 3、事件 4、事件 5）。圆圈表示的是公共影响因素，而椭圆则代表突发事件。其中，事件 1、事件 2、事件 3 都受到因素 1 的影响，即因素 1 存在的不确定性会影响这三个突发事件的发生与否，同样地，事件 4、事件 5 会受到因素 2 的影响。

4. 公共影响因素与突发事件的联合分布

在代表突发事件的各个变量的边缘分布均已知的情况下，可以采用 Copula 函数确定各个突发事件边缘分布概率与其相应共同风险因素的二维联合分布。Copula 函数是边缘分布为[0,1]上均匀分布的二维联合分布。

使用 Copula 函数的抽样有具体的步骤，下面用图 8-9 中突发事件"事件 1"与公共影响因素"因素 1"来说明：首先通过 Copula 函数抽取一个二维随机样本，然后通过适当的转换将该样本变为已知其边缘分布的"事件 1"与"因素 1"。考虑到应用突发事件的发生概率评估结果时一般都认为概率评估结果已经包含了公共影响因素，不需要公共影响因素的边缘分布的确切信息输入，这也是使用 Copula 函数进行分析的一个优势所在，即在用 Copula 函数抽取一个二维随机样本后只需要把对应公共影响因素的分量进行适当转换。

Copula 函数有很多种类，即使是在确定"事件 1"与"因素 1"联合分布时使用的单参数 Copula 函数也包括了一族分布函数。当参数确定之后，就需要确定一个确定的函数（从一族函数中选取）。学者 van Dorp（2005）指出，引起两个不确定性分析结果不同的是公共影响因素与突发事件发生概率的边缘分布及两者的秩相关,而不是用于二元抽样的具体 Copula 函数的选择。本书将使用对角带分布(diagonal band distribution),在实际试验项目中使用该种分布有较为明显的优势,首先该分布的参数在实际试验项目中使用时很容易被理解,而且较为容易获取;其次该分布用于 Copula 函数抽样时的效率很高。

图 8-10 描述了由两个区间为 [0,1] 的均匀分布随机变量 U 和 V 形成的二元对角带分布 $D(u,v)$。可以用 ψ 表示图 8-9 中公共影响因素的累积分布函数,用 $\wp$ 来表示图 8-9 中突发事件的边缘分布函数。这样 ψ(因素 1)与 $\wp$(事件 1)就是在区间 [0,1] 上的均匀分布。在图 8-10 中可以用 U 表示"因素 1"的累积分布函数 ψ(因素 1),用 V 表示"事件 1"的边缘分布函数 $\wp$(事件 1)。用 θ 表示对角带分布的参数。

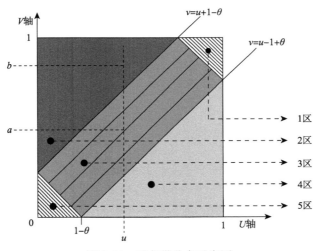

图 8-10 对角带分布示意图

图 8-10 中分布的密度函数 $d(u,v)$ 如下:

$$d(u,v) = \begin{cases} \dfrac{1}{1-\theta}, & 1区, 5区 \\ 0, & 2区, 4区 \\ \dfrac{1}{2(1-\theta)}, & 3区 \end{cases} \quad (8-25)$$

由图 8-10 可知,当 $\theta=0$ 时,说明 u 和 v 相互独立;当 $\theta=1$ 时,说明 u 和 v 相同;当 $0<\theta<1$ 时,说明 u 和 v 相互影响。同样可以推论出,条件分布 $D(v|u)$ 是一个取值区间为 $[a,b]$ 的均匀分布。当 u 的取值接近 0 或者 1 时,条件分布 $D(v|u)$ 会稍微复杂些,但也能获取。从参数为对角带分布可以直接抽取

一个二元样本，其过程也较为简单，描述如下：①从区间为 [0,1] 的均匀分布上抽样得到 u。②从区间为 [0,1] 的均匀分布上抽样得到 v。③ $a=u-1+\theta$，$b=u+1-\theta$。④ $v=(b-a)\times v+a$。⑤如果 $v<0$，那么 $v:=-v$；如果 $v>1$，那么 $v:=v-1$。

从上述抽样过程可以看到参数 θ 是影响概率评估结果的关键因素。多个受公共影响因素影响的突发事件之间的依赖关系（相互影响）可以表现为条件分布 $D(v|u)$ 与边缘分布 $D(v)$ 之间的比较，具体来说是正比关系，即公共影响因素的概率越高，受其影响的突发事件发生概率也越高。$D(v)$ 中蕴含的不确定性也就是关于突发事件"事件 1"的不确定性所处的范围是 0~1，此范围覆盖了随机变量 V 的全部取值范围，也覆盖了突发事件"事件 1"的全部取值范围。在图 8-10 所展示的例子中，$D(v|u)$ 包含的不确定性可以用 a 到 b 的区间来表达，这个区间覆盖了随机变量 V 的 $(b-a)/100$ 区域。当知道 u 的取值，即已知公共影响因素"因素 1"的概率，就可以解释 V 中 $[100-(b-a)]/100$ 的不确定性。当 u 趋近于 0 或者 1 时所做的分析稍有不同，但也能做类似的推导。随机变量 U 对 V 能够解释的不确定性的百分比，也就是"因素 1"对"事件 1"所能产生的影响程度，在整个 u 的取值范围内表示为

$$\varepsilon=(\theta^2\times100)/100 \quad (8-26)$$

其中，ε 为公共影响因素"因素 1"对突发事件"事件 1"的影响程度。当 $\theta=1$ 时，"因素 1"就能完全决定"事件 1"，在图 8-10 中表现出来就是随机变量 U 和 V 完全一致。当 $\theta=0$ 即突发事件完全不受公共影响因素的影响，在图 8-10 中对应的是 U 和 V 独立。要在航天发射试验中获取参数 θ，可以用表 8-3 中的问题去咨询项目涉及的管理人员与领域专家，获取模型参数的问题示例见表 8-3。

表8-3 获取模型参数的问题示例

模型参数	问题示例
公共影响因素	航天发射试验项目级中有哪些要素可能会同时对多个突发事件的发生造成影响？
突发事件分组	根据分析出的公共影响因素，突发事件如何进行分类？
对角带分布的参数 θ	假设已知某个公共影响因素，如试验进行时的天气状况，那么特定突发事件分组中突发事件是否发生的不确定性降低了百分之几？

针对参数 θ，如果得到的回答是 0，这就意味着恶劣天气对该突发事件的发生与否不产生影响，如果得到的回答是 100%，就说明恶劣天气的发生完全决定了突发事件的发生（恶劣天气的出现概率属于未知、待评估的）。如果得到 $X/100$，$X\in[0,100]$，那么对角带分布的参数也能计算。

$$\theta=\sqrt{\frac{X}{100}} \quad (8-27)$$

关于参数（公共因素对突发事件的发生概率的影响程度）的获取，还可以通过改进调研取证流程来更加贴近实际。

在航天发射试验中使用本书方法的步骤如下：①通过危险源识别，得出公共影响因素和突发事件，并形成如图 8-9 所示的突发事件与公共影响因素关系，在此基础上对突发事件的边缘分布进行初步的评估，得到突发事件的边缘分布 $\wp$ 与公共影响因素的累积分布函数 ψ；②从区间为 $[0,1]$ 的均匀分布上抽样得到每个公共影响因素对应的 u；③已知 $\wp$ 与 ψ，结合前述的对角带分布抽样过程可以计算得到每个突发事件对应的 v 值；④用已知的突发事件的边缘分布将 v 转换成已知的各个突发事件的边缘分布对应的抽样值；⑤使用蒙特卡罗仿真得到突发事件在考虑公共影响因素时的联合概率分布，并在此基础上统计出各个突发事件的概率分布。整个过程可以用图 8-11 来表示。

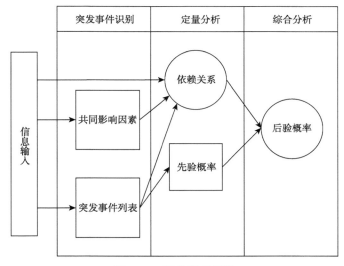

图 8-11　评估模型框架

本书提出的突发事件概率分析流程具有如下优点：①用结构性的方法可以根据识别出的危险源和突发事件进行建模，模型从数理统计的角度考虑了突发事件之间的相互影响；②充分利用了可能获取的信息，如每个突发事件单独分析时具有的发生概率（也就是边缘概率）能在模型中使用；③相比过去分析风险事件相互影响常用的秩相关（等级相关）来说，模型参数比较容易被人理解，也更方便获取；④使用对角带分布时需要获取的参数个数与待分析的突发事件的个数相等，从二元分布抽样时具有很高的效率。

5. 算例

按照图 8-11 中的流程，首先要对公共影响因素和突发事件进行识别，本书以图 8-9 中描述的相互影响关系构建一个具体的算例，即假定识别出来的公共影响因素和突发事件之间的依赖关系如图 8-9 所示。接着对识别出来的这些元素进行评估，如可以通过邀请航天发射试验的专家进行多次的评估。考虑到三角分布和正态分布是项目管理中较为常见的评估方式，本算例集中讨论了这两种分布在考虑公共影响因素的情况下如何变化。

图 8-12 显示了按照 5 个突发事件的边缘分布分别进行 10 000 次抽样后在各个分布区间的频度分布。在考虑公共影响因素之前（先验概率）所呈现的图形与表 8-4 中的参数设置一致，但按本书提出的流程进行处理后可以看到分布的频度明显发生了变化，变化的程度与参数 θ 的值有明显的关系，即 θ 越小，突发事件的发生概率分布变化越大。

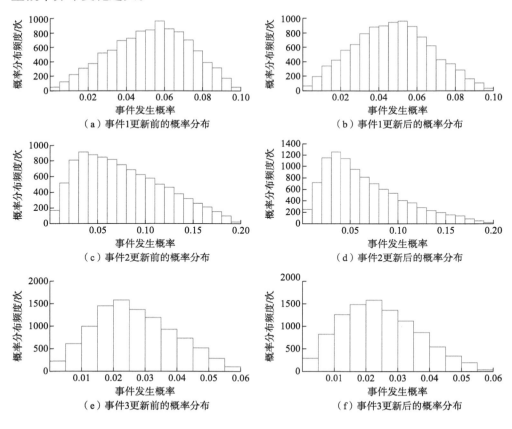

（a）事件1更新前的概率分布　　　　（b）事件1更新后的概率分布

（c）事件2更新前的概率分布　　　　（d）事件2更新后的概率分布

（e）事件3更新前的概率分布　　　　（f）事件3更新后的概率分布

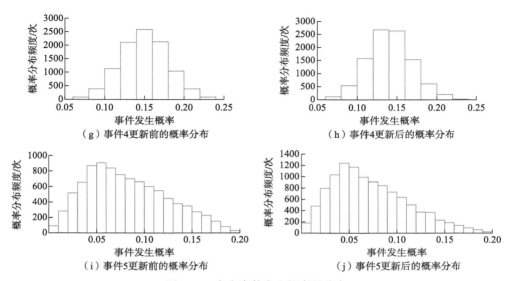

图 8-12 突发事件发生概率的分布

表8-4 突发事件的有关参数

突发事件	突发事件概率分布		突发事件之间的依赖关系	
	分布名称	参数	影响因素	参数
事件 1	三角分布	$a=0$, $b=0.1$, $c=0.06$	因素 1	$\theta=0.25$
事件 2	三角分布	$a=0$, $b=0.2$, $c=0.03$	因素 1	$\theta=0.50$
事件 3	三角分布	$a=0$, $b=0.06$, $c=0.02$	因素 1	$\theta=0.75$
事件 4	正态分布	$u=0.15$, $\sigma^2=0.03$	因素 2	$\theta=0.30$
事件 5	三角分布	$a=0$, $b=0.2$, $c=0.05$	因素 2	$\theta=0.60$

第 9 章　航天发射试验应急预案管理成熟度模型研究

应急场景的生成与分析都属于应急预案管理的业务过程，通过规范、控制这些业务流程既能提高应急场景与实际情况的匹配程度，又便于多个单位展开基于应急场景的协作。航天发射试验应急响应的过程涉及多个单位，这些单位对于应急预案的管理存在不同的理解，管理方式存在差异，管理水平也参差不齐。这些应急场景生成与分析体现了各个单位使用场景生成方法不同，描述应急场景的详略程度不同，对场景的分析过程与所用方法也不同。

如果要以各单位的应急预案作为航天发射试验整体应急管理的基础，进而协调各个单位的应急响应活动，往往欠缺整体协调，在实际操作中存在沟通上的困难，对于具体业务过程也缺乏控制。因此，在很多试验项目中都是由试验组织单位或现场实施单位统一编制项目的应急预案，这样虽然解决了预案的协调问题，却使得试验项目所使用的预案不能有效融合参试单位各自应急管理的知识与经验，对各个单位所担负的职责也不能提供细致的建议，不能指导具体的业务操作。本书提出的应急预案管理成熟度模型就是为了评估参试单位试验项目应急预案管理的现状，分析参试单位应急预案管理存在的不足，并提出有效改进意见。

9.1　航天发射试验应急预案管理的内容分析

应急预案管理主要包括如下内容：明确应急预案的定义与适用的范围；确定应急预案的生成规范和启动的条件；汇总整理所有试验项目相关的应急预案，设计并实现应急预案的数据库；评估应急预案的实际执行效果，构建并提供应急预案的标准接口以供调用，为启动应急预案的匹配程序提供基础数据和工具。一般来说，航天发射试验应急预案的管理主要涉及三方面的内容。

（1）随着试验项目的实施，逐步开展和完善保障体系的建设，建立完善应急预案专家系统，强化预案的研究和管理，可以增强预案调用的及时性和高适应性，提高系统应对突发事件的处置能力。

（2）各个参与试验项目的组织应该在平时根据自己在试验项目中所承担的任务和保障特性制定相应的预案。试验环节中各岗位人员，应重点根据自身在试验项目中可能出现的各类问题提出具有实际操作性的应对预案。还必须通过培训和演练完善预案，并使预案在实际中有效地发挥作用。

（3）在保障方法研究和预案管理现代化的前提下，还应该加大信息化平台的建设，尽量做到对保障体系的信息化平台建设进行统一规划，各个参与试验项目的单位在自己现有条件的基础上分步实施，逐步完善检测和信息反馈系统，形成一套高效、规范、系统化的信息反馈机制。

9.2 航天发射试验应急预案管理成熟度的内涵

"成熟度"这个概念从最开始在软件工程领域被提出后已在很多领域得到了推广，如供应链管理成熟度、科技成果成熟度、工作能力成熟度、软件能力成熟度、系统工程成熟度、项目管理成熟度等。成熟度可以表示条件完善或者是能力的水平，同时可以体现出组织在发展过程中对管理能力的不断完善，从而提高组织完成特定任务的可能性。模型可以被看作一个过程的变化、进步，一般是表示从低级向高级的进阶过程。在这样理解模型的基础上就可以把成熟度模型看作是一个用来表示如何提高某些期望的过程框架，可以用来描述一个待评价组织在某方面的管理能力从低向高发展，同时管理过程实施成功的可能性不断提高的过程。能力成熟度模型（capability maturity model，CMM）最早来自软件过程能力，其目的是评估软件外包商的能力并辅助软件企业提高过程质量管理，该方法在推广中取得了良好的效果，也就成为软件行业项目管理评估的标准，目前常见的成熟度模型已经超过 30 多种。

把成熟度模型应用于对整个组织的某项（管理）能力的评估是一项有意义的尝试，那些成熟度模型被划分为若干递增的层级并使得被评估的组织在取得评估结果的同时能了解如何提高自身成熟度的层级。航天发射试验应急预案成熟度主要是衡量通过预先的准备当突发事件发生后，经过执行应急预案能够进行应急响应并确保试验项目继续进行或控制突发事件造成损失的程度，包括在编制、维护、完善、更新、应用的过程中所包含的各项指标的完备程度，如编制是否科学合理、涉及文件体系是否完备、在实际操作中的实用性、更新与修正是否及时、能否辅助指挥决策等。

航天发射试验应急预案成熟度模型是评估参与试验项目的组织对应急预案进行管理的现状，分析这些组织在应急预案管理中的不足之处，并提出改进意见的理论工具。本书提出的成熟度模型并不是为管理应急预案时遇到的困难提供快速解决的途径和方法，而是为参与航天发射试验的各个组织提供可以指导其改善应急预案管理能力的方法。通过对应急预案管理的评估可以发现缺陷，评估结果还能被用来指导持续性的改进。

应急预案管理成熟度的层级高低在多个方面都能得到体现。成熟度低的应急预案管理的预案编制过程一般是临时拼凑的，缺乏编写规范和科学方法的指导，内容常常会雷同于其他组织的应急预案，预案的内容也会存在很多问题，没有形成体系，比较典型的有以下几个特征：①应急预案中虽然会有应急响应程序的描述，但没有相应的培训和演练，或者是没有如何保障执行程序的规定，这样会致使应急响应行动的贯彻缺乏保障；②对应急响应有关设备的定期检测在应急预案中也没有相应的规范，突发事件发生后往往不能保证应急物资（救援设备、设施等）的完好程度，可能导致无法顺利进行应急响应程序；③应急预案缺乏对应急物资与设备的统一规划，也没有清晰、明确的应急物资指挥调度的规范，这可能使得应急物资与设备在非应急状态时缺乏维护和监管，导致应急响应时无法及时获取所需物资与装备，成为应急响应的瓶颈；④负责应急预案管理的机构（人员）缺乏培训或演练，在突发事件发生后可能难以及时、准确地评估事态情况，预测事态发展趋势，进而导致很难启动适合事态发展的预案，或对预案的执行难以进行符合实际情况的动态调整。

成熟度高的应急预案管理则有着下列典型特征：①整个应急预案体系的结构完整且设计合理，体系中的各个预案能实现协作，并配套有内容完备的、规范严格的应急程序，预案的管理内容会规范有关人员进行应急预案的培训和演练的时间、频率，使得每个参与应急反应的人员都能在突发事件发生后迅速进入角色，担负起其所在岗位的职责；②应急设备的种类、数量会在应急预案中得到准确的描述，设备的定期检测与操作培训也都在应急预案中得到详细的规划；③应急物资会根据突发事件可能导致的情况而在应急预案中得到统一安排；④参与应急预案管理的机构（人员）具备足够的能力，可依据突发事件的事态发展情况启动合适的应急预案，并对执行过程做出动态调整，从而指导应急决策。

航天发射试验应急预案管理成熟度模型把成熟度能力定义为五个层级，每个层级都有若干特征属性，被评价的组织只有满足了特定层级的属性才能被评价为处于某个层级。这样，当一个被评价的组织得到自身评价结果（处于哪个层级）后就可以清晰地知道要继续提高自身的成熟度应该优先改善的是哪些方面。本书将使用雷达图来表示模型评价结果，雷达图是把成熟度模型结构可视化的有效方法，它可以表现出成熟度模型进行多维度评价的特点。雷达图可以把每个维度的评价结果单独展现也可以把各个维度的评估结果综合显示。

运用应急预案成熟度模型可以从与航天发射试验应急预案管理有关的多个维度对参与试验的组织的应急预案管理能力进行评价。这些维度可以被单独评价也可以被综合评价。因此，模型的结果包含了若干不同领域专家的独立评价结果，每个领域的专家只需要负责自己擅长的领域。同时，模型需要用一个统一的框架把所有专家做出的评价结果进行综合。

9.3 航天发射试验应急预案管理成熟度模型的层次划分

有很多组织或学者从所研究领域的特点出发，参考了 CMM 这一具有广泛影响力的成熟度模型，使用不同的标准和依据，建立了各自领域的管理成熟度模型。这些模型大多将所研究的成熟度分成四个到六个级别，最底层的级别表示组织对某个领域的管理处于初始阶段，处于中间的层级的组织则已经建立了一套相对完备的管理标准和流程，处于较高等级的组织则在继续提高能力，追求持续改进。

成熟度模型的等级划分是建立整个模型的基础，也是实际应用时的最重要的指标。目前有两种主流的划分方式：阶段式层级划分与连续式层级划分。其中，阶段式层级划分是最常见的成熟度等级划分方式，属于定性的描述。连续式层级划分则属于定量式。本书借鉴普遍的阶段式层级划分，把航天发射试验应急预案管理成熟度分为五个等级，如表 9-1 所示。在每一级中都定义了达到该级别所应解决的关键问题和关键过程，每一较低级别是达到较高级别的基础。

表9-1　航天发射试验应急预案管理成熟度等级描述

等级编号	等级名称	管理特点	等级特点
5	持续改进级	持续改进的管理	定期进行应急预案管理工作的评审；持续改进应急预案管理能力
4	体系化级	体系化的控制管理	应急预案管理形成体系；应急预案管理与日常的试验任务融合；人员得到相关的培训

续表

等级编号	等级名称	管理特点	等级特点
3	标准化级	标准化的过程管理	应急预案管理形成制度；成功的管理经验得到重复运用；可以与其他组织进行有效协同
2	已管理级	基础性的简单管理	管理绩效差；管理过程基本建立；管理可重复性差
1	初始级	无序状态	管理过程不规范；经验性管理占主导；管理效果不可测

1. 初始级

初始级是应急预案管理成熟度中的最低等级。这一成熟度水平的航天发射试验应急预案的管理基本属于无序状态，应急预案制定过程简单，通常是由试验参与人员临时拼凑而成的，既没有详尽的风险（突发事件）分析，缺乏应急响应程序，也无具体的保障突发事件处置的资源计划。应急预案的内容也处在不稳定状态，并经常发生变动，具体的应急预案管理活动则缺乏应急预案管理的规范标准，也没有稳定的应急预案管理部门，管理方式仅取决于参与人员的个人能力，几乎不存在任何标准化的规章制度，应急预案管理工作具有高度的随机性，对航天发射试验中应急处置的保障性非常低。参与试验任务的组织对应急预案的管理知识缺乏了解，对于应急的有关概念不甚了解。

2. 已管理级

这一成熟度水平的试验项目的参与单位已经具有一定的应急预案管理的意识，认识到抓好应急预案管理工作的实际作用，一般都会成立专门的应急预案管理部门，或是分配了专门的人员编制、维护具有实际操作性的应急预案，但组织结构不正规，容易与质量管理或者是业务管理出现管理冲突，或是存在管理上的盲点。同时对应急资源也有所准备，进行了一些基本的应急管理行为界定和分析，开始对应急预案的全生命周期有所规划，但管理缺乏考核和度量。

3. 标准化级

处于这个成熟度水平的参与单位对航天发射试验应急预案的管理已经有了符合实际，较为科学的认识，形成了较为稳定的管理流程和方法，一般都有一套较为完备的应急预案管理规章制度，应急预案的编制、培训、演练、动态调整及维护修正等各个环节都有较为实用的规范。航天发射试验应急预案的编制方法、流程已经较为稳定，预案的启动、执行程序也较为成熟，对培训和应急演练有明确的要求和规定。并且能够与其他参与任务的组织进行应急预案管理上的协作。

4. 体系化级

这一等级最大的特征就是形成系统化的应急预案管理体系。此成熟度水平中，航天发射试验基本构建起系统化的应急预案管理体系，应急组织机构中预案管理人员分工合理、职责清晰，预案的编制实现了多部门合作、多单位协同，对预案的培训和演练有系统的规划，采用了多种培训和演练方式。形成了组织的应急预案管理与正常业务协调发展，对应急管理实践中取得的经验、措施和方法能形成数据库，并将其体现在后续应急预案的编制和更新中。

5. 持续改进级

这是本模型定义的最高层次。在这一成熟度水平上，航天发射试验应急预案已经达到一个持续改善的境界，实现了科学化、系统化、规范化。持续改进是指优化执行步骤，即可根据过程执行的反馈信息来改善下一步的执行过程。应急预案体系结构完整、覆盖面广、可操作性强、响应程序合理、预案各环节协调性强，对于突发事件发生后的决策具有很好的指导性，并且实现了应急预案的自我优化和持续改进。

9.4 航天发射试验应急预案管理成熟度模型的指标体系

要进行正确的评价并取得符合实际情况的结果需要定义成熟度模型所对应待评价元素的结构，即评价的指标体系。定义的指标体系需要尽可能地涵盖参与航天发射试验的组织在进行应急预案管理时会完成的活动。航天发射试验成熟度模型的指标体系，是由一系列相互联系的，能反映应急预案管理成熟度状况及存在问题的指标构成的有机整体。建立科学、合理的成熟度指标体系首先要对待评价元素进行描述和定义。然而，直接分析、评价一个特定组织在某个待评价元素中的表现是比较困难的，通过对评价因素进行识别，将影响应急预案管理能力的复杂因素分解成比较简单的、容易被区分和识别的基本单元，从错综复杂的关系中找出因素间的内在联系，在众多影响因素中找出主要因素，把每一个待评价元素分解为多个子元素，这样就使得成熟度评价的复杂性大大降低了。分解的过程需要一直进行到子元素的评价结果可以直接被观察到或者在待评价组织中有数据可以直接计算。

每个成熟度模型的待评价元素都可以看作是一个抽象层级，而每一个抽象层级又包含若干个指标。整个抽象层级可以按照一定的层级结构进行组织，即抽象度高的层级在抽象度低的层级之上，如图 9-1 所示。

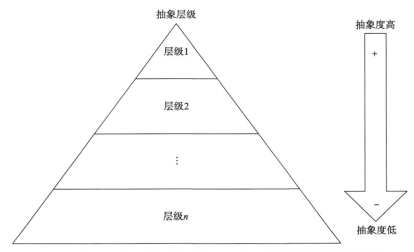

图 9-1　航天发射试验应急预案管理成熟度评价指标抽象层级示例

如图 9-1 所示的模型中存在 n 个抽象层级，具体的层级数目是由待评价元素的内容决定的，即抽象层级需要设置足够多的最底层的指标直到指标可以被直接从待评价组织中观察或者测量到。

每个抽象层级中包含的评价指标可以有多个评价等级。而这里必须要明确的是指标体系的抽象层级和评价结果中的成熟度是不同的概念。抽象层级对如何进行组织评价有指导意义，影响的是评价一个组织的成熟度应该要考察的特性。成熟度则是某个抽象层次的评价指标的评价结果。

9.4.1　航天发射试验应急预案管理成熟度模型指标的选取原则

在构建航天发射试验应急预案管理成熟度模型指标体系时，依据以下原则。

1. 科学性原则

科学性原则指的是评价的内容要有科学的规范性，各项指标的概念要科学、确切，对内涵和外延有精确的界定，有明确的计算范围，不能模棱两可、含糊其辞；所采用的指标体系应该建立在充分认识、系统研究的基础上，具体指标的概念必须明确,且具有一定的科学内涵。指标体系应符合实际情况而且能反映评价对象的实质性特征,应该不是单纯地把指标进行组合,而要能反映应急预案管理的整体效果,各项指标的可被量化的程度也需要仔细权衡。

2. 整体性原则

必须从整体的角度出发来建立评价指标体系。选用若干同质指标组成指标体系进而形成系统结构。试验项目应急预案管理成熟度模型的整体性需要从整个试验项目的目的及参试单位的应急预案管理需要着手,只有对内部影响因素和外部影响因素同时把握才能形成一个整体性的认识。

3. 完备性原则

航天发射试验应急预案管理成熟度模型会涉及众多指标,这些指标构成一个完整的体系。成熟度模型的科学性在很大程度上就体现在指标体系能否全面地反映出待评价单位的应急预案管理状态,这就要求各个类型的指标都需要被包含,而不能相互合并。主要指标和伴随指标也都要在体系中存在,但不能并列。

4. 优化原则

航天发射试验应急预案管理成熟度模型的指标体系包含很多不同类型的指标,如果不进行适当的删减就会使得指标体系过于庞杂,导致评价过程难以实施。优化原则并不是依据某个特定的指标数量,而是要用尽可能少的指标构建成一个合理的指标体系,而且指标体系不能违背整体性原则和完备性原则。

5. 动态性原则

航天发射试验应急预案管理成熟度模型应该要反映待评价对象的动态变化。不能静止地看待应急预案管理,应该从动态发展的角度来评价应急预案管理状况。

6. 灵活性原则

航天发射试验应急预案管理成熟度模型是对应急预案管理评价工作的一项新尝试,很多的历史资料由于种种原因不能取得,这样难免导致指标体系存在疏漏,这也要求指标体系的结构能被修改也能被扩展,也可以针对预案管理过程评价的具体要求对评价指标体系中的指标进行修改。

7. 可操作性原则

航天发射试验应急预案管理成熟度模型的目的就是能支持对参试单位进行评估、辅助参试单位提升应急预案管理水平,这要求模型的指标体系充分考虑实际情况（试验项目的组织模式，参试单位的管理方式），选取的指标要方便评价，数据获取难度不大，量化指标有可行的量化方法与之对应，所有指标对应的评价结果要便于比较。一般来说，所选用的评价指标应该尽可能采用国内或国际标准。

9.4.2 航天发射试验应急预案管理成熟度模型指标体系

目前学术界对于应急预案的管理包含的内容有多种说法，如计雷等（2006）把应急预案的管理定义为：通过采集信息并进行分析，对事态的发展趋势进行预测，辨识危险源可能导致的突发事件，并针对这些情况编制可操作的应对计划，当情况的发展符合预测时，就能依照已经准备好的方案采取应急响应行动，同时依据具体的情况及时调整应急行动方案，以便控制事态的发展，将有可能发生的危害降至最低。他们提出应急管理需要完成的任务包括编制预案、按照预案组织演练、在突发事件发生后选择预案、评估应急预案、在实施过程中对预案的动态调整、在事后对预案的修订等。本书根据层级分析法把综合反映航天发射试验应急预案管理成熟度的关键因素分为以下若干层次。

如图 9-2 所示，三个层级分别是：①目标层（第一抽象层级），这是整个成熟度指标体系最终需要衡量的目标对象，只有一个指标——航天发射试验应急预案管理成熟度；②要素层（第二抽象层级），用于直接衡量成熟度指标体系目标层；③指标层（第三抽象层级），是把要素层中的每一个子指标细化后的指标层，在评估中更容易贴近实际情况，也就更好被理解，从而使得指标体系在进行评估时更加具有可操作性。

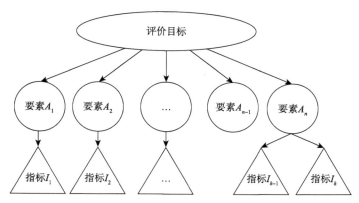

图 9-2 航天发射试验应急预案管理成熟度评价指标体系结构

要素层对应着应急预案管理的各个领域,当某个要素层的指标已经足够直观,较为容易理解,甚至完全能被直接使用时就可以不用将其细化为指标层的若干指标,反之就要分解为若干指标层中的指标。

按照上述层级就可以进行指标的筛选,即把评价指标设计成调查问卷,以这种形式来邀请多位专家进行选择和评价。这个过程中经常会与专家互动,根据专家的经验来修正指标的定义等,尽管专家的选择具有主观性,然而评价指标的筛选过程中需要融入专家本人的知识,采用合理的调查方法是可以在融合专家意见的过程中做到尽量客观,并剔除那些不能反映应急预案管理成熟度的指标的。在制定供专家筛选的初始指标体系时,需要采用系统工程学的原理,将待评价的参试单位看作一个整体,从航天发射试验的整体目标考虑,结合定量和定性的方法,借鉴国际先进的应急预案管理理念,吸收其他领域的组织、政府监督机构的类似经验,依照表 9-2 国家军用标准的有关要求,按照图 9-3 所示的指标选取流程,为成熟度评价提供尽可能全面的综合评价标准。

表9-2 与试验项目有关的国家军用标准

编号	国家军用标准名称
GJB 3273A—2017	武器装备研制项目技术审查
GJB 5852—2006	装备研制风险分析要求
GJB 6387—2008	武器装备研制项目专用规范编写规定
GJB 450A—2004	装备可靠性工作通用要求
GJB 2366A—2007K	试制过程的质量控制
GJB 1710A—2004K	试制和生产准备状态检查
GJB 1452A—2004	大型试验质量管理要求
GJB 2993—1997	武器装备研制项目管理
GJB 2116—1994	武器装备研制项目工作分解结构
GJB 466—1988	理化试验质量控制规范
GJB 1391—2006	故障模式、影响及危害性分析指南
GJB 3870—1999	武器装备使用过程质量信息反馈管理
GJB 1404—1992	器材供应单位质量保证能力评定
GJB 1406A—2005K	产品质量保证大纲要求
GJB 3885A—2006	装备研制过程质量监督要求

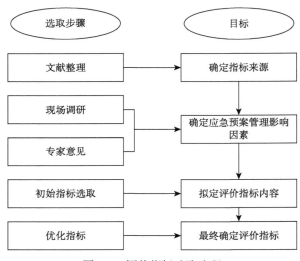

图 9-3 评价指标选取流程

9.4.3 航天发射试验应急预案管理成熟度模型指标体系各层指标的确定

通过前面的分析，确定了航天发射试验应急预案管理成熟度指标体系三个层次的所有指标，按照指标所在的层级进行了概括，整个航天发射试验应急预案管理成熟度的指标体系包括目标层指标 1 个，要素层指标 6 个，指标层指标 24 个，如表 9-3 所示。

表9-3 航天发射试验应急预案管理成熟度评价指标体系

目标层	要素层	指标层	说明
航天发射试验应急预案管理成熟度	预案的编制	预案的完备程度	预案一般应具有 6 个要素：情景、客体、主体、目标、措施、方法
		预案内容的科学性	预案的制定是依据突发事件及其后果的预测、辨识、评估； 预案分类合理，体现了不同类型预案的侧重点和表现形式； 预案体系结构适于应急处置，在内容详略程度和侧重点上会有所不同
		预案具有可操作性	针对突发事件的后果进行分析，根据级别有不同的应对措施； 预案明确了突发事件发生后应急管理相关部门、人员的职责； 预案中包含了应急标准化操作程序； 预案对资源的评估和调度详细，根据不同级别的突发事件设定不同的资源调度方案； 预案具有动态可调整性，对于某些超常灾变留有余地
		预案的系统性	突发事件影响的分类要成系统、分级要成系统、资源状况的评估要成系统； 应急预案的方法、原则、程序等形成严密体系

续表

目标层	要素层	指标层	说明
航天发射试验应急预案管理成熟度	预案的选择	突发事件分类分级	突发事件的分类分级具有很强的时效性，并不断更新； 突发事件分类分级有明确的标准，有利于评估有关部门的应急处理能力； 考虑了突发事件可能并发所造成的影响
		机构保障能力分类分级	对机构保障能力的评价是处置突发事件过程中指挥调度的依据，也对应着应急预案管理中的预案覆盖范围
		预警机制	在突发事件实际发生前对事件预报、预测及提供预先处理操作
		响应程序	立足于控制事态发展，减少事故损失； 明确救援过程中各专项应急功能的实施程序； 明确扩大应急的基本条件及原则； 能够辅以图表直观表述应急响应程序
		切换原则	有明确的应急响应切换原则
	预案的评估与演练	预案的评估	对应急预案的评估有标准的流程与方法
		演练规划	存在应急预案的演练规划
		演练组织实施	定期或以一定频率组织应急预案的演练，并对演练的结果进行详细分析与总结
	预案的实施过程	危险源管理	针对应急预案中涉及的突发事件有专门的流程规范管理引发突发事件的危险源
		资源优化配置	应急资源的布局和调度适应突发事件可能的变化与发展； 存在有效的资源调配与动态调整方案
		预案的跨组织协同管理	与其他组织在应急管理的合作中影响应急预案的编制与更新维护
		信息报告与处置	建立了有效的各级机构信息通报机制； 建立突发事件发生时各方面信息有效传递机制
	预案的修订	历史数据处理	对于过去预案中的信息有着完善的管理
		内容修正	根据预案评估、演练与实际实施的效果进行内容的改进和完善
		资源更新	及时更新预案中涉及的应急资源在组织中的变化，如数量、分布位置等
	预案的动态调整	预案实施效果评估	应急预案启动后有流程对预案实施效果进行评估
		预案实施环境评估	应急预案启动后有流程对预案实施环境进行评估
		资源的动态调度	突发事件发生后根据处置结果的不断发展变化调度资源
		信息反馈流程设计	应急预案启动后有信息反馈流程确保信息在参加试验项目的组织中有效传递
		调整方案设计	存在流程指导应急预案的调整

在邀请专家进行指标的选取后并不意味着应急预案管理成熟度评价指标体系就已经完成，还需要对选取的指标进行验证。每个层级指标体系存在很大的主观性，因此不论指标选取的过程有多完善，还是会存在很多的细节不能如实地反映参加试验的组织的应急预案管理水平。指标体系的验证是确定众多细节的必要步骤。考虑到目前航天发射试验中参与的组织往往负责不同环节或领域的应急响应（如参试单位与试验场就存在明确的分工），对指标体系的验证需要各个领域专家

的参与。在专家进行分析的过程中,关于指标体系的任何建议和想法都应该被充分讨论,合理的修改建议要被采纳,这就使得指标体系的动态更新尤为重要。

9.5 航天发射试验应急预案管理成熟度的评价方法

9.5.1 航天发射试验应急预案管理成熟度模型指标体系的权重确定方法

1. 权重确定方法的选择

在航天发射试验应急预案管理成熟度的评价工作中,前面构建的评价体系中不同的评价指标所起的作用或所占的地位不同,即各个指标所对应的权重是不同的,权重的选择会直接影响成熟度评价的结果。现有的研究中有很多确定权重的方法,权重的计算一般可以分为直接赋权和间接推理,如图9-4所示。直接赋权是指通过主观判断各个指标、因素的重要性来计算权重,如主观赋权法、客观赋权法、德尔菲法、判断矩阵法等。间接推理则是通过调查问卷评分来推理计算各个指标、因素的权重,如线性回归法、因子分析法、结构方程法、信息熵法等。

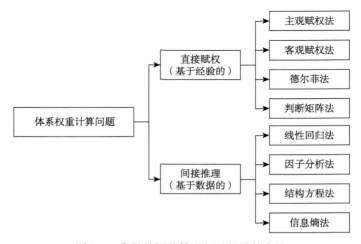

图 9-4 常见的评价体系权重的计算方法

作为一种可把定量分析与定性分析结合的决策方法,层次分析法在管理实践中被广泛采用,因此本书将使用层次分析法来确定各要素的权重。

层次分析法是由美国匹兹堡大学的学者 T. L. Saaty 在 20 世纪 70 年代提出的,它是对多个指标所构成的体系进行分析的一种层次化、结构化的决策方法,流程如图 9-5 所示,它的实施过程是用数学方法将哲学的分解及综合思维过程进行描述并建立数学模型来表示决策过程。

图 9-5 层次分析法的流程

该方法的基本思想是先按照问题要求构建一个内部独立的递阶层次结构来描述系统功能或特征,然后通过两两比较要素的相对重要性,给出相应的比例标度,构造上层某要素对下层相关要素对应的判断矩阵,这样就可以得到下层相关要素对上层某要素的相对重要性的序列。

在运用层次分析法时,为了让决策判断可以被量化,进而形成数值判断矩阵,常常依据一定的比率标度把判断进行定量化,如表 9-4 所示。

表9-4 判断矩阵标度与含义

序号	重要性等级说明	判断矩阵 C_{ij} 赋值
1	i, j 两元素同样重要	1
2	i 元素与 j 元素相比稍重要	3
3	i 元素与 j 元素相比明显重要	5
4	i 元素与 j 元素相比强烈重要	7
5	i 元素与 j 元素相比极端重要	9
6	i 元素与 j 元素相比稍不重要	1/3
7	i 元素与 j 元素相比明显不重要	1/5
8	i 元素与 j 元素相比强烈不重要	1/7
9	i 元素与 j 元素相比极端不重要	1/9

2. 要素层权重的确定

通过邀请专家参与评分的方式得到了要素层指标的权重。为了确保得到的评价结果客观公正，参与评估的专家来自不同领域（航天发射试验管理实践人员、项目风险管理专家和能力成熟度研究的专家）。

1）问卷调查

由专家填写调查问卷，对问卷进行统计分析，得到判断矩阵。

$$A = \begin{bmatrix} 1 & 2 & 1 & 4 & 4 & 2 \\ \frac{1}{2} & 1 & \frac{1}{2} & 2 & 2 & \frac{1}{2} \\ 1 & 2 & 1 & 3 & 3 & 1 \\ \frac{1}{4} & \frac{1}{2} & \frac{1}{3} & 1 & 1 & \frac{1}{3} \\ \frac{1}{4} & \frac{1}{2} & \frac{1}{3} & 1 & 1 & \frac{1}{3} \\ \frac{1}{2} & 2 & 1 & 3 & 3 & 1 \end{bmatrix}$$

2）$\overline{W_i}$ 的计算

$$\overline{W_i} = \sqrt[n]{\prod_{j=1}^{n} b_{ij}}, \quad i, j = 1, 2, \cdots, n \tag{9-1}$$

计算结果为 $\overline{W_1} = 2$，$\overline{W_2} = 0.8909$，$\overline{W_3} = 1.66887$，$\overline{W_4} = 0.49028$，$\overline{W_5} = 0.49028$，$\overline{W_6} = 1.44225$，由此可以得到向量 $\overline{W} = [\overline{W_1}, \overline{W_2}, \overline{W_3}, \overline{W_4}, \overline{W_5}, \overline{W_6}]^\mathrm{T}$。

3）归一化处理

将上一步得到的向量 $\overline{W}$ 进行归一化处理，结果为 $\overline{W_1} = 0.2885$，$\overline{W_2} = 0.1286$，$\overline{W_3} = 0.2335$，$\overline{W_4} = 0.0707$，$\overline{W_5} = 0.0707$，$\overline{W_6} = 0.208$。

4）判断矩阵最大特征值的计算

判断矩阵最大特征值的计算过程如下：

$$\lambda_{\max} = \sum_{i=1}^{n} \frac{(AW)_i}{nW_i} = 6.0521$$

5）一致性指标的计算

一致性指标 CI 的计算方法如下：

$$\mathrm{CI} = \frac{\lambda_{\max} - n}{n - 1} = 0.01042$$

一致性指标用来核查决策者（评估者）进行判断时的思维所体现的一致性。CI 越大，就意味着评估所形成的判断矩阵距离完全一致性的程度越大；CI 越小，表明进行评估时的思维体现出的一致性越好。

6）一致性判断

针对不同阶数的判断矩阵，对判断一致性的误差标准是不同的，即对其 CI 的要求不同。对不同阶数判断矩阵是否具有满意的一致性进行衡量时就要参考判断矩阵的平均随机一致性指标(RI)。对于阶数为 1~9 的判断矩阵,RI 如表 9-5 所示。

表9-5 平均随机一致性指标

项目	1	2	3	4	5	6	7	8	9
RI	0.00	0.00	0.58	0.90	1.12	1.24	1.32	1.41	1.45

根据公式和查表得到的评价随机一致性指标 RI,计算一致性比率 CR:

$$CR = \frac{CI}{RI} = 0.0084$$

一致性比率 CR 符合一致性,因此,向量 $\overline{W}$ 中各元素的值就是要素层中各指标的权重。

3. 指标层权重的确定

向相关领域的专家和从业人员发放调查问卷,根据一致性准则,把调查问卷所给的分数相加,则其平均值可以计算为

$$\overline{x_j} = \frac{\sum_{i=1}^{n} x_i}{n} \quad (9\text{-}2)$$

那么对应的指标层的权重要素为

$$\lambda_j = \frac{1}{\sum_{i=1}^{m} \overline{x_i}} \overline{x_j} \quad (9\text{-}3)$$

式(9-2)、式(9-3)中,j 为该要素层包含的第 j 个指标层指标;n 为调查问卷的数量;m 为该要素层所包含的指标层中指标的个数。

将上述过程应用于航天发射试验应急预案管理成熟度模型指标体系,全部计算结果如表 9-6 所示,其中 λ 是指标层各个指标对应的权重,γ 是要素层权重与指标层权重的乘积。

表9-6 预案管理成熟度指标及其权重

要素层	指标层	λ	γ
预案的编制(0.2885)	预案的完备程度	0.2649	0.0764
	预案内容的科学性	0.2595	0.0749
	预案具有可操作性	0.2378	0.0686
	预案的系统性	0.2378	0.0686

续表

要素层	指标层	λ	γ
预案的选择（0.1286）	机构保障能力分类分级	0.1972	0.0254
	突发事件分类分级	0.1972	0.0254
	预警机制	0.1972	0.0254
	响应程序	0.2018	0.026
	切换原则	0.2064	0.0265
预案的评估与演练（0.2335）	预案的评估	0.3481	0.0813
	演练规划	0.3185	0.0744
	演练组织实施	0.3333	0.0778
预案的实施过程（0.0707）	危险源管理	0.28	0.0198
	资源优化配置	0.2457	0.0174
	预案的跨组织协同管理	0.2457	0.0174
	信息报告与处置	0.2286	0.0162
预案的修订（0.0707）	历史数据处理	0.3357	0.0237
	内容修正	0.3429	0.0242
	资源更新	0.3214	0.0228
预案的动态调整（0.2080）	预案实施效果评估	0.2043	0.0425
	预案实施环境评估	0.2043	0.0425
	资源的动态调度	0.2085	0.0434
	信息反馈流程设计	0.1915	0.0398
	调整方案设计	0.1915	0.0398

9.5.2 航天发射试验应急预案管理成熟度的量化标准

依据前面确定的各层指标权重，在收回专家调查问卷后，通过公式计算就可以得到航天发射试验应急预案管理成熟度等级。计算使用的公式如下：

$$P = \sum_{i=1}^{n} W_i X_i, \quad i = 1, 2, \cdots, n \qquad (9\text{-}4)$$

其中，P 为被评价组织的成熟度等级；W_i 为指标 i 的权重值；X_i 为指标 i 的标准化值。

可以把航天发射试验应急预案管理成熟度的量化标准设定为：得分 1.0～1.8 为初始级，>1.8～2.6 为已管理级，>2.6～3.4 为标准化级，>3.4～4.2 为体系化级，>4.2～5.0 为持续改进级，如图 9-6 所示。

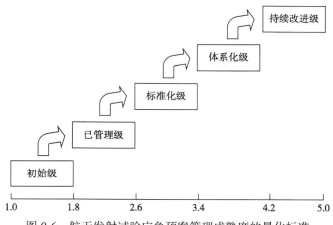

图 9-6　航天发射试验应急预案管理成熟度的量化标准

该成熟度评价模型可以为参与航天发射试验的各个组织提供指导其改善应急预案管理能力的方法。

（1）从定性的方面进行总结和改善。在对组织进行航天发射试验应急预案管理成熟度分析后不仅可以得到组织所处的成熟度等级，也能找到适合组织应急预案管理实施的重点和步骤，从而为组织改进自身应急预案的管理提供有效指导。该模型通过对航天发射试验应急预案管理成熟度水平的划分，有针对性地为每一成熟度等级水平的进一步提升提供若干关键过程域，这些关键过程域表示的是处于特定成熟度等级的组织在应急预案管理中的重点和关键领域。关键过程域包括一系列的管理活动内容和管理目标。

（2）从定量的方面进行分析。在定性总结的基础上，参加试验的组织如果要提升自身对应急预案管理的成熟度可以依据成熟度模型的调查问卷进行分析，从而对成熟度等级提升的工作方向、采用的方法进行一些定量的分析。

为了对以上构建的应急预案管理能力成熟度模型的多个维度进行直观的分析，引入了雷达图来生成蜘蛛网型的组织应急预案管理能力成熟度分析模型，如图 9-7 所示。模型中的每一个轴都代表了要素层的一个指标。根据专家评估的结果，各个要素层指标的平均得分情况乘以权重后会被标记在对应的轴上，形成节点，再把各个节点用直线连接起来，组成的多边形就是被评价组织成熟度要素层各个指标的得分情况。这样形成的图形就可以很直观地显示出被评价组织进行应急预案管理的长处和不足，人们也很容易辨识出改进方向和重点。

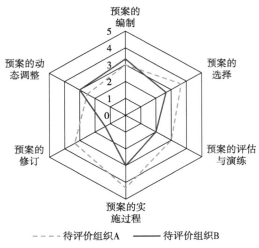

图 9-7　应急预案管理能力雷达图示例

建立一个坐标系，横坐标轴表示要素层指标的评估得分，纵坐标轴表示要素层指标对应的权重。这样就可以把上面得到的结果映射到坐标系中，并进一步地进行处理，由此可以对组织在每一个要素层的元素进行分析。整个坐标系由四个区间构成，见图 9-8。

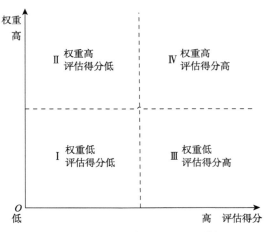

图 9-8　应急预案管理能力区间分析

（1）Ⅰ区是评估得分与权重都低。这个区间的各点属于对组织的应急预案管理相对不太重要的要素，被评价组织在这方面的能力也较低。由于在这些要素上的评分不高，组织也需要进行改进，考虑到其重要性相对较低，组织投入资源进行改进的要求不是非常迫切。

（2）Ⅱ区是权重高但评估得分低。这个区间的各点是对组织的应急预案管理相对重要的要素，但是被评价组织在这方面的能力却比较差，所以这个区间是组织的应急预案管理最薄弱环节，需要优先改进。组织在提高自身成熟度等级时应该把主要的努力放在此处，此区间能力的提升会使组织的应急预案管理能力快速提升。

（3）Ⅲ区是评估得分高但权重低。落到这个区间的各点具有相对较低的重要性，而评分显示组织已经在该要素指标上表现得很好了，所以目前组织应该把主要资源投入其他区间。

（4）Ⅳ区是权重和评估得分都高。这个区间的各点是对组织的应急预案管理相对重要的要素，但组织自身在这方面的管理水平也较高，说明这是组织的强项。因此，对组织来说这不是最值得关注的对象，但是考虑到这些要素点对组织的应急预案管理水平提升很重要，所以应该注意维持。

按照上述组织应急预案管理能力的排序和改进建议，离坐标原点越近的点所代表的指标越不值得投入资源去改进，而越是靠近左上角的要素指标就越值得组织进行改进。

9.6 航天发射试验应急预案管理成熟度模型的应用

根据以上对航天发射试验应急预案管理成熟度模型的介绍可以看出，该成熟度模型主要是为参加航天发射试验的组织提供系统性的应急预案管理框架，并对组织的应急预案管理工作进行指导。航天发射试验应急预案管理成熟度模型的具体功能包括两个方面，一是通过对参与试验的组织内部进行纵向评价、比较，找出组织应急预案管理改进的方向；二是通过对参与试验的多个组织的横向比较，提升试验的整体应急预案管理水平，提高应急管理能力。

9.6.1 航天发射试验应急预案管理成熟度模型的应用范围

航天发射试验应急预案管理成熟度模型的应用范围主要有三个领域。

1. 评估应急预案的管理能力

该模型可以确定组织的应急预案管理过程和状态，识别组织目前的管理能力与主要的约束瓶颈，以及在现有的资源条件下如何有效提升管理能力，从而为组织在应急预案管理领域的决策提供支持。

2. 完善组织应急管理体系

应急预案是应急管理体系的重要组成部分，应急预案的规范化、体系化管理能够有效提升组织的应急能力，参与评价的组织可以通过成熟度模型形成对自身应急预案管理能力的清晰认识，从而根据预案管理中存在的不足调整组织的应急管理策略，完善整个应急管理体系。

3. 提升航天发射试验整体应急管理水平

航天发射试验应急管理体系的各个系统的组成，可能来自不同的组织机构。虽然执行的任务并不完全相同，这些参与组织在应急管理中的目的是相同的，因此就需要统一指挥、协同工作。应急预案是实现这种协同的重要方式，通过应用应急预案管理成熟度模型可以对有关组织的应急预案管理进行评估并制定出相应的协同策略与有关的规范。

9.6.2 航天发射试验应急预案管理成熟度模型的应用原则

在应用航天发射试验应急预案管理成熟度模型的过程中需要遵守以下四个原则。

1. 必须坚持循序渐进

评估和改进组织的应急预案管理能力是一个渐进的过程，在取得初步的评估结果并据此改进时，需要根据组织的实际状况，制订好科学、可行的计划，逐步地并脚踏实地地加以实施。

2. 应用必须高效灵活

开展航天发射试验应急预案管理能力成熟度评估要结合组织的具体状况，考虑组织的实际运作方式，避免生搬硬套，要在对组织面临的内外情况和应急管理目标进行分析判断的基础上，高效灵活地处理评估中的问题。

3. 坚持系统化的观念

无论是对参与试验的组织还是对试验项目的负责部门来说，应急管理都是一个需要协同多方力量的重要工作，应急预案作为应急管理中的重要内容需要投入足够的资源，从整个组织和航天发射试验的所有环节去考虑应急预案的管理。

4. 持续改进

随着参试组织应急预案管理的不断完善及实际应急处置经验的不断丰富，模型所用的应急预案管理能力标准也会不断提高，使用航天发射试验应急预案管理成熟度模型进行评估也需要持续改进、不断发展。

9.6.3 航天发射试验应急预案管理成熟度模型的应用流程

航天发射试验应急预案管理成熟度模型的应用流程包含以下几个阶段，如图 9-9 所示。

图 9-9 应急预案管理成熟度模型应用流程

1. 应急预案管理成熟度模型应用的初始化阶段

在应用模型时评估专家需要对组织的情况有较为全面的了解，可以成立专门的小组负责具体的应用，在这一阶段需完成两个步骤：组建实施小组与模型实施培训。

对于应急预案管理能力的评估而言，组织内部因素起着主导作用，应用模型应该由组织的高层来推动，只有这样才能保证模型实施需要的人、财、物等资源。

小组中需要包含三种成员：组织内部人员、组织外部应急管理领域的专家、试验项目中总体单位的相关人员。组织内部人员非常熟悉组织自身的情况，而组织外部应急管理领域的专家则对应急预案的管理有较为深刻的认识，对应急预案管理成熟度模型实施的关键要素也很了解，而试验项目中的总体单位的相关人员则能把应急预案管理中受到的来自航天发射试验的约束进行贯彻。此外，为了让小组中的三类成员能协调配合，组织外部应急管理领域的专家应向其他成员讲授应急预案管理成熟度模型，试验项目中的总体单位的相关人员则需要描述航天发射试验的大概要求，组织内部人员要介绍组织的实际情况。

2. 应急预案管理成熟度模型应用的评估阶段

此阶段在整个模型应用过程中处于核心地位，具体可分为三个步骤：成熟度评价、评估结果反馈与分析、生成评估报告。

评估小组首先向组织成员发放应急预案管理熟度调查问卷，然后回收问卷并使用模型确认组织所处的等级，通过模型中的工具可以得到组织在应急预案管理上的不足之处。根据问卷反映出的不足，再经过与组织各层人员进行交流后形成评估报告。评估报告中应该包含组织应急预案管理成熟度现状水平的详细信息，包括具体要素的详细得分情况与分析。

3. 应急预案管理成熟度模型应用的改进阶段

应急预案管理成熟度模型的一个优点就是可以为组织提供改进工作的建议，针对被评价组织的具体建议将在此阶段形成，具体的步骤包括确定改进方向和实施改进。

依据评估阶段的评估状况与形成的评估报告可以确定组织在应急预案管理中的诸多不足，考虑到组织不能在短时间内解决所有的问题，评估小组应该决定选取哪些作为组织最为迫切需要解决，也较为容易产生效果的问题。确定改进的方向与领域后，评估小组需要以此为基础制订改进方案。方案要明确改进的目标、改进的有关负责人员和关键节点。在此期间，评估小组需要与组织中的有关人员进行汇报、交流。

4. 应急预案管理成熟度模型应用的总结整理阶段

在前面工作的基础上，评估小组需要全面总结和整理，为下一次成熟度模型的应用提供准备工作，具体分为三个步骤：整理工作材料、评估模型应用效果、制订下一次的应用计划。

经过前面的三个阶段，评估小组已经生成了大量的材料，可能包括访谈记录、问卷分析等，在最后这个阶段需要对其进行分类、整理，这样就能形成资料库以供后续参考。对于评估小组此前提出的改进建议则需要在实施一段时间后对改进效果进行评估，分析组织是否通过执行建议而提高了应急预案的管理能力。成熟度模型的应用是一个闭合的循环，是一个不断螺旋上升的过程。因此，评估小组每次都需要制订下次的应用计划，帮助组织持续改进应急预案的管理能力。

第 10 章 航天发射试验风险管理支持与服务系统

航天发射试验风险管理是一项十分复杂的工作,需要进行大量的分析和计算,为提高风险管理水平,方便管理人员的日常管理工作,提高管理效率,实施风险管理时需要有决策支持系统的辅助支持。航天发射试验风险管理支持与服务系统正是为此目的而开发的辅助系统。

10.1 航天发射试验风险管理支持与服务系统总体设计

航天发射试验风险管理支持与服务系统集成了各种适用于航天发射试验的风险识别和分析方法,将这些方法统一在一个环境下完成各种风险管理任务,该系统能够向用户提供建模、分析的手段,对风险管理中所涉及的各种资源(如模型及大量的文本性知识和各种数据)进行统一管理。

该系统采用分层设计理念,将风险管理支持与服务系统分解为硬件设施层、数据系统层、支撑平台层、风险管理系统应用层和门户接入层,其总体架构如图 10-1 所示。

软件系统采用 B/S 结构,代码的实现基于.Net[①]架构平台,前端页面用 CSS+JS+

[①] .Net 是微软的一个编程程序。

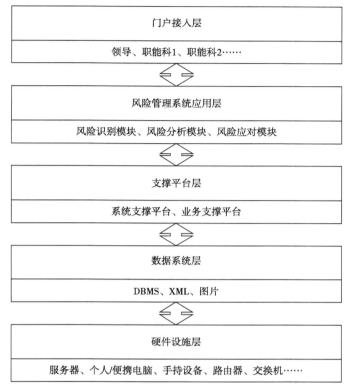

图 10-1　航天发射试验风险管理支持与服务系统总体架构图
DBMS（database management system，数据库管理系统）；XML（extensible markup language，可扩展置标语言）

Ajax[①]的技术来提升交互效果，网站服务器是 IIS（Internet information sever，互联网信息服务）。

之所以采用这样的方式实现系统考虑了以下三个方面的原因：①.Net 完全基于标准，而且开发使用简单，相关书籍和学习资料充足，很容易就能学会用.Net 开发系统。②网络服务支持。由于航天发射试验风险管理支持与服务系统最终要投入实际使用，就需要其能够与其他相关系统进行相应的连接（如网上办公系统等），提供网络服务无疑是一种极好的连接方式。③运用 Ajax 技术可以提高系统浏览的效率。Ajax 在浏览器与网站服务器之间使用异步数据传输［HTTP（hyper text transfer protocol，超文本传输协议）请求］，这样就可使网页从服务器而不是从整个页面请求少量的信息。

---

① CSS（cascading style sheets，层叠样式表）；JS（Javascript，Java 描述语言），是一种编程语言；Ajax（asynchronous Javascript and extensible markup language，异步 Javascript 和可扩展标记语言）。

10.2 航天发射试验风险管理支持与服务系统功能设计

航天发射试验风险管理支持与服务系统以任务为对象，对每一项任务按照风险管理的流程进行处理。整个系统分为三大部分，数据库/方法库子系统、问题求解子系统和用户接口子系统。

10.2.1 数据库/方法库子系统

数据库/方法库子系统包括风险源数据库、风险管理案例知识库、风险分析方法库、风险应对方案数据库、风险因素库等，这一子系统主要负责提供问题求解子系统正常进行所需要的一系列数据，并且可以将数据进行提炼、归类，提高问题求解子系统的工作效率。

10.2.2 问题求解子系统

问题求解子系统负责对具体的任务执行"风险规划—风险识别—风险分析—风险应对"的风险管理流程，是整个系统的主要功能完成部分。

10.2.3 用户接口子系统

用户接口子系统负责所有与系统有关的数据的输入和输出。

系统的风险识别模块和风险分析模块的实现是系统的问题求解子系统代码实现的重点。在航天发射试验风险管理任务过程中需要进行大量分析和计算工作，这些工作主要集中在风险识别和风险分析阶段，因此将这两个模块进行有效的代码实现显得尤为重要。

系统风险识别模块和风险分析模块的实现以系统设计为依据，将 WBS-RBS 风险识别方法和多种可定制化的风险分析方法合理地用计算机的"语言"表达出来，既方便、简化了用户的操作，又大大提高了任务风险管理的效率。

10.3 航天发射试验风险管理支持与服务系统流程设计

10.3.1 用户角色

航天发射试验风险管理支持与服务系统角色共分为四类，包括系统管理员、任务管理员、任务操作员和任务专家。一个用户可以同时拥有一个或多个角色。

1. 系统管理员

系统管理员维护的功能包括立项管理、模型及接口维护、风险字典管理、风险事件、模板管理和系统维护。

立项管理可以新建任务、编辑任务编号和任务管理员，只有系统管理员有权限建立任务，但其并不能对任务进行风险管理；模型及接口维护包括风险计算模型维护，用于风险管理时的风险计算；风险字典管理为系统提供统一标准，维护风险分类、影响类型和风险等级，系统级别风险字典为任务提供统一管理维护；风险事件显示任务模板的所有风险事件，系统管理员可以对风险事件进行编辑和删除操作，以方便任务用户快速查找和使用；模板管理用于在项目管理中建立相似任务，帮助任务管理员快速建立新任务；系统维护用于维护组织机构、用户信息等。

2. 任务管理员

任务管理员属于任务用户，系统管理员新建任务后，一旦把该用户设为任务管理员，任务管理员对该项目有部分管理权限。

在任务信息页面中，任务管理员可以录入任务基本信息、选择任务风险模型（用于计算风险分值，一个任务只有一个风险模型）、为项目分配任务操作员和任务专家；WBS可由外部程序导入或录入节点，可以为任务WBS的任意节点分配节点操作员，该操作员对分配的WBS节点及其所有子节点有增、删、改、查权限；在风险规划阶段，由任务专家线下商议确定任务风险等级、影响类型、风险分类，由任务管理员录入；在风险识别阶段，任务管理员可以导入、导出风险登记信息列表；在风险分析阶段，任务管理员可以查看风险识别后对风险分析情况；在风险报告生成环节，任务管理员可以设置风险过滤器，生成风险报告，供任务用户下载。

3. 任务操作员

任务操作员属于任务用户，系统管理员新建任务后，任务管理员为该项目分配任务操作员时，一旦把该用户设为任务操作员，任务操作员对该项目有部分操作权限。

任务操作员可以查看任务基本信息、任务风险模型信息、任务操作员和任务专家信息；任务操作员对分配的 WBS 节点及其所有子节点有增、删、改、查权限；在风险规划阶段，任务操作员查看任务风险等级、影响类型和风险分类信息；在风险识别阶段，任务操作员选中负责的节点，在风险事件列表页面可以选择添加风险事件、导出 Excel 和导出参考 Excel，在风险评估栏目中可以为风险事件设置初始的记分值；在风险报告阶段，任务操作员可以设置风险过滤器，生成风险报告以供任务用户下载。

4. 任务专家

任务专家属于任务用户，系统管理员新建任务后，任务管理员为该项目分配任务专家时，一旦把该用户设为任务专家，任务专家对该项目有部分操作权限。

任务信息中，任务专家可以查看任务基本信息、任务风险模型信息、任务操作员和任务专家信息；在风险规划阶段，任务专家可以查看任务风险等级、影响类型和风险分类信息；在风险识别阶段，任务专家选择 WBS 可以查看该 WBS 节点下的风险事件列表；在风险分析阶段，任务专家为风险事件记分；在风险报告生成环节，任务专家可以查看下载风险报告。

10.3.2　风险管理过程

系统实现的风险管理过程分为以下几个阶段。①任务创建阶段：任务立项，输入任务基本信息，为任务分配用户角色，创建 WBS。②风险管理规划阶段：决定如何处理和规划任务风险管理活动。本阶段工作包括确定风险管理模板、组织机构、风险模型、风险字典、风险分类、风险影响类型、风险等级。③风险识别阶段：识别特定的风险，同时制定策略和行动计划，增加任务目标的成功机会。④风险分析阶段：通过定性和定量两种方式对风险进行分析。以定性风险分析的方式对识别出的风险评估其影响和发生的可能性，并且得到概率-影响的矩阵。以定量风险分析的方式对每一个风险分析其可能性和对任务的整体影响。⑤风险监控阶段：对任务风险进行长期跟踪监控并实时更新。⑥风险计算阶段：使用风险计算模型对专家风险记分进行计算，得到风险事件应对前后的记分值。⑦风险报告阶段：根据要求输出风险报告，供任务决策使用，以整体直观了解任务风险管理情况。

10.3.3 任务管理

1. 登录系统

打开 IE 浏览器，在地址栏中输入网址，回车确认后，出现图 10-2 的系统登录页面。所有系统用户均需通过管理员在系统中录入基本信息，用户可以使用分配的用户名和密码登录系统。

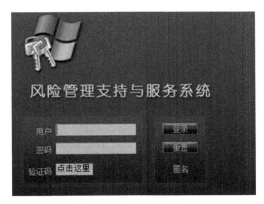

图 10-2 系统登录首页

有任务权限的人员进入系统中，可选择"我的任务"。用户有多个角色时，可选择其中一个进入"我的任务"。选择用户角色页面见图 10-3。

图 10-3 选择用户角色页面

2. 任务信息首页

管理员创建任务页面见图 10-4。页面中显示创建的任务列表，可以对项目进行编辑、公开、检索开关和删除等操作。①公开：指该条任务是否显示在匿名首页的任务列表中。选择某项任务"公开"后该任务可以显示在匿名网页的任务列表中，当［公开］按钮变为［取消公开］时，即任务不显示在匿名网页的任务列表中，任务默认状态为"取消公开"。②检索开关：指在匿名网页搜索时该条任务是否能被搜索到。选择某项任务为"可以检索"时，当在匿名网页搜索任务条件符合要求时能检索到该项任务；［可以检索］按钮变为［禁止检索］时，即在匿名网页搜索任务条件时，即使符合要求也不能检索到该项任务。任务默认状态为"禁止检索"。③删除：删除后的任务会进入任务回收站。在回收站中可以对项目进行还原或彻底删除。

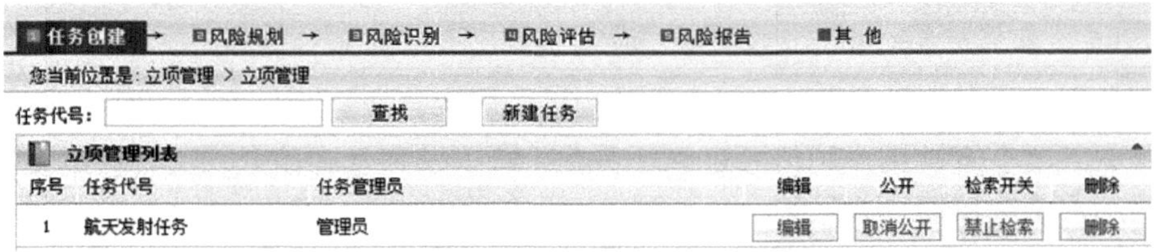

图 10-4　管理员创建任务页面

任务信息页面见图 10-5，可填写任务基本信息。页面信息包括以下内容。①任务代号：每个任务在立项时根据规定都有一个代号。②任务名称。③任务负责人：在任务基本信息中选择任务负责人。④开始时间、结束时间。⑤任务描述：对任务一些基本情况的描述。⑥任务状态：根据任务需求创建任务状态。⑦任务类型：在数据字典中设定任务类型。

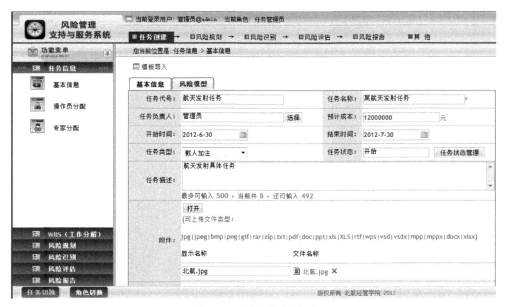

图 10-5　任务信息页面

3. 任务状态管理

在任务信息页面点击［任务状态管理］，弹出任务状态管理页面，见图10-6。用户可自定义任务状态，可以添加/删除任务状态。选中一条记录，将该任务状态前的单选框选中，点击［确定］，则该任务状态会显示在任务信息页面。

图10-6　任务状态管理列表

4. 任务/角色切换

图10-5任务信息页面左下角有［任务切换］和［角色切换］两个快捷键，［任务切换］是在不同任务间进行切换，［角色切换］是在分配的不同角色间切换。

点击［任务切换］，页面显示任务列表及用户在该任务中分配的角色，用户选择任意角色可以进入任务。

点击［角色切换］，页面显示用户在该任务中分配的角色（不包括用户当前的角色），如图10-7所示。用户选择任意角色可以进入任务。当用户在任务中只担任一种角色时，［角色切换］按钮为灰色显示，即当前不能选择。

图10-7　角色切换页面

5. 操作员分配

任务管理员为任务分配操作员，也可以添加或删除操作员，但不能修改操作员基本信息。操作员分配页面见图10-8。

任务操作员列表			
用户名	真实姓名	所属部门	删除
admin	管理员	行政部	删除
战运科操作员	战运科操作员	战运科	删除
一室操作员	一室操作员	一室	删除
二室操作员	二室操作员	二室	删除
三室操作员	三室操作员	三室	删除
四室操作员	四室操作员	四室	删除
试验队操作员	试验队操作员	试验队	删除

图 10-8 操作员分配页面

一个部门最多只能分配一个操作员，该部门操作员对 WBS 节点进行管理，操作员调岗后，可从该部门另外指定一名操作员对该部门负责的 WBS 节点进行管理。

6. 专家分配

专家分配页面见图 10-9。在整个项目进行中都可以动态添加任务专家。在专家分配页面可以为添加后的专家设置风险应对评价权重和应对措施评价权重，用于计算风险应对评价权重和应对措施评价权重，风险应对评价权重和应对措施评价权重的系统默认值为 1。双击专家列表后的风险应对评价权重和应对措施评价权重下面的数值，风险应对评价权重和应对措施评价权重下会出现文本框，在文本框中可以编辑风险应对评价权重和应对措施评价权重。

项目专家列表				
用户名	真实姓名	风险应对评价权重	应对措施评价权重	删除
admin	管理员	1	1	删除
战运科操作员	战运科操作员	1	1	删除
一室操作员	一室操作员	1	1	删除
二室操作员	二室操作员	1	1	删除
三室操作员	三室操作员	1	1	删除
四室操作员	四室操作员	1	1	删除
试验队操作员	试验队操作员	1	1	删除

图 10-9 专家分配页面

7. WBS

WBS 可由外部程序导入或录入节点，节点权重的初始值为 1。页面左侧为 WBS 树状结构，进度表按导入或录入的 WBS 进行分解，节点分配可从任务信息里设置的任务操作员中进行选择，可以为项目 WBS 的任意节点分配节点操作员，该操作员对分配的 WBS 节点及其所有子节点有增、删、改、查的权限，如图 10-10 所示。

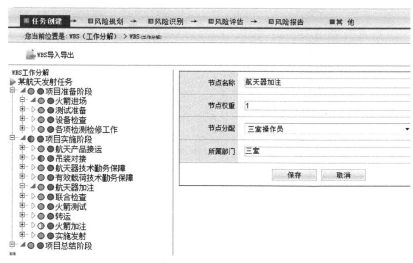

图 10-10　WBS 页面

WBS 导入导出页面见图 10-11。使用外部数据导入时，选择一个文件，在选择接口的下拉菜单中选择适合的适配器，可从多种项目管理软件中导入 WBS，默认为从 project 中导入/导出 WBS 节点，文件格式为.mpp。

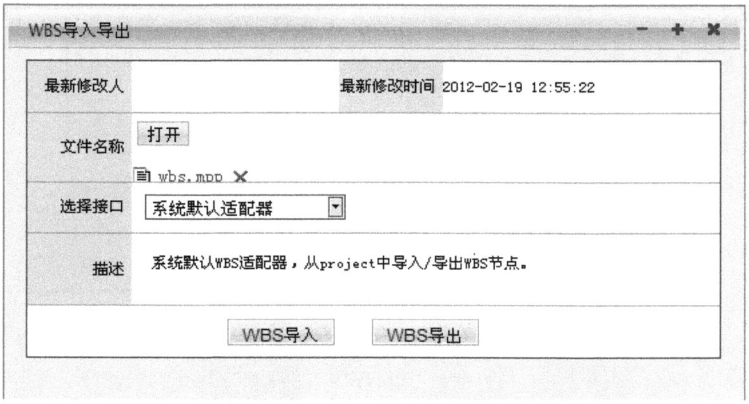

图 10-11　WBS 导入导出页面

10.3.4 风险规划

风险规划由任务专家商议确定任务风险模板、风险模型、风险等级、影响类型和风险分类等，由任务管理员录入。

1. 模板管理

模板管理页面见图 10-12，图中显示模板管理结果列表，任务模板用于项目管理中建立相似任务，帮助管理员快速建立新任务。

图 10-12 模板管理页面

1）新建或编辑模板

点击［新建模板］，会弹出新建模板页面，如图 10-13 所示。可导入一个新的任务作为模板，模板内容可以手动输入，也可导入一个已有任务作为新的模板，任务中所有的数据可保留。任务类型是所选择任务的类型，选择一个任务后，任务会自动显示，任务类型可以更改，编辑模板页面与新建模板页面类似。

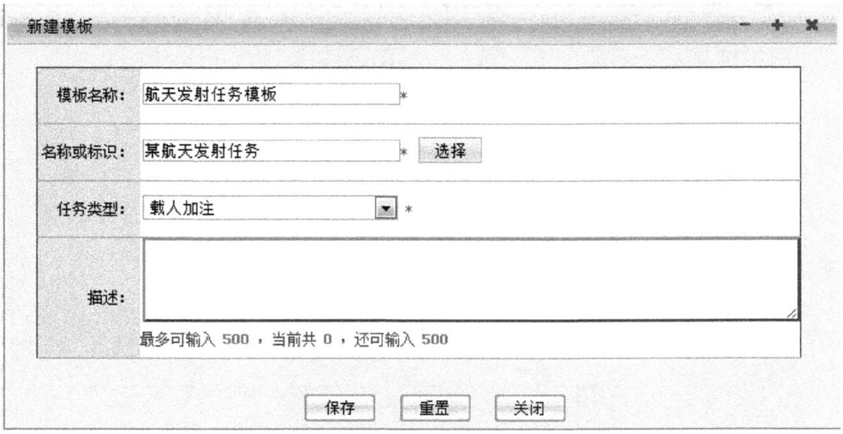

图 10-13 新建模板页面

2）选择项目

点击"名称或标识"后的[选择]按钮,出现任务列表,任选一个任务点击即可。

2. 组织机构管理

组织机构页面显示组织机构列表,点击部门列表左侧树状结构节点,显示该部门下所有下属部门,如图 10-14 所示。

图 10-14　组织机构列表页面

1）组织机构操作

右键点击组织机构节点,可以对该节点进行编辑、添加下级、插入、剪切、复制、粘贴、插入复制的粘贴和删除操作,如图 10-15 所示。

图 10-15　组织机构操作页面

2）添加或编辑部门

点击［添加下级］或［编辑］，可添加或编辑部门基本信息，对部门名称、部门描述进行编辑，上级部门为只读，如图 10-16 所示。

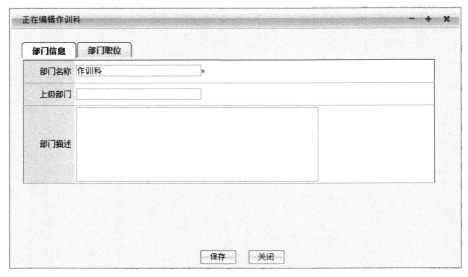

图 10-16　编辑部门信息页面

3）部门职位

点击［部门职位］，显示选择部门下的部门职位信息，可以对部门职位进行添加、编辑和删除操作，如图 10-17 所示。

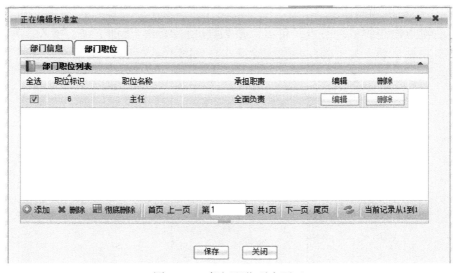

图 10-17　部门职位列表页面

3. 风险模型

模型及接口维护栏目的可选子栏目有风险评估模型维护,见图 10-18,用于创建系统与外部应用程序的连接,并计算风险记分。点击 [添加] 或 [编辑],弹出外部应用程序编辑插件,可以编辑接口的名称、描述、上传 dll 文件。在风险模型页面,任务管理员可设定任务使用的风险模型,如果未设定则使用系统默认,系统计算风险时,使用统一的风险模型,在项目管理中进行设定,在任务基本信息中进行选择。

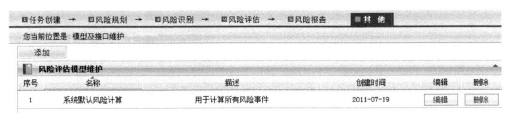

图 10-18　风险模型页面

4. 风险字典

风险字典为系统提供统一标准,维护风险分类、风险等级、影响类型。系统级别风险字典为任务提供统一管理维护,在任务级别时,风险分类、风险等级、影响类型均可根据实际需要进行添加或修改。风险字典页面见图 10-19。

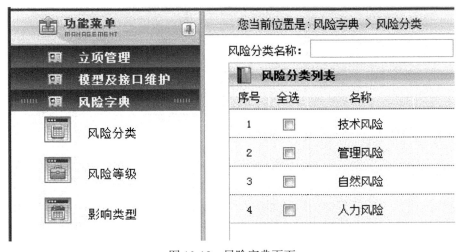

图 10-19　风险字典页面

5. 风险等级

风险等级页面见图 10-20。

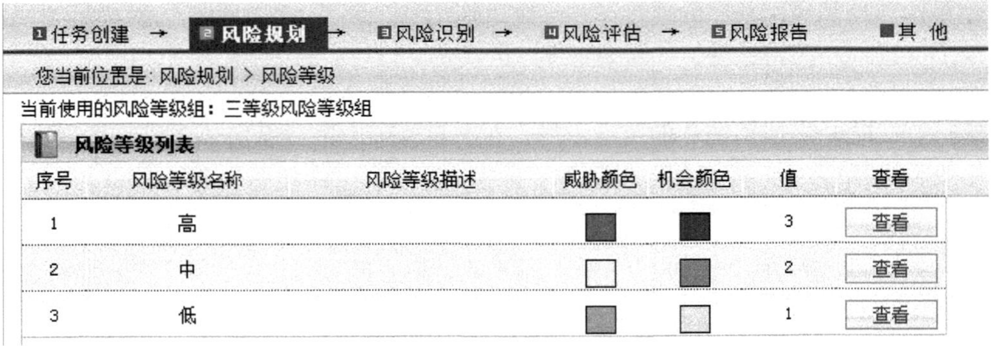

图 10-20　风险等级页面

1）导入风险等级

从风险字典中选择一组风险等级导入，如图 10-21 所示。选择新的风险等级后会覆盖系统原有风险等级。

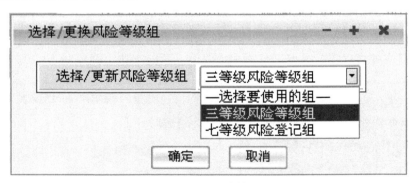

图 10-21　导入风险等级页面

2）添加风险等级

在风险字典页面，点击［风险等级］，然后点击［添加］，弹出添加风险等级插件，见图 10-22。在页面中可填写风险等级名称、威胁颜色、机会颜色、风险等级值和描述，一个任务中的风险等级值全部为正整数且不能相同。风险等级值表示分配到风险等级上的数值。数值越高，代表风险对任务的影响越大。

3）编辑风险等级

风险等级的编辑页面中显示了风险等级清单，用户可以编辑现有的风险等级，如图 10-23 所示。

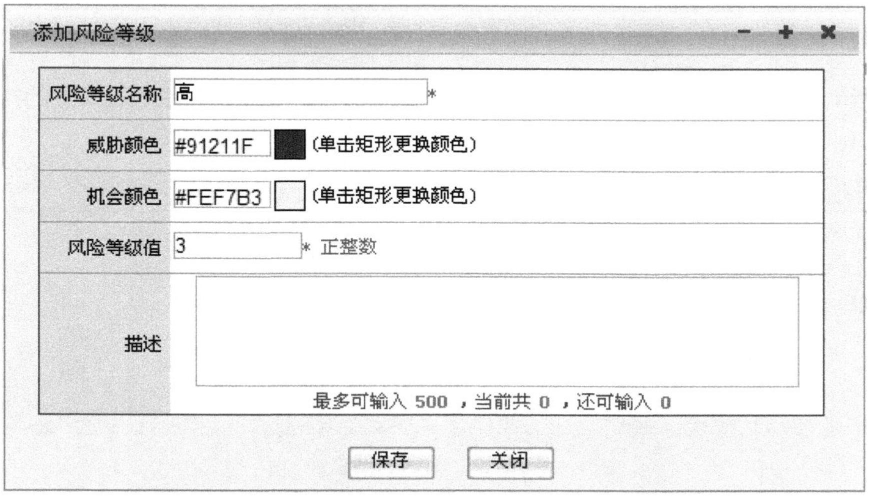

第 10 章　航天发射试验风险管理支持与服务系统

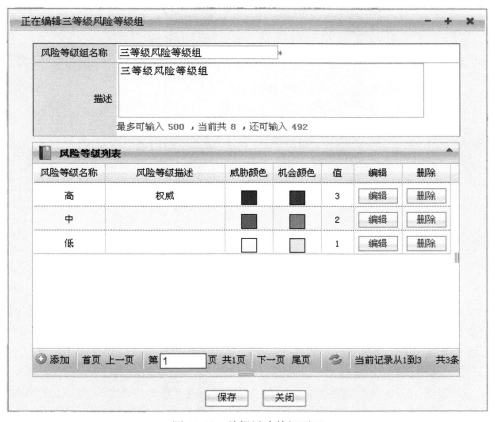

图 10-22　添加风险等级页面

图 10-23　编辑风险等级页面

6. 影响类型

影响类型页面见图 10-24，权重在专家给风险事件记分中使用，权重的初始值均为 1。

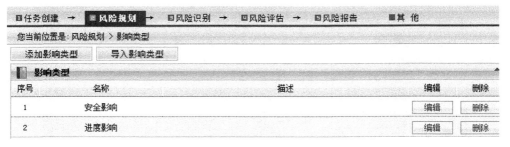

图 10-24　影响类型页面

1）导入影响类型

点击［导入影响类型］，弹出选择影响类型插件，从风险字典中选择影响类型并导入任务中，见图 10-25。

图 10-25　导入影响类型页面

2）添加影响类型

点击［添加影响类型］，弹出添加影响类型插件，见图 10-26，可添加新的影响类型，可以输入影响类型名称、权重和描述，权重默认值为 1。在实际工作中，可以根据需要进行归一化处理。

3）编辑影响类型

点击图 10-24 中影响类型页面中的［编辑］，可对任务中的影响类型进行编辑，见图 10-27。若任务风险规划中的风险等级与风险字典中的风险等级不相同，临界值不能导入,则需要用户重新设置,风险等级以任务风险规划中的风险等级为标准。

图 10-26　添加影响类型页面

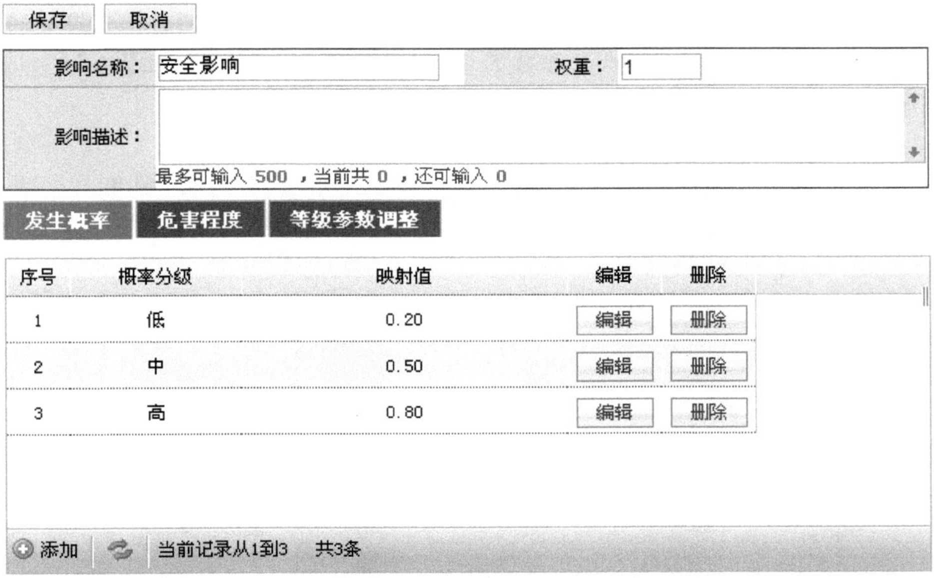

图 10-27　编辑影响类型页面

影响类型包括影响名称、权重、影响描述、发生概率、危害程度和等级参数调整。发生概率和危害程度页面相似,其名称和相应的映射值均以列表形式显示,风险事件对任务成本产生的影响概率通过发生概率来衡量,而风险事件影响的程度通过危害程度来衡量。将发生概率和危害程度相乘得到一个风险分值,该分值将用于决策过程和任务控制机制中。

4)添加或编辑影响类型发生概率或危害程度

添加影响类型危害程度页面见图 10-28,在此页面可填写名称、映射值和描述,映射值的范围在 0（无危害）和 1（危害很大，不可接受）之间。编辑影响类型危害程度页面与添加影响类型危害程度页面类似。

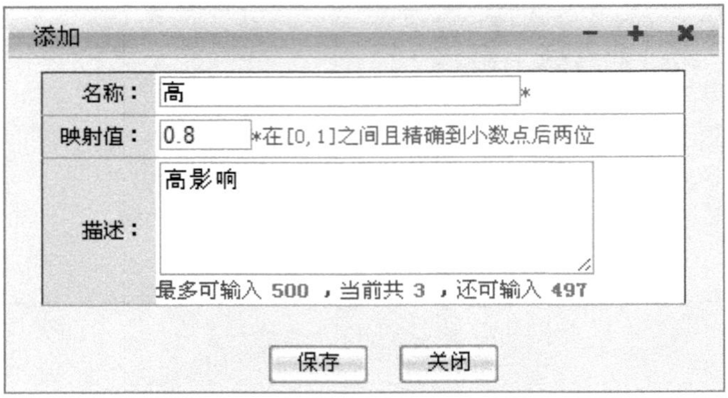

图 10-28 添加影响类型危害程度页面

添加或编辑影响类型发生概率页面与添加或编辑影响类型危害程度页面类似，在添加或编辑影响类型发生概率页面可填写名称、映射值和描述，映射值的范围在 0（不可能发生）和 1（确定发生）之间。

5）设定影响类型风险等级

不同的影响类型在界定临界值时，需要参考不同的风险等级。在影响类型中，需要为临界值导入或添加相应的风险等级，见图 10-29。

图 10-29 设定影响类型风险等级页面

6）添加风险等级

添加风险等级有两种方法，一种是从风险字典—风险等级中选择一个风险等级组，将整个风险等级导入。另一种是直接添加新的风险等级，从而为影响类型添加新的风险等级。

7）编辑影响类型的临界值

临界值页面中显示了一个网格，网格中有对应不同码值的颜色和图标，表示不同的临界值水平，如图10-30所示。使用这个网格，可以为每个影响类型定义风险偏好和临界值，这些可接受的临界值形成了任务团队用来衡量风险应对有效性的目标。

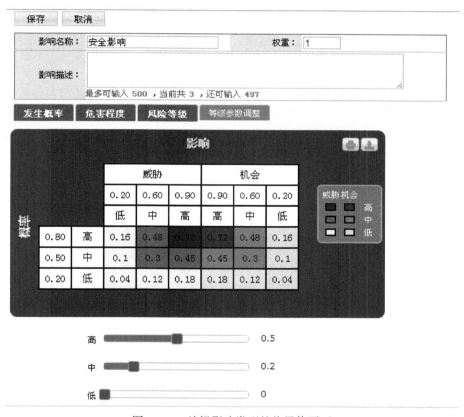

图10-30 编辑影响类型的临界值页面

网格提供了风险临界值图标的显示方式，影响和概率分别为网格的横轴和纵轴。

风险等级图标显示在网格的右侧，通过不同的颜色显示了不同的严重性等级。这些颜色提供了快速区分风险等级的方式。

威胁的等级可以通过网格下面的滑动标尺来设置。滑动标尺的数值表达的是对应的发生概率和危害程度相乘的最低数值，如图10-30所示，发生概率和危害程度相乘结果大于等于 0.5 的风险为高等级风险。如果想在滑动标尺设置一个数值,可用鼠标按住标尺的滑块向左或者向右滑动,直到期望的数值出现在标尺右边。在滑块移动的过程中,与所选择的风险等级匹配的颜色方块将会显示在网格中。

7. 风险分类

风险分类页面见图 10-31,风险分类权重在专家给风险应对打分中使用,权重的初始值均为 1。在实际工作中,根据需要可以进行归一化处理。

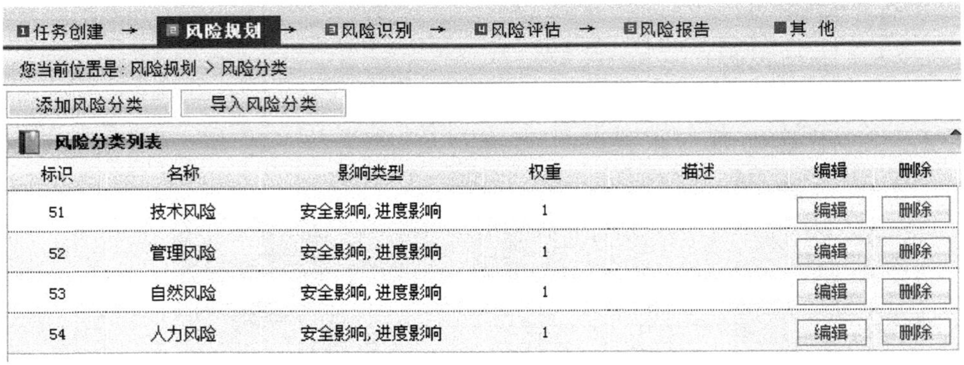

图 10-31 风险分类页面

1) 导入风险分类

点击 [导入风险分类],弹出导入风险分类插件,如图 10-32 所示,从风险字典中选择风险分类。

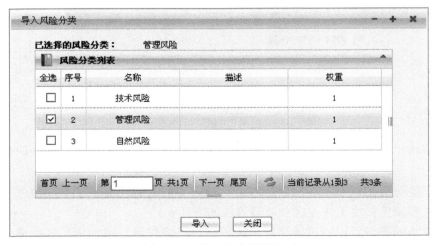

图 10-32 导入风险分类页面

2）添加风险分类

点击［添加风险分类］，弹出添加风险分类插件，如图 10-33 所示。在此页面可以填写风险分类名称、权重、描述和关联的影响类型，权重默认值为 1。

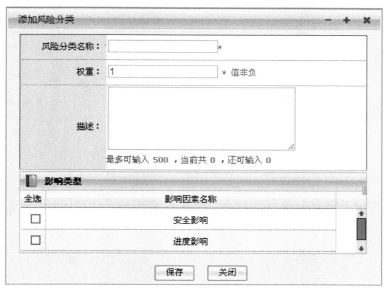

图 10-33　添加风险分类页面

10.3.5　风险识别、风险应对编辑、风险评价、风险评估、风险跟踪及专家审核统计

1. 风险识别

点击 WBS 任意节点，软件页面右侧显示该节点下对应的风险事件列表。管理员在风险事件列表页面可以选择 Excel 导出模板、导入 Excel、导出 Excel 和导出参考 Excel。操作员选中负责的节点，在风险事件列表页面可以选择添加风险事件、导出 Excel 和导出参考 Excel。管理员风险识别页面见图 10-34。

1）导入或导出风险事件

Excel 文件导入前，文档内格式要求参照 Excel 模板，编辑好文档后即可批量导入，如图 10-35 所示。如果要导出风险事件列表 Excel，点击所要导出文件的名称，然后另存即可。

图 10-34 管理员风险识别页面

图 10-35 导入或导出风险事件页面

2）添加或编辑风险识别信息

从任务规划模块中设定的风险分类中选择风险分类，从系统风险字典模块的风险识别方法中选择风险识别。创建者为任务操作员，该字段为只读。

当创建者离开时，任务管理员可设置创建者所在部门中的其他操作员对该风险事件及其应对进行管理，创建者和操作员均能对风险事件及其应对进行操作。

2. 风险应对编辑

被分配到的任务操作员可以对风险应对进行操作，包括填写显示该风险应对的基本信息和应对步骤的详细信息。也可以对风险应对步骤进行添加编辑和删除操作。

3. 风险评价

风险评价页面显示待评价的风险事件，在此页面任务操作员可以为风险记分分配初始值，任务专家可以为所有风险事件记分。

任务专家不能添加、删除、编辑风险事件，记分操作包括同意、修改、不了解,默认值为不了解。

任务专家意见选择不了解,则对应对记分无权操作;专家意见选择同意,表示同意该应对记分;专家意见选择修改,可对应对记分进行修改后进行保存或退出。

4. 风险评估

风险评估页面如图 10-36 所示。

图 10-36 风险评估页面

进行风险评估后,WBS 节点前圆圈颜色为风险临界值颜色,列表中显示风险应对评价和应对措施评价的值,如图 10-37 所示。

图 10-37 风险评估结果页面

5. 风险跟踪

风险跟踪页面显示风险跟踪情况列表,可以选择已发生和已解决的事件列表。风险跟踪标签页面如图 10-38 所示。

图 10-38 风险跟踪标签页面

用户在添加或编辑风险跟踪信息页面对风险真实情况进行记录,可以记录风险的发生时间、解决时间等详细信息,编辑风险跟踪信息页面如图 10-39 所示,添加风险跟踪信息页面与编辑风险跟踪信息页面类似。

图 10-39 编辑风险跟踪信息页面

6. 专家审核统计

专家审核统计页面显示参与任务专家信息、任务专家的人数和任务专家意见等。在统计专家事件信息页面,可以选择某个专家的某种意见,并查看该专家对事件的意见。

10.3.6 风险报告

任务管理员和任务操作员均有权限生成报告，任务操作员只能针对所在单位或部门生成报告。生成报告一共有两种：待确认报告和正式报告。待确认报告主要用于收集专家意见，通知专家对报告提意见。经过专家对风险矩阵输入意见、收集意见后，并更改风险识别相关信息后生成正式报告。任务管理员、任务操作员、任务专家可下载历史风险报告。

1. 报告标准

1）管理报告标准

任务管理员和任务操作员可以对管理报告标准进行添加风险标准、编辑、添加和删除操作。在风险报告类型下拉列表中选择一个风险报告类型，会显示该风险报告所用到的风险标准。

2）新建或编辑报告标准

系统中已有三类报告标准，分别为风险矩阵、风险列表和风险分析总报告。添加报告标准时，在管理报告标准页面的风险报告类型下拉列表中选择一个风险报告类型，点击[添加风险报告标准]，进入新建风险报告标准页面。

风险矩阵和风险列表两类报告标准相同，过滤器—风险矩阵工具栏为项目风险提供了一个过滤机制。当用户在项目风险树上选择一个节点并在风险矩阵工具栏点击[过滤器]按钮时，风险矩阵中将会只显示与此节点相关联的风险。过滤风险使用了几种不同的属性，可以同时选择多种不同的属性来加强过滤条件。

风险列表报告标准增加了"可用列""分组由""分类由""分类指导"项。"可用列"在报告中显示风险事件列项，"分组由"显示风险事件大分组，"分类由"表示每组中风险事件的显示分类，"分类指导"表示风险事件的显示顺序是降序还是升序，编辑报告标准页面如图10-40所示，新建报告标准页面与编辑报告标准页面类似。

2. 报告输出

风险报告输出页面见图10-41。

图 10-40　编辑报告标准页面

图 10-41　风险报告输出页面

1）风险矩阵

风险矩阵页面如图 10-42 所示。

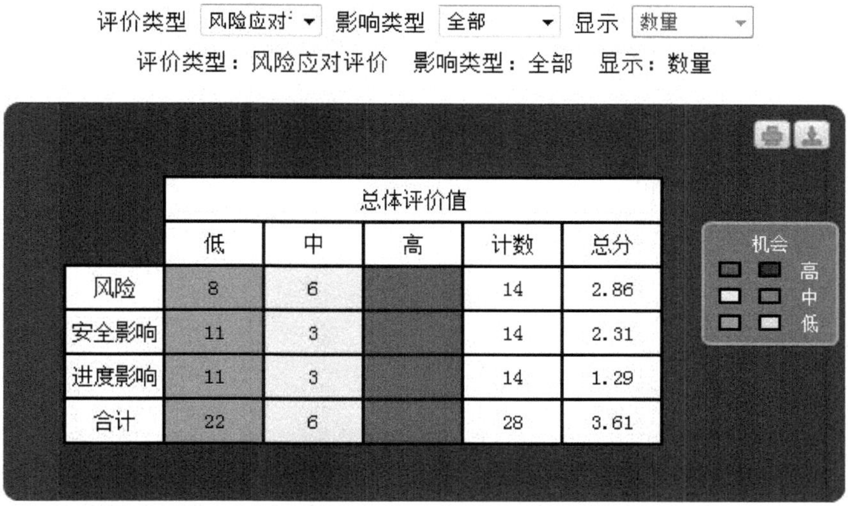

第 10 章 航天发射试验风险管理支持与服务系统

评价类型：风险应对评价　影响类型：全部　显示：数量

	总体评价值			计数	总分
	低	中	高		
风险	8	6		14	2.86
安全影响	11	3		14	2.31
进度影响	11	3		14	1.29
合计	22	6		28	3.61

图 10-42　风险矩阵页面

2）风险列表

以风险字段形式选择风险种类和风险批次进行输出。可以对威胁、风险或所有风险进行选择性输出。报告以 PDF 或 Excel 文件格式输出。风险列表页面如图 10-43 所示。

技术风险

	事件名称	激活	风险识别	风险类型	创建者	所有者	已发生	发生时间	已解决	解决时间
1	人员责任心不够	否	系统默认风险识别	威胁	三室操作员		否		否	
2	人员能力不足	否	系统默认风险识别	威胁	三室操作员		否		否	
3	人员稳定性不足	否	系统默认风险识别	威胁	三室操作员		否		否	
4	检查测试不全面	否	系统默认风险识别	威胁	三室操作员		否		否	
5	技术保障不到位	否	系统默认风险识别	威胁	三室操作员		否		否	
6	维修保障不及时	否	系统默认风险识别	威胁	三室操作员		否		否	
7	资源分配不合理	否	系统默认风险识别	威胁	三室操作员		否		否	
8	决策机制不健全	否	系统默认风险识别	威胁	三室操作员		否		否	
9	人员岗位与进度安排不合理	否	系统默认风险识别	威胁	三室操作员		否		否	
10	信息沟通不及时	否	系统默认风险识别	威胁	三室操作员		否		否	
11	规章制度不健全	否	系统默认风险识别	威胁	三室操作员		否		否	
12	行政管理不到位	否	系统默认风险识别	威胁	三室操作员		否		否	
13	自然风险	否	系统默认风险识别	威胁	三室操作员		否		否	
14	政策风险	否	系统默认风险识别	威胁	三室操作员		否		否	

保存待确认报告　保存正式报告　关闭

图 10-43　风险列表页面

3）风险分析总报告

风险分析总报告用于分析风险管理项目,是针对风险规划、风险识别、风险分析、风险应对等任务管理全过程产生的综合性报告。

4）风险报告意见

在专家意见提交时期,任务管理员或任务操作员可以根据收集到的专家意见修改项目中的风险登记信息、删除报告或编辑风险报告基本信息。

第 11 章 航天发射试验风险管理规范体系

只有确保研究和建立的航天发射试验风险管理理论和方法得到有效的执行，风险管理的研究才真正有意义，才能切实指导工程实践。本书结合目前航天发射试验风险管理实践，根据项目风险管理的理论方法，构建了航天发射试验风险管理运行规范，包括航天发射试验风险管理的组织体系、规章制度体系、工作程序和规范流程体系。

11.1 航天发射试验风险管理组织的职责和要求

11.1.1 航天发射试验风险管理组织的基本职责

在航天任务发射厂区任务指挥部下设风险管理小组，受任务指挥部的领导，其职责包括：①对航天发射试验风险管理工作进行规划，制订航天发射试验风险管理计划，确定风险管理组织机构及人员组成和分工与职责，明确试验任务各极端风险管理的主要任务和工作目标；②对航天发射试验风险事件进行定义，制定风险事件评分和解释办法，组织进行航天发射试验风险的识别；③负责风险信息的汇总、整理和分析，召集风险事件相关负责人、各专业领域专家进行讨论，对收集整理的各种风险事件进行定性、定量分析，确定风险等级；④对达到风险等级的事件制定风险应对措施（包括防止风险事件发生的措施和风险发生后的处置措施）并进行书面报告，组织相关人员和专家对风险应对措施进行评审；⑤根据航天发射试验任务进程，跟踪已识别风险事件的发展变化情况，及时识别和分析新风险，对风险进行监督和控制；⑥对参试人员进行风险教育和培训，提高参试人员风险意识，使参试人员了解航天发射试验风险，掌握各系统常见问题的处置措施和程序；⑦进行航天发射试验风险管理工作总结，特别是对不可接受的高风险事件，制定设计改进措施和建议。

11.1.2　航天发射试验风险管理组织的基本原则与要求

1. 基于任务

坚持必要风险可接受、无谓风险不承担的理念，立足完成任务，权衡风险与效益，最大限度减少损失；对完成任务毫无益处、造成无谓的人员伤亡或财产损失的风险必须规避。

2. 系统管理

坚持以系统安全为目标，将风险管理纳入计划决策，贯穿整个任务过程，融入各个环节，综合运用管理与技术手段，对参试人员、参试设备、工作过程实施全过程控制，使系统处于安全可控状态。

3. 全员参与

风险无处不在，无时不有。必须强化参试人员的风险意识、责任意识及科学防范意识，明确各级各类人员应当承担的风险责任，发挥各方面的积极性、主动性、创造性。

4. 不断改进

坚持不断发展的理念，运用先进的方法、技术、手段，打造风险管理信息网络平台，辅助航天发射试验风险管理的持续有效改进。

5. 依法进行

风险管理必须依据安全法规制度、标准体系、规程程序、方案预案等实施，不可替代现行有效的运行机制和安全措施，不得以风险为由违抗命令、违反规定、降低标准。

11.2 航天发射试验风险管理组织机构与工作流程

11.2.1 航天发射试验风险管理组织实施

航天发射试验风险管理在基地的统一组织、指挥、协调下,由基地发射测试站牵头实施,试验队参与,基地机关进行业务指导,总装工程设计所和基地试验技术部进行总体把关。

基地发射测试站负责航天发射试验风险管理的组织实施,进行航天发射试验的风险规划、风险识别、风险分析、风险应对和风险监控工作。

试验队参与航天发射试验风险管理工作,进行火箭各系统、火箭系统地面设备、火箭系统参试人员的风险识别、风险分析、风险应对和风险监控等工作,并及时与发射测试站进行信息交流和沟通。

基地机关按业务分工参与风险管理工作,对风险管理进行指导,协调和保障各项风险应对措施的顺利实施。

总装工程设计所、基地试验技术部参与风险管理工作,对风险管理全过程进行技术指导和把关,确保风险规划的合理性、风险识别的完整性、风险分析的准确性、风险应对的有效性、风险监控的持续性。

11.2.2 航天发射试验风险管理组织机构

为确保航天发射试验风险管理工作的落实,成立航天发射试验风险管理小组,隶属技术安全组,在基地航天任务发射厂区任务指挥部领导下工作。风险管理小组组织关系见图 11-1。

图 11-1 航天发射试验风险管理小组组织关系图

航天发射试验风险管理小组设组长 1 名、副组长 3 名，吸收试验队和发射测试站专业人员、工程设计所、试验技术部、特燃供应站总体人员、发射测试站装备管理人员等作为成员，负责风险管理工作。以加注系统为例，风险管理岗位设置如表 11-1 所示。

表11-1　加注系统风险管理岗位设置

序号	岗位	职责	建议由谁承担	备注
1	组长	加注系统风险管理总负责，加注系统风险决策	基地发射测试站总师	
2	副组长	系统加注风险管理负责、风险沟通与信息交流	火箭试验队主任设计师	
3	副组长	加注系统风险分析和指导	总装工程设计所加注系统设计师	
4	副组长	加注系统风险分析和指导	基地试验技术部加注总体人员	
5	成员	加注系统风险识别、分析与应对	基地发射测试站加注专业人员	
6	成员	加注系统风险识别、分析与应对	基地发射测试站加注专业人员	
7	成员	加注系统风险识别、分析与应对	基地发射测试站加注专业人员	
8	成员	推进剂转注、化验过程分析识别、分析与应对	基地特燃供应站加注专业人员	
9	成员	加注系统设备、器材维修与供应保障	基地发射测试站装备保障人员	

加注系统风险管理小组成立后，以表格的形式明确风险管理小组人员组成及职责，见表 11-2。

表11-2　加注系统风险管理小组人员组成

序号	姓名	职务	职责	备注

加注系统风险管理小组成立后，应结合航天发射试验任务总体计划、进度和加注系统工作安排，制订加注系统风险管理活动计划，见表 11-3。

表11-3　加注系统风险管理活动计划

序号	管理活动名称	时间	责任人	参加人

鉴于航天发射火箭推进剂加注工作涉及单位多、安全影响大、时间跨度长，加注系统风险管理小组应形成良好的内部沟通和交流机制，集思广益，科学决策，并及时向上级报告风险管理情况。

11.2.3　航天发射试验风险管理工作流程

1. WBS 的基本要素

WBS 是航天发射试验加注系统风险管理活动的基础。WBS 是出于管理和控制的目的而将项目分解成易于管理的各个部分的技术，它直接按等级把项目分解成若干子项目，子项目再分解成更小的工作单元，直至最后分解成具体的工作包。WBS 的基本要素有三个：分解层次和结构、WBS 编码设计、WBS 报告。

1）分解层次和结构

由于对项目进行工作分解既可按照项目的内在结构进行，又可按项目的实施顺序进行，并且项目本身的复杂程度、规模大小也各不相同，从而形成了工作分解结构的不同层次。工作分解结构每细分一个层次，表示对项目元素更详细的描述。根据项目管理和控制的要求，工作分解结构可分为很多层次，每下一层次的工作范畴比上一个层次要窄，上一层次用户的信息由下一层次提供，以此类推。

2）WBS 编码设计

工作分解结构中每一工作都要编上号码，用来唯一确定项目工作分解结构的每一单元。利用编码技术对 WBS 进行信息交换，可以简化 WBS 的信息交流过程。

3）WBS 报告

完成项目工作分解结构和编码后，可按照树状或表格形式形成书面报告，作为项目各要素管理的输入文件。

2. WBS 基本步骤

运用 WBS 对项目进行分解时，一般应遵循以下步骤：①根据项目的规模及其复杂程度，确定工作分解的详细程度。如果分解过粗，可能难以体现计划内容；分解过细，会增加计划制定的工作量。若分解的是大型复杂项目，可分层次分解，对于最高层次的分解可粗略，再逐级向下，层次越低越详细。②根据工作分解的详细程度，对项目进行分解，直至分解为确定的、相对独立的工作单元。③根据收集的信息，对每一个工作单元，尽可能地说明其性质、特点、工作内容、资源输入和输出等，并确定负责人和相应的组织机构。明确各工作单元实施的先后顺序，即逻辑关系。

3. 加注系统工作分解

按照 WBS 原则和步骤，航天发射试验任务加注系统工作分解结构如表 11-4 所示，在进行加注系统风险管理活动时，可将图中工作报告进行进一步分解，直至分解为确定的、相对独立的工作单元，确保整个加注系统工作过程受控。

表11-4　加注系统工作分解结构表

任务名称：火箭推进剂加注		负责人：	
单位名称：		制表日期：	
工作分解结构：			
任务编码	任务名称	主要工作描述	负责人
100	加注阶段	进行推进剂转注；地面加注系统设备自检和状态准备、推进剂取样化验等	
200	加注实施	连接加注设备、软管、电缆，进行加注量计算，推进剂调温，塔上加注设备、管路气检等，分别加注燃烧机和氧化剂	
300	状态恢复	撤收塔上加注管路，进行管路清洗、烘干、储存	
101	推进剂转注	根据火箭加注推进剂需求量，将推进剂用铁路槽车由特燃供应站转运至航天发射场，将槽车内的推进剂转至地面贮罐	
102	加注连接器与软管清洗	将加泄连接器、溢出连接器、加注软管、溢出软管、清泄软管、控制气管等打压、清洗、烘干、清洁后，封口包扎备用	
103	加注信号台和液位信号检查	进行电缆导通、绝缘检查；光电传感器检查；加注信号台、液位信号检测仪和测温设备自检、联调；与加注库房控制台信号联试	
104	流量计校验	按操作规程进行流量计仪表系数校验，以保证其良好的精度	
105	加注系统与指挥监控系统、火箭动力系统联调	检查加注系统信息接收、上传功能是否正常	
106	库房内和塔上回流	按操作程序进行库房内和塔上回流，模拟加注流程，比较全面地检查地面加注系统主要设备的工作情况	
107	推进剂取样化验	发射前 7～10 天由特燃供应站进行推进剂取样，进行一次全面分析化验，加注前 3 天提供化验结果	
108	加注内外管线气密性检查	火箭转发射区前完成加注内外管线气密性检查，检查加注库房至塔上固定平台部分管路及管路中设备、传感器的气密性	
201	箭上设备、软管和电缆连接	火箭加注前连接箭上设备，包括加泄连接器、溢出连接器、过滤器、捡漏箱、锁紧器、零液位和溢出信号传感器；加注软管、回气软管、加注活门控制软管；零液位、溢出信号和加注活门回讯电缆、测温、测液位电缆等	
202	加注量计算	计算火箭推进剂加注量，由基地发射测试站、试验技术部、火箭试验队三方分别计算后比对，统一出一份加注通知单	
203	推进剂调温	加注前一到两天，进行推进剂预调温，温度调至加注温度附近，并适当留有余量。加注前再根据加注量计算情况将推进剂调至加注温度	
204	加注前塔上设备和管路气密性检查	进行加注活门检漏、加注连接器气检、塔上活动平台管路和软管气检	

续表

任务编码	任务名称	主要工作描述	负责人
205	推进剂加注	按火箭推进剂加注操作规程进行推进剂加注，先加注燃烧剂后加注氧化剂	
2051	燃烧剂加注	加注燃烧剂，按芯一级、芯二级、01/03级助推、02/04级助推的顺序进行加注	
2052	燃烧剂废气处理	燃烧剂加注过程中同时进行废气处理，采用煤油燃烧法处理后排放	
2053	氧化剂加注	燃烧剂加注结束后进行状态转换，加注氧化剂，按芯一级、芯二级、01/03级助推、02/04级助推的顺序进行加注	
2054	氧化剂废气处理	氧化剂加注过程中同时进行废气处理，采用煤油燃烧法处理后排放	
301	加注软管抽吸	加注结束后，将软管内推进剂抽吸到库房贮罐	
302	管路放空	放空管路内推进剂及气体，管内泄压	
303	软管拆卸	拆卸加注软管	
304	设备撤收	撤收塔上加注设备、电缆等	
305	软管及连接器等设备清洗、保管	软管及连接器等运到加注器材间进行清洗、烘干、封口保存，待下次任务使用	

负责人审核意见：

签名：
日期：

4. 责任分配矩阵

用责任分配矩阵的形式来描述航天发射试验火箭推进剂加注工作所涉及的人员、部门及其各自应负的责任，用工作分解结构表示，每项工作的负责人也是风险管理的主要负责人。

11.3 航天发射试验风险管理流程

11.3.1 航天发射试验风险管理总体设计

航天发射试验风险管理流程主要包括风险规划、风险识别、风险估计与风险评价、风险应对、风险监控等过程。

1. 风险规划

风险规划就是航天发射试验风险管理的一整套计划。主要包括定义项目组及其成员风险管理的行动方案及方式，选择合适的风险管理方法，确定风险判断的依据等。风险规划用于对风险管理活动的计划和实践形式进行决策，它的结果将是整个航天发射试验风险管理的战略性的和全生命周期的指导性纲领。

2. 风险识别

风险识别就是将航天发射试验风险的因子要素归类和分层地查找出来。风险识别包括确定风险的来源、风险产生的条件，描述风险特征和确定哪些风险事件有可能影响项目。不是所有风险都是将对项目产生严重后果的高风险，然而，几个小风险的合计也许会对项目产生严重影响，风险识别不是一次就可以完成的事情，应当伴随项目进展持续进行。

3. 风险估计与风险评价

在航天发射试验风险识别的基础上，运用定性的和定量的分析方法估计航天发射试验中各个风险发生可能性和破坏程度的大小，并按潜在危险大小进行优先排序。通过建立风险分析的系统模型，从而找到航天发射试验的关键风险，确定系统的整体风险水平和风险等级，为如何处置这些风险提供科学依据，以保障航天发射试验任务的顺利进行。

4. 风险应对

在充分认识风险的基础上制订风险应对计划，尤其是针对主要风险制定应采取的应对措施，包括风险规避、风险减轻、风险转移、风险承担等。同时收集、汇编和报告风险状态，正确和及时地收集有关信息并将经过整理的风险信息提供给有关人员和部门。监控这些风险状态的信息对下一步风险控制工作十分关键。

5. 风险监控

制订风险防范计划后，风险并非不存在了，在航天测试发射试验任务实施过程中，风险是动态变化的。因此，在工作执行过程中，需要时刻监督风险的发展与变化情况，并关注随着某些风险的消失而带来的新的风险。风险监控就是跟踪可能变化的风险，识别剩余风险和新出现的风险，修改风险管理计划，保证风险计划的有效实施，并评估风险管理的效果。

11.3.2　航天发射试验风险识别

风险识别，即识别项目实施过程中可能遇到的（面临的、潜在的）所有风险源和风险因素,对它们的特征进行判断、归类,并鉴定风险性质。风险识别是项目风险管理的第一步,是项目风险管理的基础,应是一项持续性、反复作业的过程和工作。

1. 航天发射试验风险识别基本准则

1)选择合适的风险识别人员

风险识别人员应该包括航天发射试验任务涉及的主要人员、相关专家等。

2)以工作分解结构为基础识别各风险因素

航天发射试验各系统工作分解结构界定了风险识别的范围,任何影响这些工作的风险因素也将是影响加注系统的风险因素。

3)充分利用以往航天发射试验任务的历史数据

以往航天发射试验任务的历史数据是风险识别最有价值的信息来源,包括风险分类、风险因素相互关系等。每次工作任务完成之后,必须进行有效的总结和评价,建立相应的信息库,为持续改进风险管理提供基础。

4)需要遵循统一的流程和规范

统一的风险识别流程和规范可确保风险识别工作能高效率实施,此流程和规范需要结合航天发射试验的特点、借鉴国际项目管理经验,在各已有管理制度和规范框架下建立和实施。

2. 航天发射试验风险识别基本步骤

1)建立风险识别小组

选择恰当的人员组成风险识别小组,这些成员应该包括航天发射各系统参与者及相关人员、专业的风险管理人员、技术专家等。

2)收集相关信息

包括各系统历史数据、外部数据、可靠性安全性分析报告、工作流程、操作规程、设计资料、工作分解结构、风险管理计划、风险预警预案等。

3)选择适合的方法

结合对风险识别方法的适用性分析及航天发射试验风险识别的特殊性,认为航天发射试验风险识别的适用方法包括检查表法、专家调查法、工作-风险分解结构法、现场调查法、历史记录统计法。

4)风险分类形成检查表

对识别出的风险因素进行分类,分析风险因素相关关系,确认相应触发条件,找出主要的风险源,并形成风险识别检查表。

5)反复进行

为完善航天发射试验风险识别清单,可将以上实施步骤进行反复迭代。

3. 风险调查

制定航天发射试验风险因素识别及初步分析和应对调查表,如表 11-5 和表 11-6 所示。各单位收集风险源和风险处理方案,进行风险源的整理,给出风险概率和风险影响评价。

表11-5　航天发射试验风险因素识别及初步分析和应对调查表（一）

单位：_____
任务阶段：_____

系统任务及各级子任务		任务单位	任务目标及要求

表11-6　航天发射试验风险因素识别及初步分析和应对调查表（二）

单位：_____
任务阶段：_____

任务中的风险事件（对应前表所列各项子任务）	风险属性	风险影响（参照填写说明给出等级标号）					风险可能性（概率）	风险原因分析	与其他风险的相关性	风险应对措施建议
		安全性	技术性能和质量	进度	费用	其他				

关于表 11-5 航天发射试验风险因素识别及初步分析和应对调查表（一）的填写说明。①单位：航天发射试验参与单位,也是风险识别、分析和应对的主体。②任务阶段：主要指航天发射试验各个阶段。③系统任务及各级子任务：系统工

作任务的分解，详细说明各阶段任务及各层次子任务的内容或目标。④任务单位：指完成该项任务的单位或单位组合，也是该任务的风险承担方和责任方。⑤任务目标及要求：该项子任务需要实现的功能或达到的标准。

关于表 11-6 航天发射试验风险因素识别及初步分析和应对调查表（二）的填写说明。①任务中的风险事件：对应表 11-5 所列各项子任务，指可能发生的不满足规定过程要求或设计意图的形式或问题点，是对具体任务不符合要求的描述。它可能是引起下一个流程的潜在风险源，也可能是上一个流程风险影响的后果。②风险属性：风险按属性可以分为技术风险、管理风险、人力风险、环境风险、其他风险。技术风险包括由设计、元器件、工艺、设施、材料等引起的风险；管理风险包括协调、组织、计划等带来的风险；人力风险包括责任心、能力等带来的风险；环境风险包括电磁环境风险、自然风险和政治风险等。③风险影响：指风险事件对航天发射试验加注系统影响后果的严重程度。为了准确定义风险事件的不良影响，需要对每种风险事件在安全性、技术性能及质量、进度、费用等方面的影响进行评价。④风险可能性（概率）：具体的风险发生的可能性或发生的概率。⑤风险原因分析：指风险是怎样产生的，并依据可以纠正或控制的原则来描述，针对每一个风险事件在尽可能广的范围内，列出每个可以想到的风险起因，如果起因对风险事件来说不是唯一的，那么还要在众多的起因中分析出根本原因，以便针对那些相关的因素采取纠正措施。⑥与其他风险的相关性：指是否有其他风险事件引发了该风险事件的发生，或者该风险事件的发生是否能够引发其他风险事件，是考察风险事件发生相关性的重要指标。⑦风险应对措施建议：结合航天发射试验任务的内容和目标、以往处置经验、规范要求等，给出具体的应对风险事件的建议措施。

表 11-5 和表 11-6 用于各单位的风险识别、风险分析和风险应对，由各单位相关负责人员根据表 11-5 和表 11-6 收集到的信息，汇总扩充并填写完整。

在风险识别阶段所要求填写的内容为单位、任务阶段、任务单位、任务目标及要求、任务中的风险事件、风险属性。风险影响、风险可能性（概率）、风险原因分析、与其他风险的相关性、风险应对措施建议为风险分析及风险应对部分内容。

11.3.3 航天发射试验风险分析

风险定性定量分析是在风险识别的基础上进行的风险估计和风险评价过程。

1. *航天发射试验风险分析原则*

（1）对于有相似航天发射试验经验、流程比较成熟和固定、能够获取较多历史统计数据的航天发射试验，可以对其风险进行定量分析研究。

（2）对于没有历史数据积累、流程不确定、需要重新设计流程或目前难以完全对其风险进行定量化研究的航天发射试验，可以对其风险进行定性分析研究。

（3）对于很难用数学表示，却易于用文字或句子来描述的信息，采用模糊数学模型来解决问题。航天发射试验风险分析结果应尽量直观、可靠，为风险应对提供支持。

2. 风险评估标准

为了准确定义风险事件对加注系统后果影响的严重程度，需要对每种风险事件在安全性、技术性能及质量、进度、费用等方面的影响进行评价，评价标准依照表11-7。

表11-7 风险影响等级表

等级	风险影响（安全性）	风险影响（技术性能及质量）	风险影响（进度）	风险影响（费用）
A	影响小或无影响	影响小或无影响	影响小或无影响	几乎没有影响
B	轻微的人员伤害或系统轻微损害	需采取一些补救措施缓解影响	需要另增资源，可能不能在规定日期完成	影响很小，变化小于5%
C	人员轻度伤害或系统轻度损坏	需采取重大补救措施缓解影响	较关键时间节点稍延迟，很难在规定日期完成	影响较小，变化在5%~7%
D	人员严重伤害或系统严重损坏	影响可以接受，但是已没有任何缓解余地	较关键时间节点明显延迟，无法在规定日期完成	影响中等，变化在7%~10%
E	人员死亡或系统损坏	不能接受	关键部分的任务未完成，完成日期大大延迟	影响较大，变化大于10%

具体的风险发生的可能性或发生的概率，等级数依照表11-8。

表11-8 风险发生概率表

等级	风险发生可能性	风险发生概率
A	极小可能发生	小于0.000 001
B	不大可能发生	0.000 001~<0.001
C	很可能发生	0.001~<0.01
D	极有可能发生	0.01~<0.1
E	频繁发生	0.1及以上

虽然在其他项目中（一个具有低经济利害关系或低可靠性要求的项目），风险可能性为75%以上或更高才相当于"频繁发生"，但由于航天发射试验的高可靠性和安全性要求，风险可能性大于10%就相当于"频繁发生"了。

3. 建立概率-影响矩阵

建立概率-影响矩阵,并计算风险指数。概率-影响矩阵表见表 11-9。

表11-9 概率-影响矩阵表

概率	风险值				
	影响				
	A	B	C	D	E
E	5	10	15	20	25
D	4	8	12	16	20
C	3	6	9	12	15
B	2	4	6	8	10
A	1	2	3	4	5

注:风险值=概率×影响

经过分析后,根据对应不同风险值的风险,将风险事件划分为极高风险、高风险、中等风险、低风险、极低风险,见表 11-10,根据风险事件等级的不同采取相应的措施。

表11-10 风险事件等级

风险指数	风险事件等级
$20 \leqslant R$	极高风险
$15 \leqslant R < 20$	高风险
$10 \leqslant R < 15$	中等风险
$4 \leqslant R < 10$	低风险
$R < 4$	极低风险

4. 风险排序

风险分析的最后一步,是从遇到的大量风险中找出最重要的,在分配资源的使用时应最先考虑的风险。任何项目,可用于减轻风险的资源总是有限的,因此分清风险的轻重缓急,把资源用于最急需解决的风险上是十分重要的。

11.3.4 航天发射试验风险应对

航天发射试验风险经过持续的识别和分析之后的关键就是对风险进行控制,即对经过识别、度量和评价的风险问题采取相应的控制措施,以改变风险后果性质、风险发生的概率或风险后果的大小等。风险应对方法包括风险规避、风险转移、风险缓解、风险承担。

1. 航天发射试验应对原则与宗旨

航天发射试验风险应对的原则包括：①以航天发射试验风险识别和分析结果为依据，将风险按其发生可能性、对航天发射试验加注系统目标的影响程度、缓急程度分级排序，并说明要抓住的机会和要应对的威胁；②组织的认知度会影响风险应对计划，因此需要充分考虑可放弃的机会和可接受的威胁；③航天发射试验各系统参与者及相关者均为风险控制主体，风险主体应参与制订风险应对的计划；④风险规避、风险转移、风险缓解、风险承担是可以共同作用的，而且不是一次循环就可以完成的，风险应对是贯穿于航天发射试验风险管理整个过程中的、实时的、不断持续进行的。

航天发射试验风险应对的宗旨是：制订详尽的加注系统风险规划，跟踪已识别的风险，监控残余风险，识别新的风险，保证航天发射试验加注系统风险计划的执行，时刻评估风险规划对降低和规避风险的有效性。

2. 制定风险应对措施

根据风险分析结果，围绕任务目标权衡风险和效益，制定并认真实施降低风险、防范事故的措施。主要步骤包括：①根据风险等级及防范重点，做出应对风险的决策，调整任务计划和活动方案；②制定具体防控措施，完善安全保障方案、应急处置预案；③针对不同任务阶段，区分风险程度，实施控制措施，排除风险因素，消除隐患，避免风险暴露；④评价应对措施的有效性，识别新的风险因素。

3. 风险决策

风险决策应坚持基地航天任务发射厂区任务指挥部统一领导，实行风险管理责任单位主管领导负总责、分管领导负专责、现场领导具体负责。

（1）必须着眼于保证圆满完成工作任务，不得随意提高风险等级，降低工作标准和训练强度，或忽视风险、盲目决策。

（2）执行上级赋予的重要任务，因风险过大取消或推迟执行，应报上级批准后执行；因出现重大险情中止任务，应及时向上级报告。

（3）一线指挥人员和操作人员确定现有措施手段无法有效控制风险时，应果断中止任务，并及时请示汇报。

（4）发现新的风险因素，应及时调整、改进计划安排和作业流程。

（5）实施风险预警，提倡全员参与，全过程控制，充分认识航天发射试验任务面临的风险。

进行风险警示教育，使航天发射试验各参试系统的所有参与者及相关人员明确工作任务实施中面临的风险，掌握任务实施步骤和防范风险的目标要求、措施方法。

通报风险分析结果和风险事件，提示风险等级，增强识别险情、避免人为差错、防控风险意识，按照风险等级做好防范准备工作。

（6）消除安全隐患和危险因素：对识别排查出的重大隐患和危险因素，要区分轻重缓急，明确责任单位、责任人员和时限，认真组织整改；本部门、本系统解决不了的重大隐患和问题，要及时报告上级；重申和完善有关规章制度，针对倾向性问题和潜在危险因素组织专项整治；组织对重要环节和关键部位进行检查，确保处于安全状态。

（7）实施专业技能培训：选用合适人员，赋予其能够胜任的任务；组织操作和防护技能培训，提高指挥员、操作员和保障人员应对风险的能力；对从事特殊任务和高危作业的人员，应组织专门的避险训练和模拟演练；根据有关标准组织岗位资格认证和安全适应检测。

（8）实施技术防控，确保各系统设施设备安全可靠，控制或消除故障危险源；依据有关标准对发射设备、运行环境进行技术检测和失效分析，弥补安全缺陷；实施精确维修和技术保障，确保发射设备的可靠性、稳定性、安全性；改进技术手段，完善技术监控平台，使之处于良好状态。

（9）实施管理控制，坚持按章办事，按规程操作，杜绝人为差错造成的危险；明确各级各类人员的任务职责和安全责任，每项工作明确安全责任人；督促所属人员认真履行职责，维护现场纪律和运行秩序，纠正不安全行为，确保按计划实施、按规程操作。

严格贯彻落实各类规章制度是确保安全的关键，如"双岗""三检查""五不操作"等制度和各类规定，是我国几十年来发射任务成功经验和失败教训的积累，对保障试验安全起着重要作用，必须严格遵守。

建立反馈机制，对风险控制措施执行情况进行跟踪、检查、监控，及时反馈效果，必要时进行调整。

指定专门人员，对任务实施风险情况进行监督，如实报告风险因素和隐患，对现场安全负责；领导和机关应实时掌握任务进展及相关情况，把握节奏，及时解决影响任务、危及安全的问题。

（10）普及风险管理思想理念，增强风险意识和责任意识，培养风险管理骨干队伍。强化参试人员风险意识和责任意识，使所有人员理解风险管理的重要意义，明确所担负的任务和所进行的活动中可能存在的风险及防范要求，增强识别风险、应对风险的自觉性。

组织风险管理培训，提高各级管理和指挥人员的风险管理能力。组织风险管理学习考核，组织模拟训练，提高操作人员和保障人员应对风险的能力。

建立风险管理骨干队伍，充分发挥各单位在风险管理中的信息咨询、教育宣传、检查监督、应急处置作用。

（11）为风险控制提供风险必要的支持和保障：为有效控制风险，必须提供及时、必要、足够的保障，包括实施控制所需的人力、技术、经费、物资、设备等资源。各项保障应列入任务（活动）计划，纳入项目预算，持续实施。

（12）特别风险管理：对关系重大、影响全局的重要任务、重要活动、重要目标，除按常规程序实施风险控制外，应采取特别措施。

根据需要成立专项风险管理小组，严密组织综合及专项风险评估；准确查明危险因素，充分预测可能对全局造成的影响和危害，必要时组织可行性论证，周密制订并选择最佳方案；采取全方位风险控制和应急处置预案，预备保障资源，并报上级机关审查；主管领导、机关和技术专家应全程组织、全程参与。必要时上级应派人或指定专家现场指导；出现重大异常和险情，应立即启动预案，必要时中止执行任务。

（13）重大危险源管理：建立重大危险源动态管理系统和定期检查报告制度，各相关部门应定期向风险管理小组提交专项报告，详细说明重大危险源状况和安全防护状态。

重大危险源管控应健全以下措施：防止故意破坏行为导致重大事故的措施；防止操作失误或无意行为导致重大事故的措施；保证存储物品及设施设备的技术安全和区域安全的措施；保证一旦发生事故将损失和危害控制在最低程度的措施。

（14）对积极识别风险或提出有效防范措施和建议的，发现或排除重大隐患、险情的，遇紧急、危险情况正确处置，有效应对风险，减少损失的，开展技术创新，解决安全技术难点、重点问题的部门和相关人员，给予表彰和奖励。

11.3.5　航天发射试验风险监控

任何风险都有一个发生、发展、变化的过程，必须对风险管理过程实施监控，以动态掌握风险及其变化的情况，跟踪并控制各系统风险管理计划。

风险监控是通过对风险规划、风险识别、风险分析、风险应对过程的监视和控制，从而保证风险管理能够达到预期的目标，它是风险管理过程中的一项重要工作。在风险监控过程中，及时发现新出现的风险及随着时间的推移而发生变化的风险，然后及时反馈，并根据对任务的影响程度，重新进行风险规划、识别、估计、评价和应对，同时还应对每一风险事件制定成败标准和判据。

1. 风险监视

不管预先计划好的风险控制策略和措施是否付诸实施,风险监视都不可忽略。如果发现已做出的决策是错误的,就一定要尽早承认错误,并及时采取纠正措施。如果决策是正确的,但结果却不尽预期,这时也不必惊慌,不要过早地改变正确的决策。频繁地改变决策,不仅会减少风险应急处置的后备资源,而且还会大大增加整个任务阶段风险事件发生的可能性,加重不利后果。

2. 风险控制

风险控制是为了最大限度地降低各系统风险事件发生的概率和减少损失幅度而采取的风险处置技术,以改变航天发射试验任务所承受的风险程度。风险控制可采取以下措施:①根据风险因素的特性,采取一定措施使其发生的概率接近于零,从而预防风险因素的产生。②减少已存在的风险因素。③防止已存在的风险因素释放能量,或限制其释放能量的速度。例如,加注供气系统压力容器存在爆裂的风险因素,其必须在设计压力下使用,并保证安全装置正常可靠工作。④在时间和空间上把风险因素与可能遭受损害的人员、产品、设备等隔离。常用的隔离措施有远离、封闭和缓冲等。⑤加强防护能力,制定好应急预案,做好救护受损人员、产品、设备的准备。⑥有针对性地对相关人员进行风险教育以增强其风险意识,还应制定并遵守严格的操作规程以控制人为差错造成的不必要的损失。

3. 风险监控的内容和步骤

1)确定各系统要控制的具体风险

按照各系统具体风险后果严重性的大小和风险发生的概率,以及风险控制资源情况,确定哪些风险要进行控制、哪些可以容忍。航天发射试验任务重点要控制的应该是风险评估结果为不可接受和可接受但仍需经过评审的风险。

2)确定风险控制的责任

所有需要控制的风险都必须落实责任控制的具体单位和人员,同时要确定他们所负的具体责任。

3)确定风险控制的行动时间

这是指对风险控制要制订相应的时间计划和安排,并计划和规定出解决风险问题的时间表和时间限制。

4)制订各项具体的风险控制方案

负责各项具体风险控制的单位或人员,根据各系统风险的特性和时间计划,制订出具体的风险控制方案及在不同阶段使用的风险事件控制方案。

5）实施各项具体风险控制方案

按照确定出的具体的风险控制方案，开展风险控制活动，并根据风险的发展与变化，不断修订风险控制方案和办法，并向上级进行汇报。

6）跟踪具体的风险控制结果

这一步的目的是收集风险时间控制工作的信息并给出反馈，即利用跟踪来确定所采取的风险控制活动是否有效，风险的发展是否有新变化，等等。这一步是与实施具体风险控制方案同步进行的。

7）判断风险是否已解除

如果认定某个风险已经解除，则该风险的控制作业就已经完成。若判断该风险仍未解除，就需要重新进行风险识别，这需要重新使用风险识别方法，对具体的任务活动方向进行新一轮的识别，然后重新按本方法的全过程开展下一步的具体风险控制作业。

风险管理小组应对风险控制过程形成风险事件跟踪控制表，见表11-11。同时应对风险进行动态评估，并对风险项目进行适当的增加、删除、修改。

表11-11 风险事件跟踪控制表

系统名称：	任务阶段：	编号：
风险编号：	风险事件名称：	
控制责任单位：	直接责任人：	登记时间：
诱因：	影响：	
影响程度：	发生概率：	风险评估指数：
风险种类：	可否接受：	
控制方案：		
验证手段：	控制目标（影响程度、发生概率、风险指数）：	
控制过程记录：		
风险控制结果：		
风险控制结果确认：		
风险管理责任人签名：	日期：	
备注：		
记录人签名：		

参考文献

程军伟,迟宝山,刘维平. 2003. 装备研制项目中技术风险等级的模糊综合评判. 洛阳大学学报,18（2）：19-22.
崔吉俊. 2010. 航天发射试验工程. 北京：中国宇航出版社：2-17.
戴跃强,徐泽水,李琰,等. 2008. 语言信息评估新标度及其应用. 中国管理科学,16(2)：145-149.
党耀国,刘思峰,刘斌,等. 2004. 灰色斜率关联度的改进. 中国工程科学,6（3）：41-44.
符志民,李汉铃. 2005. 航天研发项目风险分析、等级评估及相关性研究. 系统工程与电子技术,27（1）：52-59.
郭鹏. 2003. 航空武器装备全寿命周期风险评估方法比较与改进. 航空学报,24（5）：427-430.
郭宇,刘尔烈. 2002. 应用蒙特卡罗方法改进项目成本风险分析. 天津大学学报,35(2)：199-202.
胡钢,冯向前,魏翠萍,等. 2007. 区间数判断矩阵满意一致性递推排序方法研究. 山东大学学报（理学版）,42（11）：89-93.
计雷,池宏,陈安,等. 2006. 突发事件应急管理. 北京：高等教育出版社：197.
李万绪. 1990. 基于灰色关联度的聚类分析方法及其应用. 系统工程,8（3）：37-44.
刘安英,魏法杰. 2011. 基于灰色粗糙集的风险评价模型研究. 中国优选法统筹法与经济数学研究会.
刘思峰,谢乃明. 2008. 灰色系统理论及其应用. 4 版. 北京：科学出版社：1-108.
梅振国. 1992. 灰色绝对关联度及其计算方法. 系统工程,10（5）：43-44,72.
邱菀华. 2003. 现代项目风险管理方法与实践. 北京：科学出版社.
盛骤,谢式千,潘承毅. 2001. 概率论与数理统计. 3 版. 北京：高等教育出版社：1-478.
史开泉,崔玉泉. 2004. 变异 S-粗集与它的变异结构. 山东大学学报（理学版）,39（5）：52-57.
宋春雳,冉伦,李金林. 2003. 熵权双基点法在武器装备研制风险评估中的应用. 北京理工大学学报（社会科学版）,5（5）：77-79,88.
苏为华,陈骥,朱发仓. 2007. 综合评价技术的扩展与集成问题研究. 北京：中国统计出版社：29-33.
唐五湘. 1995. T 型关联度及其计算方法. 数理统计与管理,14（1）：33-37.
王光远. 1990. 未确知信息及其数学处理. 哈尔滨建筑工程学院学报,23（4）：1-9.
王建国. 2002. 武器装备项目风险因子的未确知模糊评判法. 国防科技大学硕士学位论文：36-44.
王应明. 1998. 运用离差最大化方法进行多指标决策与排序. 中国软科学,（3）：36-38,65.

吴江. 2004. 群组区间数互补判断矩阵偏好信息的一种集结方法. 系统工程理论方法应用, 13(6): 500-503.
西蒙. 1989. 现代决策理论的基石. 杨烁, 徐立译. 北京: 北京经济学院出版社.
肖新平. 1997. 关于灰色关联度量化模型的理论研究和评论. 系统工程理论与实践, 17(8): 76-81.
熊和金, 陈绵云, 瞿坦. 2000. 灰色关联度公式的几种拓广. 系统工程与电子技术, 22(1): 8-10, 80.
熊锐, 杜小马. 1995. 群体决策中的民主方法. 系统工程理论与实践, (6): 57-63.
徐泽水. 2000a. 不确定群组决策的一致性调整及专家的赋权. 运筹与管理, 9(3): 26-29.
徐泽水. 2000b. 关于层次分析中几种标度的模拟评估. 系统工程理论与实践, 20(7): 58-62.
徐泽水. 2001a. 区间数互补判断矩阵排序的一种实用方法. 运筹与管理, 10(1): 16-19.
徐泽水. 2001b. 群组决策中专家赋权方法研究. 应用数学与计算数学学报, 15(1): 19-22.
徐泽水. 2004. 不确定多属性决策方法及应用. 北京: 清华大学出版社.
徐哲, 冯允成, 鲁大伟. 2005. 武器装备研制项目的技术风险评估. 系统工程与电子技术, 27(6): 1123-1127.
薛定宇, 陈阳泉. 2002. 系统仿真技术与应用. 北京: 清华大学出版社: 192-309.
杨季美, 史本山. 1992. 群体评价中的并合方法. 系统工程理论与实践, (1): 49-51, 13.
张吉峰. 1998. 基于能量关联度的时间序列周期分析. 系统工程理论与实践, 18(9): 83-86.
张文修, 吴伟志, 梁吉业. 2001. 粗糙集理论与方法. 北京: 科学出版社: 5-100.
朱建军. 2006. 群决策中两类不确定偏好信息的集结方法研究. 控制与决策, 21(8): 889-892, 897.
Chang K C, Yeh M F. 2005. Grey relational analysis based approach for data clustering. IEE Proceedings-Vision, Image and Signal Processing, 152(2): 165-172.
Charette R. 1989. Software Engineering Risk Analysis and Management. New York: McGraw-Hill.
Duffey M R, van Dorp J R. 1998. Risk analysis for large engineering projects: modeling cost uncertainty for ship production activities. Journal of Engineering Valuation and Cost Analysis, 2: 285-301.
Genest C, MacKay J. 1986. The joy of copulas: bivariate distributions with uniform marginals. The American Statistician, 40(4): 280-283.
Haimes Y Y. 1993. Risk of extreme event and the fallacy of the expected value. Control and Cybernetics, 22(4): 7-31.
Li M. 1997. Grey assessment of examination. The Journal of Grey System, 9(1): 83-87.
Lin T Y, Liu Q. 1996. First-order rough logic I: approximate reasoning via rough sets. Fundamenta Informaticae, 27(2/3): 137-153.
Liu Q. 1999. The resolution for rough propositional logic with lower(L) and upper(H) approximate operators. International Workshop on Rough Sets, Fuzzy Sets, Data Mining, and Granular-Soft Computing.
Modarres M. 1996. Functional modeling for integration of human-software-hardware in complex physical systems. Fourth International Workshop on Functional Modelin of Complex Technical Systems.

Nelsen R B. 2006. An Introduction to Copulas. Berlin: Springer.
Orlowska E. 1984. A logic of indiscernibility relation. Symposium on Computation Theory.
Prelec D. 2004. A Bayesian truth serum for subjective data. Science, 306 (5695): 462-466.
Reason J. 2000. Human error: models and management. British Medical Journal, 320 (7237): 768-770.
Slowinski R. 1992. Rough sets with strict and weak indiscernibility relations. IEEE International Conference on Fuzzy Systems.
Sugihara K, Ishii H, Tanaka H. 2004. Interval priorities in AHP by interval regression analysis. European Journal of Operational Research, 158 (3): 745-754.
Tversky A, Fox C R. 1995. Weighing risk and uncertainty. Psychological Review, 102(2): 269-283.
Tversky A, Kahneman D. 1992. Advances in prospect theory: cumulative representation of uncertainty. Journal of Risk and Uncertainty, 5 (4): 297-323.
van Dorp J R. 2005. Statistical dependence through common risk factors: with applications in uncertainty analysis. European Journal of Operational Research, 161 (1): 240-255.
Ward S C. 1999. Assessing and managing important risks. International Journal of Project Management, 17 (6): 331-336.
Williamson O E. 1975. Markets and Hierarchies: Analysis and Antitrust Implications. New York: The Free Press: 21-23.
Witkowski J, Parkes D C. 2012. A robust Bayesian truth serum for small populations. Proceeding of the Twenty-Sixth AAAI Conference of Artificial Intelligence.
Wu H H. 2002. A comparative study of using grey relational analysis in multiple attribute decision making problems. Quality Engineering, 15 (2): 209-217.
Xu Z S. 2008. Group decision making based on multiple types of linguistic preference relations. Information Sciences, 178: 452-467.
Xu Z S. 2011. Consistency of interval fuzzy preference relations in group decision making. Applied Soft Computing, 11: 3898-3909.
Xu Z S, Cai X Q. 2010. Nonlinear optimization models for multiple attribute group decision making with intuitionistic fuzzy information. International Journal of Intelligent Systems, 25: 489-513.

附　　录

附录一　载人航天发射场设施设备风险识别表

附表1-1　吊车

序号	分类	危险源	风险因素	风险事件	后果
1	功能或功能故障	吊车上安装的连接件或附件	连接件或附件松动	连接件或附件从高空坠落	伤人或产品
2		吊车上存在多余物	吊车运行中移动或震动	多余物从高空坠落	伤人或产品
3		吊车上焊缝	吊装中焊缝开裂	吊车坍塌	设备损坏、人员或产品损伤
4		润滑油、脂	润滑油、脂渗漏	润滑油、脂滴落在台面或产品上	污染产品、人员滑倒
5		钢丝绳	吊装中钢丝绳断裂	产品和钩头坠落	产品损坏同时造成人员伤害
6		制动装置	制动器不能正常工作	吊车出现溜钩	造成产品坠毁或损伤
7		卷筒	卷筒工作异常	钢丝绳脱槽或松动	造成产品坠毁或损伤
8		滑轮组	滑轮强度下降	不能正常吊装或坠落	造成系统延误或产品坠毁
9		吊钩组	吊钩组故障	吊钩脱落或重心偏移	产品坠毁或损伤
10		车轮组	车轮损坏	不能正常行走	影响正常吊装进程，严重时可能造成严重吊装事故
11		轨道	轨道精度不满足要求或出现损伤	行走中冲击震动大或脱轨	影响正常吊装进程，严重时可能造成严重吊装事故
12		运行机构接触器	接触器粘连	吊车无法正常停车	造成产品损伤
13		传动装置紧固螺栓等零件	松动或断裂	吊车运行中，传动装置紧固螺栓等零件甩脱	对人员或设备造成伤害

续表

序号	分类	危险源	风险因素	风险事件	后果
14	材料或产品特性	电机或制动器高速旋转轴	衣服或头发、手等被高速旋转轴卷入	牵动人员或物品卷入高速轴	设备损坏、人员伤害
15		塔吊顶层的高空危险	塔吊顶层观察员心理产生恐惧（观察员恐高或吊车顶层随风摇摆），上下吊车时踏空	引起人员跌落	人员伤亡
16		控制台、柜	上电时接触电源线	触电	人身伤害
17	有害环境因素	吊车电气间工作噪声	对讲机话音不清导致吊车指挥漏听观察员报警	不能及时采取安全措施	人员或设备事故
18		吊车控制间变频器等设备的干扰	操作手听不清指挥口令		产品损伤
19	人为差错	吊车指挥	指令错误	操作手误操作	产品压伤或碰伤

附表1-2 电梯

序号	分类	危险源	风险因素	风险事件	后果
1	功能或功能故障	钢丝绳	运行中钢丝绳断裂	轿厢坠落	产品损坏，同时造成人员伤害
2		导轨	电梯脱轨	电梯异常停止	产品损坏，同时造成人员伤害
3		限速器	限速器故障	电梯坠地或冲顶	产品损坏，同时造成人员伤害
4		极限开关	极限开关故障	电梯坠地或冲顶	产品损坏，同时造成人员伤害
5		制动器	制动器故障	电梯坠地或冲顶	产品损坏，同时造成人员伤害
6		超载装置	超载报警装置故障	电梯异常报警或超载工作	不能正常工作或在危险状态下工作
7		报警设备	报警设备故障	故障时不能与外界及时联系	可能造成人员伤害
8		轿门控制装置	轿门控制装置故障	异常开关门	夹伤人员或人员坠落
9	有害环境因素	轿厢	轿厢环境或空气受污染	航天员受污染	航天员身体受损
10	人为差错	操作手	误操作	电梯异常运行	影响正常工作程序

附表1-3　工作平台

序号	分类	危险源	风险因素	风险事件	后果
1	功能或功能故障	比例控制器或调速电位计	故障	回转平台不工作或速度失控	影响发射流程或挤伤人员或产品
2		液压油	被污染	液压系统不工作	影响发射进程
3		回转齿轮齿条	故障	回转平台不工作	影响发射进程
4		平台结构变形	变形过大	影响平台正常工作或产品干涉	影响发射进程或产品损伤
5		平台结构焊缝	焊缝缺陷	平台结构破坏与产品干涉	影响发射进程或人员、产品损伤
6		回转平台轴承	卡滞	回转平台不能正常回转	影响发射进程
7		高压液压管道	泄漏或爆裂	液压系统刚度减小，泄漏液压油污染产品	影响发射进程，产品污染
8		电机电源线	绝缘下降	漏电伤人或电动机烧毁	人员伤害或影响发射进程
9		升降平台	过载	回转平台下挠或坍塌	人员或产品损伤，影响发射进程
10		平台安装的连接件或附件	松动	从高空坠落	人员或产品损伤
11		平台上存在多余物	平台回转	从高空坠落	人员或产品损伤
12		密封软帘	脱落	缠绕产品或人员	人员或产品损伤
13		回转平台打开或合拢	与摆杆干涉	影响摆杆正常工作或挤压产品	影响发射安全或产品受损
14		高速选装的泵联轴器	卷入杂物或人员衣物、头发	影响平台正常工作	影响发射流程或人员、产品损伤
15	材料或产品特性	平台防护栏杆	存在缺陷或标志不清	误操作	人员或工具跌落
16		航天员通道上的突出物	标志不醒目	撞伤航天员及航天员救助队员	人员受伤
17	有害环境因素	泵站	噪声	影响人员听力	人员受损伤
18		大风	恶劣天气	回转平台速度失控、吹落物品	影响发射进程或人员、产品受损伤
19		雨雪	恶劣天气	影响封闭间洁净或人员滑倒	污染产品或人员受伤
20		野生动物	多余物	影响封闭间洁净	污染产品
21		沙尘	恶劣天气	影响封闭间洁净	污染产品
22		高低温	恶劣天气	设备工作异常	影响发射进程

附表1-4 摆杆系统

序号	分类	危险源	风险因素	风险事件	后果
1	功能或功能故障	高压绝缘	绝缘下降	漏电	人员伤害
2		金属软管	存在缺陷	爆裂	伤害人员或损坏产品
3		泵联轴器	高速转动	卷入操作人员衣物，造成卡滞	影响发射安全或造成人身伤害
4		摆杆齿轮齿条	卡滞	造成设备损坏	影响发射安全
5		摆杆安装的附件、连接件	松动	高空坠物	造成人员或产品损伤
6		摆杆尺寸焊缝	焊缝缺陷	摆杆坍塌	造成人员或产品损伤
7		摆杆结构变形	变形过大	设备不能正常动作，产品或其他系统设备干涉	造成人员或产品损伤
8		摆杆液压系统	内泄漏	摆回到位后，在风载荷作用下摆杆挤压产品	影响发射安全
9	材料特性	高压液压油	泄漏	摆杆不能正常工作、污染环境或产品，人员滑倒，喷射雾化遇明火爆炸或起火	影响发射安全或造成人员损伤
10		液压油	污染	液压阀卡滞，设备失效	影响发射安全
11	环境因素	大风	恶劣天气	摆杆速度失控或将人员、物品吹落	影响发射安全或造成人员或设备伤害
12		高低温	元器件失效或参数异常	设备不能正常工作	影响发射安全
13	人为差错	指挥	口令错误	设备误操作	影响发射安全
14		操作手	听不清口令或听错口令或观察不清现象	设备误操作或信息判断错误	影响发射安全
15		随身物品		高空坠物伤人或产品	影响发射安全或造成人员或设备损伤

附表1-5 加注系统

序号	分类	危险源	风险因素	风险事件	后果
1	功能或功能故障	磁性浮子液位器	故障	液位计量不准确	影响换罐时间，从而影响正常加注
2		加注泵	故障	产生气蚀或流量异常	影响正常加注进度
3		流量计	故障	流量计量不正常	影响加注进程，可能导致推进剂泄漏
4		调节阀	故障	影响流量调节	影响加注进程，可能导致推进剂泄漏

续表

序号	分类	危险源	风险因素	风险事件	后果
5	功能或功能故障	气动球阀	故障	动作异常或不动作	影响加注进程
6		压力传感器	故障	无法直读压力值	影响加注进程
7		PLC	硬件故障或死机	无法执行加注程序	影响加注进程
8		工控机	硬件故障或死机	无法执行加注程序	影响加注进程
9		管路及连接	泄漏	无法执行加注程序	影响加注进程,甚至造成人员伤害
10		升降温系统	故障	无法调温	影响加注进程
11	材料特性	推进剂	泄漏	无法执行加注程序	着火、爆炸导致人员、设备、产品受损
12		高压气体	管路爆炸	人员或设备受损	影响正常加注
13	环境因素	高低温	管路冻裂或超过调温系统工作范围	推进剂泄漏或温度不能满足要求	影响正常加注
14	人为差错	指挥	口令错误	设备误操作	影响正常加注,甚至造成人员伤害
15		操作手	听不清口令或听错口令或观察不清现象	设备误操作或信息判断错误	影响正常加注,甚至造成人员伤害

附表1-6　低压配电系统

序号	分类	危险源	风险因素	风险事件	后果
1	功能或功能故障	框架式断路器	框架式断路器误动或拒动	设备故障	欠压保护、短时停电、损坏设备
2		配电线路	配电线路短路	设备故障	着火、短路跳闸、短时停电、设备损坏、人员伤害
3		开关	分合闸不可靠	设备故障	短时停电、接触不良、设备损坏、人员伤害
4		各种配电设备	接线松动、虚接,电气接触不良	设备故障	短路跳闸、短时停电、接触不良、设备损坏、人员伤害
5		接地装置	接地装置中断	设备故障	放电击穿
6		UPS[1]电源	不能正常切换	设备故障	短时停电
7		蓄电池	性能下降	设备故障	短时停电
8		照明灯具	不亮或坠落	设备故障	短路跳闸、接触不良、设备损坏、人员伤害
9	环境因素	水	风机盘管、9001厂房水箱、室外配电设备、直埋电缆	空调、消防管道水、雨雪、绿化水对设备产生影响,设备受损	短路跳闸、短时停电、接触不良、设备损坏

续表

序号	分类	危险源	风险因素	风险事件	后果
10	环境因素	静电	人体、环境静电	人体静电、设备静电影响，设备受损	着火、爆炸冲击、放电击穿、设备损坏、人员伤害
11		高低温	配电设备受损	配电设备受高低温影响，设备受损	短路跳闸、短时停电、设备损坏
12		沙尘	配电室、塔架	设备受损	短时停电、接触不良、设备损坏
13		猫、鼠等动物	变压器室、配电室	设备受损	短路跳闸、短时停电、接触不良、设备损坏
14		雷电	各建（构）筑物	建（构）筑物受损	着火、爆炸冲击、放电击穿、短时停电、人员伤害
15	人为差错	操作手	安装接线时不按规范操作；误停送电；巡视监察误动设备、非专业人员误动或误伤设备	设备误动	短路跳闸、短时停电、设备损坏、人员伤害
16		指挥员	下达口令错误	设备误操作	设备损坏、人员伤害

1）UPS：uninterrupted power system，不间断供电系统

附表1-7 固定消防系统

序号	分类	危险源	风险因素	风险事件	后果
1	功能或功能故障	消防管路	堵塞、腐蚀、泄漏	不喷水或喷水压力不足	产品、设备受损
2		阀门	内漏	误喷水	产品、设备受损
3		消防控制系统	干扰	系统不工作或误启动	产品、设备受损
4	环境因素	低温	恶劣天气	消防阀门、管路冻裂	产品、设备受损
5	人为因素	操作手	误操作	误动作	产品、设备受损

附表1-8 待发段航天员应急救生指挥控制系统

序号	分类	危险源	风险因素	风险事件	后果
1	功能或功能故障	信息获取设备	HDLC[1]卡、开入开出卡、工控机、信息显示故障	逃逸决策信息不能正常收发	辅助决策结果会出现错误，指挥员的决策可能出现失误，发生误逃或漏逃的严重后果
2		有线、无线指令收发	设备故障或通路断开	链路不通	延误实施，导致航天员伤亡
3		紧急撤离逃逸滑倒系统	产品质量缺陷	通道不畅	延误撤离时间，导致航天员伤亡

续表

序号	分类	危险源	风险因素	风险事件	后果
4	人为因素	指挥关系	实施方案未经考核,通信链路未经考核	决策指挥权限不明确、决策指挥职责不明确、指挥口令传递不畅	延误决策、实施,导致航天员伤亡
5		操作人员及航天员救助队	缺乏演练	不能按实施细则正确实施,或实施细则错误	延误撤离时间或不能正确撤离,导致航天员伤亡

1) HDLC:high-level data link control,高级数据链路控制

附录二 载人航天发射场设施设备风险分析与评估表

附表2-1 吊车

序号	危险源	风险事件	风险因素	后果	严重性	可能性	风险指数	评估结果
1	吊车上安装的连接件或附件	从高空坠落击中产品或人员	连接松动	产品局部受损或毁坏,人员受伤	Ⅱ	D	10	
2	吊车上存在多余物	硬质多余物如检修残渣、松脱螺栓等掉落击中产品或人员	设备工作前检查清理不彻底;操作人员不慎留下的工具、仪器、工作垃圾,如螺丝钉等	产品局部受损或毁坏,人员受伤	Ⅱ	D	10	
3		检修监测工具摆放不到位或在检修检测时遗漏在角落	吊车运行晃动;高空坠落		Ⅱ	E	15	
4	吊车结构焊缝缺陷	吊车结构局部受损变形、出现与产品或其他设备干涉故障	焊接时存在缺陷没有及时检查发现;使用过程中由于震动等原因焊缝出现疲劳裂纹等缺陷;负荷过大导致焊缝处异常受力并出现疲劳裂纹	产品局部受损	Ⅱ	E	15	
5		吊车出现坍塌,击伤产品或人员		产品损坏或人员伤亡	Ⅰ	E	12	
6	润滑油、脂	润滑油、脂滴落污染产品	润滑油、脂添加过量;密封失效	污染产品或工作环境	Ⅲ	D	14	

续表

序号	危险源	风险事件	风险因素	后果	严重性	可能性	风险指数	评估结果
7	钢丝绳缺陷	钢丝绳绷断，钩头、钢丝绳、产品坠落损坏或击伤人员	润滑不良；绳径变细；断丝数超标	产品局部受损或损坏，人员受伤	Ⅱ	D	10	
8	制动装置故障	不能闸住制动轮（重物下滑）	杠杆的铰链被卡住；制动轮和摩擦片上有油污；电磁铁铁芯没有足够的行程；制动轮或摩擦片有严重磨损；主弹簧松动或损坏；锁紧螺母松动、拉杆松动	可能发生碰撞事故，损坏产品	Ⅱ	E	15	
9		制动器不松闸	电机线圈烧毁；通往电机导线断开；摩擦片粘连在制动轮上；主弹簧力过大或配种过重；液压油油量不足或进入空气	影响吊装任务进行	Ⅳ	D	19	
10	制动装置故障	制动器发热，摩擦片发出焦味并且磨损很快	闸瓦在松闸后，没有均匀地和制动轮完全脱开，因而产生摩擦；两闸瓦与制动轮间隙不均匀，或者间隙过小；弹簧损坏或者弯曲；制动轮工作表面粗糙	严重时导致碰撞事故，损坏产品	Ⅳ	D	19	
11		制动器容易离开调整位置，制动力矩不够稳定	调节螺母和背螺母没有拧紧；螺纹损坏	影响吊装任务进行	Ⅳ	D	19	
12	卷筒故障	筒壁磨损量超标	达到使用寿命；使用不当	无法正常缠绕钢丝绳，影响吊装任务进行	Ⅲ	D	14	
13		钢丝绳紧固端松动	紧固螺栓松动	钢丝绳松脱，不能起升重物，影响吊装任务进行	Ⅱ	E	15	

续表

序号	危险源	风险事件	风险因素	后果	严重性	可能性	风险指数	评估结果
14	滑轮组故障	裂纹	达到使用寿命；制造缺陷	滑轮强度下降，严重时造成产品坠毁	Ⅱ	D	10	
15		防脱槽装置松动	定位销磨损严重；紧固螺栓松动	滑轮松脱，无法支撑钢丝绳，产品坠落损坏	Ⅱ	D	10	
16	吊钩组故障	裂纹	达到使用寿命；制造缺陷	产品坠落损坏，可能砸伤地面人员	Ⅱ	E	15	
17		开口变形，尺寸超差	达到使用寿命；制造缺陷	产品坠落损坏，可能砸伤地面人员	Ⅱ	E	15	
18		危险断面的磨损量超标	达到使用寿命；使用不当	产品坠落损坏，可能砸伤地面人员	Ⅱ	E	15	
19	车轮组故障	主动车轮踏面磨损不均匀	表面淬火不匀；车轮倾斜啃轨；运行时震动	缩短车轮寿命；轨道磨损快；增大运行阻力，严重时可能造成脱轨现象	Ⅲ	E	17	
20		轮缘磨损达原厚度的50%	车体倾斜；车轮啃轨	容易脱轨，造成严重事故	Ⅲ	E	17	
21	轨道故障	轨道安装、维修、使用后精度超差	安装质量差；长期超负荷使用	啃轨，严重时可能引起脱轨或爬轨，造成吊装严重后果	Ⅱ	E	15	
22		钢轨磨损、裂纹	长期超负荷使用；材质差	安全性降低，不能进行吊装，影响任务进程	Ⅲ	C	11	

续表

序号	危险源	风险事件	风险因素	后果	严重性	可能性	风险指数	评估结果
23	运行机构接触器粘连	运行机构不能正常停止	接触器质量差；长期使用造成的触点烧熔粘连	损伤产品	III	C	11	
24	传动装置紧固螺栓等零件松动或断裂	吊车运行中，传动装置紧固螺栓等零件甩脱	检修检测不到位；质量问题	产品局部损坏，击伤人员或设备	II	D	10	
25	吊车电气工作间噪声	吊车电气工作间噪声过大导致对讲机话音不清	吊车运行噪声大；对讲机质量差	可能使吊车指挥漏听观察员报警造成人员或设备事故	III	D	14	
26	吊车控制间变频器等设备的干扰	吊车控制间变频器等电气设备对讲机的干扰	电磁干扰降低通话质量；对讲机质量差；电池没电	可能导致操作手听不清指挥口令而发生误动作，造成产品损伤	II	D	10	
27	控制台、柜上电时接触电源线	触电	操作不慎	人员伤害	III	E	17	
28	工作人员随身物品	高空跌落	没按规定放置；大意跌落	对人员或产品造成损伤	II	E	15	
29	电机或制动器高速旋转轴	人员衣服、头发或手等被高速旋转轴卷入	操作不当；着装不当	造成人员伤害事故	II	E	15	
30	吊车指挥的指令错误	吊车误动作	指挥因紧张而口误；指挥由于心理原因或搞不清楚运行方向而下达错误口令	造成产品轻度损坏	III	D	14	

附表2-2 工作平台

序号	危险源	风险事件	风险因素	后果	严重性	可能性	风险指数	评估结果
1	比例控制器或调速电位计故障	回转平台回转速度失控	设备老化失效；设备连接故障；设备磨损失效	可能造成产品局部损伤	III	D	14	
2		回转平台不工作	无信号输出	影响测试发射任务进程	III	D	14	

续表

序号	危险源	风险事件	风险因素	后果	严重性	可能性	风险指数	评估结果
3	液压油污染	液压阀出现卡滞故障，设备不能工作	固体污染	影响测试发射任务进程	Ⅲ	D	14	
4		液压油严重变质导致液压系统瘫痪，设备不能工作	液体污染	影响测试发射任务进程	Ⅲ	D	14	
5		导致液压管道震动过大，管道破裂漏油	气体污染	造成产品轻微污染	Ⅳ	D	19	
6	平台防护栏杆缺陷	连接不牢固倾倒跌落	连接不牢固	人员或设备损伤	Ⅲ	E	17	
7		人员或工具跌落	间隙过大或安装不牢固	人员或设备损伤	Ⅲ	E	17	
8	回转齿轮齿条故障	回转平台不能回转	齿轮齿条断裂；啮合面进入异物卡滞；齿条导向块破裂，齿条歪斜，脱处啮合；齿轮与回转轴啮合脱落	影响测试发射任务进程	Ⅲ	C	11	
9	平台结构变形过大	设备功能故障，不能正常工作	长期使用结构疲劳导致变形量超标；受大风等不良荷载的影响，设备破损；平台载荷过大，如放置过大的设备，过多的工作人员等	影响测试发射任务	Ⅲ	E	17	
10		与产品或其他系统设备干涉		造成产品或设备损坏	Ⅲ	E	17	
11	平台结构焊缝缺陷	平台结构局部受损变形，出现与产品或其他设备干涉故障	存在焊接缺陷；使用过程中由于震动等因素焊缝出现疲劳裂纹等缺陷；负荷过大导致焊缝处异常受力出现疲劳裂纹	产品局部受损或毁坏，人员受伤	Ⅲ	E	17	
12		平台出现结构坍塌，击伤产品或人员		产品毁坏或人员伤亡	Ⅱ	E	15	
13		结构破坏，砸伤人员或设备		造成设备或产品损坏	Ⅲ	E	17	
14	回转平台轴承故障	回转平台不能回转	疲劳损坏；轴承内进入沙尘、铁屑等杂质	影响测试发射任务进程	Ⅲ	E	17	
15	高压液压管道故障	接头泄漏造成系统无压力，设备不能正常动作	接头松动；软管破损	影响测试发射任务进程	Ⅲ	C	11	

续表

序号	危险源	风险事件	风险因素	后果	严重性	可能性	风险指数	评估结果
16	高压液压管道故障	泄漏液压油污染产品或造成人员滑倒		人员受伤或产品轻微污染	IV	C	18	
17		喷油雾化遇明火引发火灾或爆炸		人员受伤或产品污染	III	E	17	
18		破损软管弹出伤人或产品		人员受伤或产品轻微污染	IV	E	20	
19	电机电源线绝缘下降	漏电	外皮老化破损；人员不慎踏破；电动机故障	造成人员伤害	IV	E	20	
20		火灾或电动机烧损		人员或设备损坏	IV	E	20	
21	升降平台过载	回转平台下挠	人员过多且集中站立；测试设备过多且集中放置；设备抢修时抢修设备过重导致超载	平台与产品干涉，损坏产品	III	E	17	
22		结构变形或坍塌		设备功能故障或造成人员和产品损伤	III	E	17	
23	平台安装的连接件或附件	从高空坠落击中产品或人员	连接松动	产品局部受损或毁坏，人员受伤	III	C	11	
24		硬质多余物如检修残渣、松脱螺栓等掉落击中产品或人员	设备工作前检查清理不彻底；操作人员不慎留下的工具、仪器、工作垃圾，如螺钉等	产品局部受损或毁坏，人员受伤	III	C	11	
25	平台上存在多余物	可燃多余物如布带、检修棉纱、橡胶密封圈等引起火灾	设备抢修如割、焊、打磨等产生明火；遇强氧化剂时自燃	产品局部受损或毁坏，人员受伤	III	D	14	
26		工作梯、工作台等附属设备固定不牢或固定设备损坏	高空坠落	产品局部受损或毁坏，人员受伤	III	D	14	
27	升降平台运行	拉断挂在平台上的测试电缆、气管等设备	动作前没有仔细检查挂在平台下或敷设在平台上的测试电缆、气管连接器等测试设备或附属设备	导致正常测试工作不能进行甚至损坏产品	III	D	14	

续表

序号	危险源	风险事件	风险因素	后果	严重性	可能性	风险指数	评估结果
28	升降平台运行	升降平台结构或翻板、钢丝绳等设备动作时挤伤人员或产品	操作人员观察不细或没有遵守操作规程	产品毁坏或人员伤亡	Ⅱ	D	10	
29		震动导致其上设备跌落击伤产品或人员	平台上附属设备没有固定好	产品毁坏或人员伤亡	Ⅱ	D	10	
30		与其他系统如摆杆、加注等挤压干涉,造成设备损坏进而挤压人员或产品	操作人员观察不细或误操作,升降平台标高调整不正确	设备损坏、产品毁坏或人员伤亡	Ⅱ	D	10	
31	航天员通道上的突出物	划伤航天服	航天员进舱或出舱通道存在易伤人的尖角、利棱、凹凸不平的表面和较突出的部分	航天员跌倒或航天服划伤	Ⅲ	E	17	
32		碰到航天员	航天员通道上有斜支撑等结构性障碍物	航天员受伤	Ⅲ	E	17	
33	密封软帘	脱落并缠绕人员或测试设备、产品等	在大风吹鼓下脱落	人员受伤、测试设备拉脱损坏	Ⅳ	E	20	
34		着火引发火灾	与强氧化剂接触后自燃或遇其他明火着火	人员或产品受伤	Ⅳ	E	20	
35	回转平台打开或合拢	回转平台合拢时与摆杆干涉	回转平台密封壁板与摆杆间隙过小;摆杆与平台交叉处有线缆、软管等绊挂或干涉;回转平台变形(如端头下沉等)过大;升降平台标高不正确	回转平台挤压摆杆向内侧运行,继续靠近其至挤压产品,造成产品损坏	Ⅲ	E	17	
36		回转速度过快,直接撞击产品或其他设备	风荷载过大;回转台调速电位计损坏;比例控制器损坏;比例阀损坏	产品或地面设备损毁	Ⅲ	D	14	
37		回转时回转齿轮齿条挤压脐带塔至回转平台的软管、电缆等	电缆、软管敷设时没有仔细检查;大风将电缆或软管等吹进齿轮齿条啮合位置	损坏设备,严重时会导致平台不能撤收,发射流程推迟	Ⅲ	D	14	

续表

序号	危险源	风险事件	风险因素	后果	严重性	可能性	风险指数	评估结果
38	高速旋转的泵联轴器	旋入异物或人体局部	不慎接触	人员受伤	IV	E	20	
39		旋入检修棉纱、扳手等物品造成旋转轴卡滞	没有清理好设备现场	电动机烧损	IV	E	20	
40		柔性垫圈等零件甩出	松脱或损坏	砸伤人员或设备	IV	E	20	
41	设备安全标志不清	人员踏空跌落	固定脐带塔上回转平台栏杆门没有标志	人员伤亡	III	E	17	
42		撞头	平台通道窄小处没有标志	人员受伤	IV	E	20	
43		触电	控制台电源进线（-380伏）没有标志	人员受伤	III	E	17	
44		较重人员或设备压塌小翻板	小翻板没有标志	塌落小翻板击伤人员或设备	IV	E	20	
45		易旋入异物伤人	泵联轴器没有标志	人员受伤	IV	E	20	
46		影响航天员和工作人员沿正确路线撤离	航天员通道没有标志	可能对航天员造成伤害	IV	E	20	
47	泵站	操作人员听不清口令误操作	噪声	设备误动作导致产品或人员伤害	IV	E	20	
48	人为危险	控制台上电时接触电源线	操作不慎	人员伤亡	III	D	14	
49		工作人员随身物品	没有按规定绑牢；大意；恶劣环境	对人员或产品造成损害	III	D	14	
50		跌倒受伤	粗心大意或身体状态不佳	人员受伤	III	D	14	
51		设备误动作	误操作或误口令	损伤人员或产品	III	D	14	
52		不能正确指挥	对讲机没有充电	设备误动作	III	D	14	
53	大风	回转平台速度失控	恶劣天气	造成产品或设备损伤	III	D	14	
54		吹落人员或设备	恶劣天气	造成产品或设备损伤	III	D	14	

续表

序号	危险源	风险事件	风险因素	后果	严重性	可能性	风险指数	评估结果
55	雨雪	进入密封间内损坏产品	恶劣天气	造成产品或设备损伤	Ⅲ	D	14	
56		在平台上造成人员滑倒	恶劣天气	人员伤害	Ⅲ	D	14	
57		进入平台阀箱、泵站等设备内	恶劣天气	设备故障	Ⅲ	D	14	
58	野生动物	乌鸦等野生动物进入平台封闭间内污染产品或环境	封闭间没有关好门或有破损	造成产品或设备损伤	Ⅳ	E	20	
59	沙尘	进入密闭间内污染产品或工作环境	恶劣天气	造成产品或设备损伤	Ⅲ	D	14	
60		进入平台阀箱、泵站等设备内	恶劣天气	设备故障	Ⅲ	E	17	
61	高低温	误操作	恶劣天气	设备误动作或产品测试差错	Ⅲ	D	14	
62		设备不动作	恶劣天气	设备故障	Ⅲ	D	14	

附表2-3 摆杆系统

序号	危险源	风险事件	风险因素	后果	严重性	可能性	风险指数	评估结果
1	高压绝缘	漏电	外皮老化破损;人员不慎踏破	人员受伤	Ⅲ	E	17	
2	金属软管	爆裂	软管破损	摆杆不动作,推迟发射	Ⅱ	E	15	
3	泵联轴器	卷入操作人员衣物等	操作人员注意力分散	人员受伤	Ⅲ	E	17	
4		松动零件甩出	零件松动	人员受伤	Ⅲ	E	17	
5	摆杆齿轮齿条	卡滞	齿轮齿条断裂;啮合面内进入软管等异物而卡滞;齿条导向块破裂,齿条歪斜,脱处啮合;齿轮与回转轴啮合脱落	设备损坏,推迟发射	Ⅱ	E	15	
6	摆杆安装的附件	高空坠物伤人或产品	连接松动;电缆、气管上摆杆时人员不小心碰到摆杆的设备	人员受伤,产品损坏	Ⅲ	E	17	

续表

序号	危险源	风险事件	风险因素	后果	严重性	可能性	风险指数	评估结果
7	摆杆安装的连接件	伤人，机械结构受损	大风；连接件长时间受疲劳应力作用	人员受伤或设备受损	III	E	17	
8	摆杆结构焊缝缺陷	摆杆坍塌	焊接时存在缺陷没有及时检查并发现；使用过程中震动等因素导致焊缝出现疲劳裂纹等缺陷；负荷过大导致焊缝处异常受力出现疲劳裂纹	人员受伤，产品损坏，发射推迟	II	E	15	
9	摆杆结构变形过大	设备功能故障，不能正常工作	因长期使用结构疲劳从而导致变形量超标；受大风等不良荷载的影响设备破损	造成设备或产品损坏	III	D	14	
10		与产品或其他系统设备干涉		造成设备或产品损坏	III	D	14	
11	摆杆液压系统内泄漏	摆回到位时，在风荷载作用下挤压产品	液压阀件内泄漏严重	碰撞产品并造成损伤	III	D	14	
12	高压液压油	泄漏造成设备失效	液压管道接头松动；液压元件安装松动	发射推迟	II	E	15	
13		喷射雾化遇明火起火		人员或设备损伤	IV	D	19	
14		污染环境、产品，使人员滑倒		人员或设备损伤	IV	D	19	
15	液压油污染	液压阀卡滞，设备失效	过滤网损坏	任务推迟	II	E	15	
16	大风	摆杆速度失控	恶劣天气	人员或设备损伤	III	D	14	
17		吹落人员或设备	恶劣天气	人员或设备损伤	IV	E	20	
18	低温	元器件低温失效	恶劣天气	人员或设备损伤	IV	D	19	
19	噪声	人员听力受损	震动	人员受伤	III	E	17	
20		听不清操作指令		设备误动作导致产品或人员伤害	III	D	14	
21	人为因素	触电	不小心碰到电源线	人员伤亡	III	E	17	
22		设备误动作或功能失效	粗心大意碰到按钮	产品损伤	II	E	15	

附表2-4 加注系统

序号	危险源	风险事件	风险因素	后果	严重性	可能性	风险指数	评估结果
1	磁性浮子液位计	工作不稳定	个别干簧管损坏	二次仪表显示有跳变；液位计量不准确；可能影响换罐	IV	B	16	
2		二次仪表损坏或信号通道故障	质量问题	无法远传液位信号；保护性关闭罐；可能影响换罐	IV	C	18	
3	加注泵	气蚀	泵内有气体	泵后压力突然降低；长时间工作泵损坏；影响加注进程	IV	C	18	
4		并泵故障	后启动泵压力偏低	后启动泵无输出；流量偏小；加注时间长	IV	E	20	
5		停泵不止	无法自动判断	泵继续输出流量；影响停泵时间	IV	D	19	
6		泵无回讯	回讯继电器接触不良	无法观察泵状态	III	D	14	
7		泵电流过大或过小	流量过大或过小	加注流量过大或过小；泵后压力偏高或偏低；影响泵的寿命	IV	D	19	
8	流量计	大流量计干扰过大	存在干扰脉冲	大流量计量不准确；影响泵寿命	IV	C	18	
9		小流量计干扰过大	存在干扰脉冲	小流量计量不准确；补加量不准确；可能溢出	III	C	11	
10		小流量计故障	本体失效（含前置放大器）；二次仪表故障；二次仪表和PLC均故障	流量无法计量；影响加注时间和精度	IV	C	18	
11		大流量计故障	本体或二次仪表故障	流量无法计量；影响加注时间	IV	C	18	
12	调节阀	死区过大	限位开关机械原因	影响流量调节	IV	C	18	
13	气动球阀	动作迟缓	供气压力不足；气缸窜气；季节原因	打开动作慢；延长加注时间	IV	C	18	
14		气缸窜气	"O"形圈密封不严	动作迟缓或不开；延长加注时间	IV	C	18	
15		无回讯	回讯装置故障	无法回讯；延长加注时间	IV	C	18	

续表

序号	危险源	风险事件	风险因素	后果	严重性	可能性	风险指数	评估结果
16	气动球阀	内漏	限位螺钉位置不对；密封圈失效	有液体通过；可能影响加注精度	IV	C	18	
17	压力传感器	关键部位压力传感器或二次仪表失效	压力传感器质量问题	无法直读压力值；影响泵后压力远传；可能影响加注进程	III	D	14	
18		非关键部位压力传感器或二次仪表失效	压力传感器质量问题	无法直读压力值	IV	B	16	
19	温度传感器	回路故障	本体、二次仪表或传输线路故障	影响温度显示	IV	B	16	
20	管道液位信号器	不发讯	浮球或电路故障	无法识别流动状态	IV	B	16	
21	PLC	停机	硬件或软件故障	PLC不工作；加注无法进行	III	D	14	
22	工控机	故障	硬件或软件故障	主控机停机；加注无法进行	IV	D	19	
23	箭上液位	0液位信号故障	传感器或线路故障	不能显示0液位；延长加注时间	IV	D	19	
24		I液位失灵	传感器或线路故障	无法显示I液位	IV	C	18	
25		II液位失灵	传感器或线路故障	无法显示II液位；无补加基准；可能影响加注精度	IV	D	19	
26		全部液位失灵	传感器或线路故障	无法计量箭上液位；影响加注进程	III	E	17	
27		溢出信号报警	传感器或线路故障	加注量过大；影响加注进程	III	C	11	
28	加注信号台	检测回路故障	线路故障	无法显示箭上液位；无法进行状态转换；影响加注进程	III	C	11	
29	加注活门	渗漏	机械故障	液体出箭	IV	C	18	
30		滴漏、喷漏	机械故障	液体出箭；影响加注精度；危及火箭及人员安全	III	D	14	
31	安溢活门	滴漏、渗漏	密封不良	液体出箭；影响塔上工作环境	III	E	17	

续表

序号	危险源	风险事件	风险因素	后果	严重性	可能性	风险指数	评估结果
32	活门与连接器对接处	滴漏、渗漏	密封不良	液体出箭；影响塔上工作环境	IV	B	16	
33		喷漏	密封不良	液体外漏；影响加注精度；危及火箭及人员安全	III	D	14	
34	贮箱壳体	渗漏	密封不良	影响箭体内环境	III	E	17	
35		滴漏	密封不良	影响箭体内环境；危及火箭及人员安全	III	E	17	
36		喷漏	密封不良	危及火箭及人员安全	III	E	15	
37		压力偏高或偏低	协调不够或排气不畅	压力不符合要求；危及火箭及人员安全	IV	B	16	
38		泄出时破裂	产生负压	贮箱结构破坏；无法再加注	I	E	12	
39	贮箱法兰盘密封面	渗漏	密封不良	影响加注环境	III	E	17	
40		滴漏	密封不良	影响加注环境；危及火箭及人员安全	III	E	15	
41	库房内推进剂	大面积泄漏		影响加注环境；危及火箭及人员安全	III	D	10	
42	塔上一种推进剂	大面积泄漏		影响加注环境；危及火箭及人员安全	III	E	15	
43	塔上两种推进剂	同时大面积泄漏		影响加注环境；危及火箭及人员安全	I	E	12	

附表2-5　低压配电设备

序号	危险源	风险事件	风险因素	后果	严重性	可能性	风险指数	评估结果
1	水	空调、消防和水暖系统漏水	风机盘管内积水，暖气不好，导致管道冻裂或阀门漏水	电缆沟和低压开关被水淹，开关短路，导致测试工作中断	III	D	14	
2	人体静电	静电火花放电；人体带静电；无静电释放通路；空气太干燥等致使静电积累到一定程度产生火花放电	设备接地不良	干扰测试设备工作	IV	D	19	

续表

序号	危险源	风险事件	风险因素	后果	严重性	可能性	风险指数	评估结果
3	环境温度	高温	自然环境温度过高,配电室没有制冷设备	设备发热严重,开关过热保护;塑料材质的部件易损坏,造成电气连接部位接触不良	Ⅲ	D	14	
4		低温	自然环境温度过低,配电室没有制热设备	电缆老化,控制元器件功能失效	Ⅳ	C	18	
5	猫、鼠	猫、鼠等爬上配电柜母排	冬季天气寒冷,猫、鼠等动物进入配电室觅食及取暖,爬上配电柜母排,造成短路	主电源出现故障,动力设备停电或UPS转电池供电模式	Ⅲ	D	14	
6	沙尘	沙尘进入电气设备	门窗密封不严,沙尘无孔不入	沙尘进入设备内部,造成设备机械部分卡滞或电气接触不良	Ⅳ	C	18	
7	高压电网	高压短路冲击上级变电站或电网	高压供电设备故障	主电源出现故障,动力设备停电或UPS转电池工作模式	Ⅲ	D	14	
8	误操作	人为误操作差错	指挥员下达错误的口令;巡视检查时误动设备、停送电工作中误操作及设备安装接线时误操作	导致人员轻度伤害或设备损坏,影响测试工作或有可能使任务推迟	Ⅲ	D	14	
9	设备故障	断路器误动或拒动	控制回路故障;合闸机构故障;下端设备短路	造成吊装、加注或测试中断,影响正常供电	Ⅲ	D	14	
10		母联无法正常投入	二次控制回路故障	某路主电源无法投入	Ⅲ	D	14	
11		断路器过热保护跳闸	过载	断路器跳闸而停电	Ⅲ	D	14	
12		短路	母排间隙过小,多余物搭接造成短路	母排烧蚀,主进线断路器跳闸,大面积停电	Ⅲ	D	14	

附表2-6　低压配电线路

序号	危险源	风险事件	风险因素	后果	严重性	可能性	风险指数	评估结果
1	水	管道漏水	风机盘管内积水,暖气或阀门漏水	电缆沟被水淹或水侵入封闭母排	Ⅲ	D	14	
2	水	雨水和绿化水	天降雨水和绿化浇水过多	直埋电缆绝缘性能下降	Ⅳ	C	18	
3	高低温环境	环境温度过高或过低	航天发射场使用的绝大多数是塑料电缆,环境温度过高或过低会加快线路绝缘老化	线路绝缘性能下降寿命缩短	Ⅳ	D	19	
4	误操作	人为误操作差错	设备安装接线时误操作或误伤配电线路	导致人员轻度伤害或设备损伤,影响吊装、加注或测试工作	Ⅳ	C	18	

附表2-7　用户端配电设备

序号	危险源	风险事件	风险因素	后果	严重性	可能性	风险指数	评估结果
1	水	管道漏水	风机盘管内积水,暖气或阀门漏水	侵入设备内部,造成短路或带电部位生锈	Ⅳ	C	18	
2	静电	静电火花放电	设备接地不良;人体带静电;无静电释放通路;空气太干燥等致使静电积累到一定程度产生火花放电	干扰测试设备工作	Ⅳ	D	19	
3	高低温环境	环境温度过高或过低	环境温度超出设备允许范围	设备误动作或损坏	Ⅳ	C	18	
4	沙尘	沙尘进入设备内部	门窗、设备外壳封不严	导致电气设备接触不良	Ⅳ	C	18	
5	误操作	误停送电	人为误操作设备;误动临时电源线造成停电;不按规范使用设备	造成用电中断,损坏设备或造成人员伤害	Ⅳ	D	19	

续表

序号	危险源	风险事件	风险因素	后果	严重性	可能性	风险指数	评估结果
6	设备故障	开关分合闸不可靠	设备质量差或检修不到位	意外停电影响正常用电	IV	C	18	
7		插座极性错误	施工或检修接线错误	短路或损坏设备	III	D	14	
8		开关或插座接线松动、虚接	检修不到位或受震动	接触不良，可能停电	III	D	14	
9		配电线路短路	暗敷管路内有积水	上级断路器跳闸	III	D	14	
10		照明灯具坠落	灯具安装不牢靠，高空无法检修	砸伤人或设备	III	D	14	

附表2-8 接地系统

序号	危险源	风险事件	风险因素	后果	严重性	可能性	风险指数	评估结果
1	水	雨水或绿化水	雨水或绿化水过多，接地扁钢腐蚀	接地中断或接地电阻增大	IV	C	18	
2	土壤	土壤碱性大	场区土壤碱性偏大，扁钢容易腐蚀断裂	接地扁钢腐蚀和接地电阻增大	IV	D	19	
3	雷电	雷击	防雷、接地装置无效	干扰或影响测试工作	IV	D	19	
4	误操作	施工误伤接地装置	接地装置标记不明确和施工人员责任意识差	接地中断或接地电阻增大	IV	D	19	
5	设备故障	接地装置损坏或接线虚接	安装使用时间长或检修不到位	接地中断或接地电阻增大	IV	D	19	

附表2-9 大中型UPS电源设备

序号	危险源	风险事件	风险因素	后果	严重性	可能性	风险指数	评估结果
1	水	管道漏水	风机盘管内积水，暖气或阀门漏水	管道冻裂或阀门漏水损坏设备	IV	C	18	

续表

序号	危险源	风险事件	风险因素	后果	严重性	可能性	风险指数	评估结果
2	静电	静电火花放电	设备接地不良；人体带静电；无静电释放通路；空气太干燥等致使静电积累到一定程度产生火花放电	干扰设备工作	Ⅳ	C	18	
3	高低温环境	环境温度过高或过低	环境温度超出设备允许范围	设备误动作或损坏	Ⅳ	C	18	
4	沙尘	沙尘进入设备内部	门窗、设备外壳封不严	导致设备接触不良	Ⅳ	C	18	
5	误操作	人为误操作差错	人为误操作设备；误动临时电源线造成停电；不按规范使用设备	造成用电中断，损坏设备或造成人员伤害	Ⅳ	D	19	
6	设备故障	蓄电池性能严重下降	使用寿命已到或维护保养不到位	短路；设备损坏；停电	Ⅳ	D	19	